F. David Peat · Synchronizität – Die verborgene Ordnung

F. David Peat

SYNCHRONIZITÄT

Die verborgene Ordnung

Das sinnvolle Zusammentreffen kausal
nicht verbundener Geschehnisse –
die moderne Wissenschaft auf der Suche
nach dem zeitlosen Ordnungsprinzip
jenseits von Zufall und Notwendigkeit

Ein O. W. Barth Buch im
Scherz Verlag

2. Auflage 1989
Einzig berechtigte Übersetzung aus dem
Amerikanischen von Gerhard Geerdts. Redaktion Adrian Leser.
Titel des Originals: «Synchronicity».

Schutzumschlag von Adolf Bachmann unter
Verwendung eines Fotos von Mauritius.

Inhalt

1. Der Physiker und der Psychologe

> **Synchronizität**, nach C. G. Jung akausale, durch einen gemeinsamen Sinn verbundene gleichzeitige Vorgänge in Natur und Psyche.[1]

Wir alle stehen vor einem Geheimnis. Wir werden in diese Welt hineingeboren, wir wachsen auf, arbeiten, spielen, verlieben uns, und am Ende unseres Lebens stehen wir dem Tod gegenüber. Inmitten all dieses Tuns aber werden wir ständig mit einer Reihe überwältigender Fragen konfrontiert: Was ist das Wesen des Universums, und welche Position haben wir in ihm? Hat das Universum einen «Sinn»? Was ist sein Zweck? Wer sind wir, und worin liegt der Sinn unseres Lebens?

Die Naturwissenschaft versucht, Antworten auf diese Fragen zu geben: Seit jeher war es der Aufgabenbereich des Wissenschaftlers herauszufinden, wie die Welt aufgebaut ist, wie zu Beginn die Materie entstanden ist und wie das Leben begann. Theorien über die physikalische Welt sind aufgrund ihrer Kraft, Voraussagen zu ermöglichen, oft ungewöhnlich machtvoll, und manchmal sind sie, in ihrer inneren abstrakten Struktur, wunderschön. Und dennoch: Wissenschaftliche Theorien an sich können niemals zum Leben erwachen, müssen immer bleiben, was sie sind. Sie bleiben Theorien, objektive Darstellungen der Welt; sie können immer nur neben der Unmittelbarkeit unserer persönlichen Erfahrung stehen, immer nur neben jenen seltenen Geistesblitzen, die uns auf eine tiefere Wirklichkeit hinweisen, die jenseits der Welt der Erscheinungen liegt. Die Wissenschaft mag die innere Struktur des Atoms entdeckt haben, die Geometrie des DNS-Moleküls erforscht und die Geheimnisse der Schwarzen Löcher durchdrungen haben. Mit den Eindrücken aber, die T. E. Lawrence eines frühen Morgens auf einer Reise durch die Wüste empfing, kann sie nichts anfangen:

> Wir brachen während einer jener klaren Morgendämmerungen auf, die mit Sonnenaufgang alle Sinne wecken. An einem solchen Morgen, etwa eine Stunde lang, berühren uns die Geräusche, Düfte und Farben der Welt auf sehr persönliche und direkte Weise, ohne den Filter des Denkens, ohne schon bildhaft zu sein.[2]

Oder kann etwa die Wissenschaft Kindheitserinnerungen erhellen, wie Wordsworth sie formuliert hat?

> Vorzeiten schienen mir Wiese, Strom und Hain,
> die Erde, jede Alltagssicht
> umhüllt zu sein
> von paradiesisch reinem Licht
> und eines Traums verklärend frischem Schein.[3]

Auf der einen Seite stehen die Unmittelbarkeit und die Würze unseres Lebens, stehen Poesie, Musik, Kunst und Mystik, auf der anderen Seite begegnen wir den objektiven Entdeckungen und Erklärungen der Wissenschaft. Auf der einen Seite finden wir Überraschungen, Schönheit und Erstaunen, auf der anderen ist da die Möglichkeit, daß unser Bewußtsein nur eine Begleiterscheinung spezifischer, komplexer elektrochemischer Reaktionen ist, daß das Leben ein Ergebnis zufälliger Molekularprozesse und das Universum ein Zufall ist.

Zwischen den objektiven und den subjektiven Wegen hin zu der Frage, was die Welt und was unsere Rolle in ihr sei, liegt eine Kluft, die, so scheint es, nicht zu überbrücken ist. Auf den ersten Blick scheint es keine Möglichkeit zu geben, die Theorien der Wissenschaft mit dem Geschmack subjektiver Erfahrungen zu würzen oder dichterische Einsichten in die Exaktheit wissenschaftlicher Objektivität zu übertragen. Diese beiden Welten, so hat es den Anschein, liegen einfach zu weit voneinander entfernt.

Dieses Buch jedoch stellt die These auf, daß durchaus eine

Brücke von der inneren zu den äußeren Welten geschlagen werden kann. Es behauptet, daß Synchronizität uns hierzu als Ausgangspunkt dienen kann, weist sie doch auf einen kleinen Fehler in dem Gewebe dessen, was wir bislang als «Wirklichkeit» ansahen, hin. Synchronizitäten erlauben uns, hinter unsere gewohnten Vorstellungen von Zeit und Kausalität zu schauen, geben uns den Blick frei auf die unermeßlichen Muster der Natur, auf den Tanz, der ihr zugrunde liegt und der alle Dinge miteinander verbindet, auf den Spiegel, der zwischen den inneren und äußeren Universen hängt. Mit der Synchronizität als unserem Ausgangspunkt kann mit dem Bau einer Brücke begonnen werden, die die Welten des Geistes und die der Materie, des Körpers und der Seele verbindet.

Natur, wie sie wirklich ist

Für die Menschen des Mittelalters wäre es nichts Fremdes gewesen, die Welt in Begriffen von Mustern und wechselseitigen Verknüpfungen einzelner Ereignisse zu betrachten – übrigens auch nicht für die des alten China. Der Wandteppich von Bayeux, der die Eroberung Englands durch die Normannen im Jahre 1066 darstellt, kündigt diese bedeutende Invasion mit der Erscheinung eines neuen Kometen am Himmel an. Und ebenso war es bei der Krönung von Königen, beim Ausbruch von Kriegen oder Seuchen und der Geburt berühmter Männer: Immer wurden sie von einer Vielzahl bedeutsamer natürlicher Zeichen begleitet. In dieser Weltsicht waren Dinge, die offenkundig unterschiedlicher Natur sind, verwandt, hatten der Körper, die Seele und die äußere Welt miteinander zu tun. Ja, die gesamte Natur wurde als einziger, gigantischer Organismus gesehen, in dem jeder Mensch seinen eigenen Platz einnimmt. Teil dieser Harmonie des Universums zu werden galt als Schlüssel zu richtigem Handeln und förderte ein Wissen zutage, das von subjektiven Werten und Glaubenshaltungen nie getrennt war.

Als jedoch die Wissenschaft aufkam, entdeckte man, daß die Welt auch anders beschrieben werden kann. Nicht länger mehr gehörten die Materie des Himmels und die der Erde unterschiedlichen Ordnungen an, weil nun beide, Himmel und Erde, unter Newtons Gesetz universaler Gravitation gestellt worden waren. An die Stelle geheimnisvoller Beziehungen und Verbindungen trat die wissenschaftliche Vorstellung von der Kraft, die exakt quantifiziert und in einen mathematischen Bezug zu Bewegungsänderungen gesetzt werden kann. Anatomie und das Verständnis des Blutkreislaufes traten an die Stelle von Körpersäften und astrologischen Entsprechungen und führten schließlich zu medizinischen Erkenntnissen, wie beispielsweise zur Theorie der Infektionskrankheiten, zur Pockenschutzimpfung und zu dem ganzen Arsenal moderner Medikamente.

Naturwissenschaft, von der Mathematik unterstützt, konnte das Universum nun in quantitativen Begriffen beschreiben, mit einer Voraussagekraft, die beachtlich war. Der wissenschaftliche Ansatz erlaubte es, jedes Phänomen zu isolieren und unter wiederholbaren Bedingungen so lange zu analysieren, bis selbst die komplexesten Vorgänge auf ein Bündel bekannter, elementarer Einheiten reduziert worden waren, deren Verhalten – Resultat, der zwischen ihnen wirkenden Kräfte – vorherzusagen war.

Auf dem Höhepunkt dieser Entwicklung, gegen Ende des neunzehnten Jahrhunderts, war die Newtonsche Mechanik zum Modell für alle anderen Wissenschaften geworden. In einer Ansprache vor der Royal Society of England behauptete der berühmte Lord Kelvin, die Physik nähere sich nun ihrem Ziel, *alle* Phänomene in Begriffen einer Handvoll physikalischer Gesetze erklären zu können, wobei auch die komplexeren Gebiete der Biologie und Chemie im Prinzip auf die Eindeutigkeit der Physik zurückzuführen seien. Für Lord Kelvin hatte sich das Universum von einem lebenden Organismus in eine Maschine verwandelt, die trotz großer Genialität in Aufbau und Funktion gleichwohl mechanisch war, da ihr Verhalten auf die Arbeit sich bewegender Teile zurückgeführt werden konnte. Und jedes Teil wiederum gehorchte einigen wenigen, grundlegenden Gesetzen.

In solch einer Maschine gibt es jedoch wenig Platz für Werte und für Sinn, für innere Dinge des Lebens, für Erfahrung und für Offenbarung. Selbst die menschliche Natur konnte offenbar mit dem Wirken von Instinkten und Verdrängungen erklärt werden, die wiederum, da selber nur Energieströme, ihren Ursprung in elektrochemischen Reaktionen des Nervensystems haben mußten.

Die Quanten- und die Relativitätstheorie aber hatten revolutionäre Auswirkungen auf diesen Newtonschen Ansatz, nicht nur, weil sie den Formalismus der Physik umgestalteten, sondern auch, weil sie das Weltbild veränderten, das mit ihm verbunden war. Niels Bohr beispielsweise hob hervor, daß die Quantentheorie die Unteilbarkeit der Natur aufzeige, während Heisenbergs Unschärferelation darauf hinweise, wie sich ein Beobachter in das System einmischt, das er untersucht. Ein zeitgenössischer Physiker, John Wheeler, hat diesen neuen Ansatz mit besonders anschaulichen Worten beschrieben.

> Wir hatten diese alte Vorstellung, daß es *dort draußen* ein Universum gibt und daß *hier* der Mensch ist, der Beobachter, sicher geschützt vor dem Universum durch eine fünfzehn Zentimeter dicke Glasplatte. Jetzt aber lernen wir aus der Quantenwelt, daß wir selbst diese Glasplatte eben dann zertrümmern müssen, wenn wir nur ein so winziges Objekt, wie es ein Elektron ist, beobachten wollen. Wir *selbst* müssen dort eindringen ... Deshalb muß das alte Wort *Beobachter* aus den Büchern schlicht gestrichen werden; statt dessen müssen wir das neue Wort *Teilnehmer* einfügen. Und so wurde uns klar, daß das Universum ein Universum der Teilhabe ist.[4]

Dieses Universum von Bohr und Heisenberg, dessen Teilnehmer wir sind, diese Relativität von Raum und Zeit, dieses Verbundensein der Dinge miteinander aber verweist auf eine völlig andere Weltsicht als die, die hinter der Newtonschen Mechanik steht. Und dennoch: Trotz der bedeutsamen Umwälzungen, die innerhalb der Physik stattgefunden haben, wird unser Verhältnis zur Natur immer noch von alten Denkweisen beherrscht. Zeit, so glauben wir, ist etwas, das sich außerhalb unseres Lebens abspielt und uns in seinem Fluß trägt; Kausalität lenkt mit eiserner Hand das Wirken der Natur, und unsere Konsensus-Wirklichkeit beschränkt sich auf die Oberfläche der Dinge, scheint mehr mit der regelgebundenen Arbeitsweise einer Maschine zu tun zu haben als mit der feinen Anpassungsfähigkeit eines Organismus.

Selbst diejenigen Wissenschaftler, die den Formalismus und die Mathematik der sogenannten «Neuen Physik» akzeptieren, behalten viel von den Einstellungen der Wissenschaft des 19. Jahrhunderts bei. Die meisten glauben zum Beispiel an irgendeine Form objektiver Realität, die sich außerhalb von ihnen befindet und von ihnen unabhängig ist. Sie suchen nach den *letzten* Teilchen und *elementaren* Einheiten, aus denen sich die Natur angeblich zusammensetzt. Sie glauben, daß die komplizierteren Gebiete von Chemie und Biologie im Prinzip auf die Gesetze der Physik reduziert werden können, und sie sehen Bewußtsein als Begleiterscheinung des physischen Gehirnes an. Es ist paradox: Aber die Wissenschaftler halten mit den tieferen Implikationen ihres eigenen Gebietes noch nicht Schritt.

Die Weltsicht, die wir von einer überholten Physik übernommen haben, übt noch immer einen großen Einfluß auf unser Leben aus; sie prägt unsere Sicht von Gesellschaft, Regierung und zwischenmenschlichen Beziehungen, läßt den Eindruck entstehen, als könne jede widrige Situation in ein isoliertes «Problem» mit entsprechender Lösung oder entsprechender Kontrollmöglichkeit zerlegt werden. Solche Gründe sind es, weshalb Synchronizität eine tiefe Wirkung auf uns ausüben kann: Denn sie übersteigt unsere intellektuellen Abwehrhaltungen, zerstört unseren Glauben an die Greifbarkeit von Oberflächen und an die lineare Ordnung der Zeit und der Natur.

Synchronizität

Betrachten wir folgende Kette von Umständen: Eine junge Frau besucht Freunde, als plötzlich jedermann im Hause eine ausgeblasene Kerze riecht. Trotz gründlicher Untersuchung der Räume kann kein Ursprung des Geruches festgestellt werden, und es ist sicher, daß an diesem Tag keine Kerze im Haus angezündet worden war. Jeder ist von diesem Ereignis ungewöhnlich verwirrt und stellt Vermutungen über die Bedeutung des Vorfalls an. Später, am gleichen Abend, erhält die Frau einen Telefonanruf aus Übersee und erfährt, daß ihr Vater sich unverhofft einer Operation unterziehen muß. Einige Wochen später stirbt er, und die Frau fliegt zurück zu ihrem Elternhaus. Am Morgen der Beerdigung sieht sie, wie ein großes Gemälde, das ihren Eltern einst als Hochzeitsgeschenk überreicht worden war, von seinem Platz an der Wand herunterfällt.

Daß solche Ereignisse in einem mechanischen Universum irgendeinen Sinn haben könnten, ist offenkundig absurd. Denn alles, was in solch einer Welt geschieht, geschieht als Reaktion auf bekannte Kräfte – Kräfte, die sich nach festgelegten Gesetzen richten, die sich wiederum in einer linearen Zeit entwickeln und für menschliche Angelegenheiten unempfänglich sind. Zufallsereignisse erzeugen lediglich Zufallsmuster, und einen Sinn in solchen Mustern zu suchen ist so unsinnig wie die Suche nach Botschaften im «Schnee» von Bildstörungen des Fernsehapparates. Zu glauben, daß bestimmte Zufallsereignisse Manifestationen eines zugrundeliegenden Naturmusters seien oder das Ergebnis eines Prinzips «akausaler Verknüpfungen», wäre völliger Unsinn.

Aber wie können dann solche Ereignisse wie der Geruch der ausgehenden Kerze und das Herunterfallen des Gemäldes erklärt werden? Schließlich wurden beide von mehreren Personen erlebt. Es hat den Anschein, als sei die junge Frau zu einem Knotenpunkt geworden, an dem sich Ereignisse der äußeren Welt trafen, vergangene und künftige, woraus sich dann das synchrone Phänomen ergab. Die Erkrankung ihres Vaters und schließlich sein Tod, die schmerzvolle Reaktion ihrer Familie und ihre eigenen Gefühle, so hat es den Anschein, umgaben sie und traten als Phänomen der ausgelöschten Kerze offen zutage – *bevor sie den Telefonanruf erhielt!* Die Ereignisse, die in dem Zimmer stattfanden und in deren «Brennpunkt» der Geruch der ausgebrannten Kerze stand, repräsentieren im Mikrokosmos das sich entfaltende Drama des Todes ihres Vaters und ihrer Rückkehr in ihr Elternhaus.

Eines der «klassischen» Beispiele von Synchronizität, es wird von C.G. Jung berichtet, handelt von einer Krise, die während einer Therapie auftrat. Jungs Patientin war eine Frau, deren stark rationale Lebenseinstellung jede Form der Behandlung sehr schwierig machte. Eines Tages erzählte die Frau von einem Traum, in dem ein goldener Skarabäus erschienen sei. Jung wußte, daß bei den alten Ägyptern solch ein Käfer eine große Bedeutung hatte – er galt als Symbol der Wiedergeburt. Während die Frau erzählte, hörte der Psychiater in seinem abgedunkelten Arbeitszimmer ein leichtes Klopfen an dem Fenster hinter ihm. Er zog den Vorhang beiseite, öffnete das Fenster – und herein flog ein goldgrüner Skarabäus, ein Rosenkäfer (*Cetonia aurata*). Jung zeigte der Frau «ihren» Skarabäus, und von diesem Moment an war ihre extreme Rationalität durchbrochen, und die gemeinsamen Sitzungen wurden erfolgreicher.

Trotz unserer Forderung nach einer «wissenschaftlichen» Sicht der Natur *geschehen* solche Ereignisse. Und auch wenn es stimmt, daß jedes dieser Ereignisse als «zufälliges Ereignis» abgetan werden kann, wird niemand, der eine solche Synchronizität erlebt hat, mit solch einer Erklärung etwas anfangen können. Der springende Punkt bei diesen Vorkommnissen ist nämlich, daß sie einen *Sinn* tragen und im Leben des Menschen eine wichtige Rolle spielen. Synchronizitäten sind die Joker im Kartenspiel der Natur, denn sie weigern sich, sich nach den Regeln zu richten, und deuten darauf hin, daß wir bei unserer Suche nach einer eindeutigen Erklärung der Welt bedeutende Fingerzeige übersehen haben. Synchronizitäten fordern uns heraus, eine Brücke zu bauen, deren einer Pfeiler in der Objektivität harter Wissenschaft steht und deren anderer Pfeiler sich auf die Subjektivität persönlicher Werte gründet.

Serialität

Einer der ersten Forscher, die sich mit dem Wesen von Gleichzeitigkeiten des täglichen Lebens auseinandergesetzt haben, war ein österreichischer Biologe, Paul Kammerer, der um die Jahrhundertwende Beispiele von Gleichzeitigkeiten und ungeklärten Ereignisbündeln sammelte. Im Laufe der Jahre zeichnete Kammerer Hunderte von Gleichzeitigkeiten auf, bei Zugfahrten, auf Parkbänken, auf dem Weg zur Arbeit. Er teilte Passanten nach verschiedenen Parametern ein, beispielsweise nach dem Alter, dem Geschlecht, nach ihrer Kleidung und dem, was sie in den Händen hielten. Später wurden diese Daten einer sorgfältigen statistischen Analyse unterworfen, um herauszufinden, ob sich einige Parameter zu bestimmten Zeitpunkten häuften.

Außerdem sammelte Kammerer Anekdoten, wie zum Beispiel die folgende:

1916 las Kammerers Frau einen Roman, in dem eine gewisse Frau Rohan auftauchte. Als sie an jenem Tag eine Straßenbahnfahrt machte, sah sie einen Mann, der dem Fürsten Josef Rohan sehr ähnlich sah, und hörte ihn über das Dorf Weissenbach sprechen. Später, immer noch am selben Tag, wurde sie von einer Verkäuferin gefragt, ob sie vielleicht Weißenbach kenne, denn sie habe etwas dorthin zu senden und kenne nicht die genaue postalische Anschrift. Am gleichen Abend stattete Fürst Josef Rohan den Kammerers einen Besuch ab.

Zugegeben: Dieses Ereignis ist nicht gerade umwerfend, wir alle kennen die Erfahrung, daß wir ein neues Wort oder einen neuen Namen in einem Buch lesen und ihm daraufhin immer wieder begegnen. Die herkömmliche Erklärung ist, daß solche Namen immer um uns herum sind, daß wir aber, sobald wir sie zum ersten Mal wahrnehmen, für sie empfänglicher werden und nun immer wieder auf sie stoßen. Für Kammerer jedoch, dessen Notizbücher voll solcher Beispiele sind, lagen diese Ereignisse jenseits des bloßen Zufalls und deuteten auf ein universelles Prinzip der *Serialität* hin. Serialität definierte er als «eine gesetzmäßige Wiederholung oder Häufung in Zeit und Raum, wobei die einzelnen Bestandteile dieser Abfolge nicht mit derselben aktiven Ursache verbunden sind – soweit eine sorgsame Analyse dies sicherstellen kann.»[5]

Die Art der Gleichzeitigkeiten, die Kammerer am meisten interessierte, wird in der Geschichte von Monsieur de Fortgibu und dem Weihnachtspudding beispielhaft erläutert. Ein gewisser Monsieur Dechamps erhielt, als er noch ein Junge war und in Orléans lebte, von einem gewissen Monsieur de Fortgibu ein Stück Plumpudding. Zehn Jahre später entdeckte er in einem Pariser Restaurant einen anderen Plumpudding und fragte, ob er davon ein

Stück haben könne. Man antwortete ihm jedoch, daß der Pudding schon bestellt worden sei – von einem Monsieur de Fortgibu. Viele Jahre später wurde Dechamps eingeladen, an einem besonderen Plumpudding-Essen teilzunehmen. Während er aß, bemerkte er gegenüber seinen Freunden, daß das einzige, was fehle, Monsieur de Fortgibu sei. In diesem Moment ging die Tür auf, und ein sehr alter Mann, der dem Tod bereits nahe schien, trat ein. Es war de Fortgibu, der eine falsche Anschrift erhalten hatte und versehentlich in die Gesellschaft hineinplatzte.

So, wie auch Asteroiden sich unter dem Einfluß der Schwerkraft im Raum gemeinsam bewegen, so treten, das war Kammerers Hypothese, auch Zufallsereignisse in Gruppen auf. Kammerers Vorschlag schien darauf hinauszulaufen, daß das eine Ereignis mit anderen Ereignissen, die eigentlich in keinem kausalen Zusammenhang stehen, eine Verwandtschaft zeigt, daß sie eine übergeordnete Form oder ein Muster gemeinsam haben. Serialität und ihre Ereignisbündel treten also unter dem Einfluß *akausaler* Verknüpfungen auf und eben nicht aufgrund der bekannten kausalen Schub- und Zugkräfte der Physik. Kammerer stellte deshalb die Behauptung auf, es existiere eine der Natur zugrundeliegende Harmonie, eine Art Mosaik, ein Muster, «die Nabelschnur, die Gedanken, Gefühle, Wissenschaft und Kunst mit dem Schoß des Universums verbindet, der sie hervorbrachte».

Einstein bezeichnete Kammerers Arbeit als «originell und keineswegs absurd«, und Arthur Koestler hatte das Gefühl, Serialität sei ein Ausdruck der umfassend «integrativen Tendenz des Universums»[6]. Gleichwohl sind Kammerers Gedanken über Zufallsbündlungen derzeit nicht besonders bekannt und interessieren die Wissenschaft nicht. Der Grund ist unschwer zu erkennen: Auch wenn Kammerer eine interessante Spur zu verfolgen begann, als er annahm, daß die grundlegenden Muster der Natur sich in Mustern von Zufallsereignissen manifestieren, gibt es doch einen schwerwiegenden logischen Einwand dagegen, seine Belege zu akzeptieren, daß sich *serielle* Ereignisbündel irgendwie von rein *zufälligen* unterscheiden. Nehmen wir das Münzenwerfen. Man muß kein besonderes und bislang verborgenes Gesetz annehmen, um die Aneinanderreihung zum Beispiel von Kopfwürfen zu erklären, da in Zufallsfolgen auf lange Sicht immer besondere Muster auftreten werden, mit Folgen von Kopf oder Zahl, die sich schließlich jedoch ausgleichen.

Es stimmt, daß ein skeptischer Spieler annehmen muß, die Münze sei gezinkt, wenn eine bestimmte Folge von Kopfwürfen andauert oder immer wieder auftritt. Ob eine Münze ausbalanciert ist, könnte mit exakten Messungen überprüft werden. Wenn das jedoch nie geschah, kann man nicht sicher sein, ob eine anhaltende Kopffolge einer Unausgewogenheit der Münze entspringt oder nur das Ergebnis zufälliger Ereignisballungen ist. Gleichgültig, *wie* anhaltend eine bestimmte Sequenz ist: Aus der Sicht der Logik bleibt immer die Möglichkeit, daß es sich um eine zufällige Erscheinung handelt.

Bei der Analyse von Ereignisketten – seien es Münzwurffolgen oder mehrere Leute mit grünen Hüten gleichzeitig in einem Bus – liegt das Problem also darin, zu unterscheiden, ob hier eine geheimnisvolle, grundlegende Beziehung oder das Ergebnis reinen Zufalls vorliegt. Und wenn wir das Münzenwerfen und das Roulette verlassen und uns mit Gleichzeitigkeiten von Namen, Orten und Bekleidungen befassen, kommt als weitere Schwierigkeit hinzu, zu bestimmen, was eine *normale* Wahrscheinlichkeit ist und wie sehr eine vorliegende Abfolge von ihr abweicht. Mehreren Leuten mit grünem Hut im Bus zu begegnen kann tatsächlich das Ergebnis einer akausalen Beziehung sein; es kann aber auch purer Zufall oder Schützenfest sein!

Es liegt in der Natur der von Kammerer gesammelten Daten, daß die Ereignisbündel, wenn sie nicht ganz außergewöhnlich sind, kaum von purem Zufall zu unterscheiden sind. Und selbst, wenn man das könnte, bleibt oft noch die Möglichkeit, sich irgendeine plausible kausale Erklärung auszudenken. Kammerers Arbeit ist zwar interessant, weil sie auf ein grundlegendes Miteinander, ein Verbundensein der Dinge innerhalb tieferer Muster des Universums hinweist. Aber den wissenschaftlichen Skeptiker wird das Prinzip der Serialität so lange nicht überzeugen, wie es lediglich auf eine Sammlung von Gleichzeitigkeiten und kuriosen Anekdoten aufbaut. Daß es der ihr innewohnende *Sinn* ist, der die

Synchronizität von der Gleichzeitigkeit unterscheidet, das herauszuarbeiten, blieb C. G. Jung vorbehalten.

C. G. Jung

Die eigentliche Geschichte der Synchronizität beginnt mit der Zusammenarbeit zweier bedeutender Denker, des Psychologen C.G. Jung und des Physikers Wolfgang Pauli. Ihr Konzept der Synchronizität entstand aus einer Vermählung des physikalischen mit dem psychologischen Ansatz. Leben und Arbeit dieser Männer enthalten den Keim, aus dem heraus das Konzept der Synchronizität sich entwickeln sollte. Und da die merkwürdige Geschichte ihrer Begegnung niemals öffentlich bekannt wurde, ist sie es wert, hier wiedergegeben zu werden. Zuvor jedoch sollten wir einen Blick auf die sehr unterschiedlichen Hintergründe dieser beiden Männer werfen und auf die Wege, die sie schließlich zusammengeführt haben.

C. G. Jung wurde 1875 in dem Schweizer Dorf Kesswil geboren. Er wuchs als Einzelkind auf, war häufig krank, neigte – introvertiert, wie er war – zu Träumen und Phantasien, entwickelte sich dann aber zu einem robusten, trinkfesten, extrovertierten Medizinstudenten. Jung spezialisierte sich auf die Psychiatrie. Während er als junger Arzt an der berühmten Burghölzli-Klinik arbeitete, begann er, mit Sigmund Freud zu korrespondieren, dessen *Traumdeutung* zeigt, wie sich die Inhalte des Unbewußten zusammensetzen. Als Jung und Freud sich 1907 trafen, hatte der Schweizer Analytiker mit seinem Wort-Assoziationstest und seiner Komplex-Theorie schon bedeutende Beiträge auf dem Gebiet der Psychologie geleistet. Ihre Diskussion wurde außerordentlich fruchtbar. Für Jung war es «ein ‹religiöser› Zusammenstoß mit unleugbar erotischen Obertönen», und was Freud anlangte, so behandelte er den Jüngeren wie seinen Adoptivsohn. Er schrieb: «Ich hätte mir niemand besseren als Dich wünschen können, um meine Arbeit fortzusetzen und zu vervollständigen.»[7]

Zum Verdruß der Wiener Freudianer war Jungs Aufstieg innerhalb der Organisation geradezu kometenhaft; 1908 organisierte er in Salzburg den ersten internationalen Kongreß und wurde zum Präsidenten der Internationalen Psychoanalytischen Vereinigung gewählt. Gleichwohl gingen Freud und Jung, trotz inniger Verbundenheit, das Unbewußte völlig unterschiedlich an. Sogar ihre Methodik und ihr Forschungsansatz waren verschieden: Während Freud auf einer rationalen, wissenschaftlichen Tradition aufbaute, war Jung mehr an Spiritualität, an Phantasie und an den seltsamen, gezeichneten und geträumten Bildern seiner Patienten interessiert. Während Freud der Meinung war, unser unbewußtes Leben werde von Instinkten und Verdrängungen beherrscht, über die sich die dünne Schicht der Zivilisation lege, betrachtete Jung das Unbewußte als eine verborgene, schöpferische Dimension, die nicht nur vom Geschlechtstrieb geleitet wird.

Schon im Jahre 1909 gab es starke Spannungen in ihrer Beziehung, obwohl sie damals noch enge Freunde waren. Eines Tages wurde Jung von Freud wegen seines Interesses am Spiritualismus gerügt; Freud warnte ihn davor, von der «schwarzen Welle okkultistischen Schmutzes überrollt zu werden». In dem Moment verspürte Jung eine glühendheiße Empfindung in seinem Zwerchfell, und im selben Moment hörten beide aus der Richtung des Bücherregals einen lauten Krach. Jung meinte, dies sei ein Beispiel «katalytischer Exteriorisation», worauf Freud mit «völliger Quatsch» antwortete. Jung sagte voraus, daß ein zweiter Zwischenfall sich ereignen werde. Und es konnte nicht anders kommen: Ein weiterer Knall war zu hören, dessen Geräusch Freud beträchtlich erschreckte.

Ein oder zwei Jahre später führte Jung seine Forschungen schon in einer ganz anderen Richtung weiter, als sie einst von Freud vorgegeben worden war. 1912 gab es einen schwerwiegenden Bruch, als Freud auf eine «Freudsche Fehlleistung» in einem Brief Jungs hinwies. Jung antwortete:

> Sie sehen, mein lieber Professor, solange Sie solchen Unsinn von sich geben, pfeife ich auf Ihre Symptomatischen Handlungen; sie sind nichts im Vergleich zu dem beachtlichen Balken im Auge meines Bruders Freud.[8]

Jung trat als Präsident der Psychoanalytischen Vereinigung zurück, und Freud frohlockte: «So sind wir sie denn endlich los, diesen brutalen, heiligen Jung und seine Nachbeter.»

Die Ereignisse, die dem Bruch mit Freud und dessen Schule folgten, sind besonders erhellend für die Entwicklung des Gedankens der Synchronizität. Erst einmal fühlte sich Jung nun frei genug, seinen eigenen Ideen nachzugehen, ohne den drohend aufragenden Schatten Freuds im Nacken. In seiner Arbeit über Persönlichkeitstypen führt er aus, jeder Mensch sei das Ergebnis eines Gleichgewichts zwischen den Kräften der Intuition, der Empfindung, des Denkens und des Gefühls; gleichzeitig definierte er das Wesen von Introversion und Extroversion. Jungs Ansatz wies auf eine innere Ordnung innerhalb des Unbewußten hin, nicht auf eine chaotische Ansammlung von Verdrängungen und Trieben.

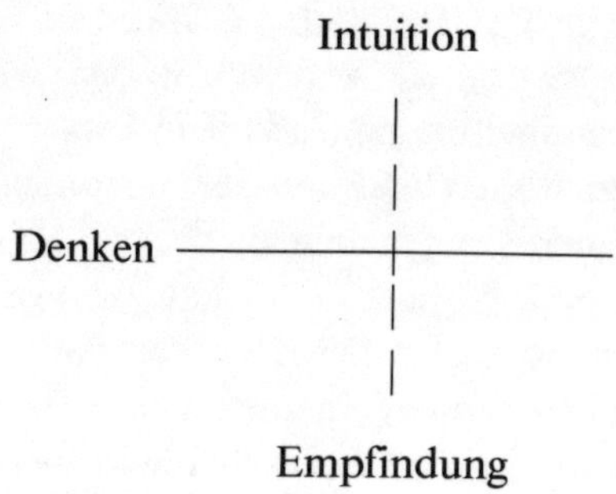

Allerdings sah sich Jung in dieser Zeit auch den ersten Symptomen dessen ausgesetzt, was seine Biographen später als völligen geistigen Zusammenbruch bezeichneten. Details finden sich in seiner Autobiographie *«Erinnerungen, Träume, Gedanken»*.[9] In den Monaten, die folgten, drang Jung immer tiefer in die verborgenen Bereiche seines eigenen Geistes ein. In einem Traum erschien ihm sein Geist symbolisch als Haus mit einem versteckten Keller, in dem eine Falltür zu einer noch tiefer gelegenen prähistorischen Höhle führte. Jung begann ein tiefes und universales Gebiet des Geistes zu entdecken, das er später das kollektive oder objektive

Unbewußte nannte. Er zeigte, daß dieser Bereich der ganzen Menschheit eigen ist, und er entdeckte in ihm eine Vielzahl von Symbolen, die er Mandalas nannte, und eine Anzahl autonomer Persönlichkeiten, die von ihm so genannten Archetypen. Während seines Zusammenbruchs trat Jung in ein Gespräch mit diesen inneren und offenkundig unabhängigen Figuren ein, unter anderem mit Philemon, dem «weisen, alten Mann», und mit Anima, der «jungen Frau», die einst Simon Magus, Lao-tse und Klingsor als spirituelle Führerin gedient hatte. Über Philemon schrieb Jung:

> Manchmal schien er mir sehr real, als wäre er eine lebende Person. Ich ging mit ihm im Garten auf und ab, und er war mir das, was die Inder einen Guru nennen ... Er sagte Dinge, die ich nicht bewußt gedacht hatte. Denn ich nahm genau wahr, daß er es war, der sprach, nicht ich.[10]

Diese Besuche erreichten 1916 ihren Höhepunkt. Seit Tagen schon spukte es im ganzen Jungschen Haus, und eines Sonntagmorgens ging die Türklingel. Niemand stand draußen.

> Die Luft war dick, sage ich Ihnen. Da wußte ich: Jetzt muß etwas geschehen. Das ganze Haus war angefüllt wie von einer Volksmenge, dicht voll von Geistern. Sie standen bis unter die Tür, und man hatte das Gefühl, kaum atmen zu können. Natürlich brannte in mir die Frage: «Um Gottes willen, was ist denn das?» Da riefen sie laut im Chor: «Wir kommen zurück von Jerusalem, weil wir nicht fanden, was wir suchten.»[11]

Während der folgenden drei Nächte schrieb Jung, von diesen Geistern besessen, die *Sieben Reden an die Toten* (*Septem Sermones ad Mortuos*), eine im prophetischen Stil verfaßte Schrift, die eine vollständige Kosmologie des Universums von Materie und Geist darstellt. Nach diesen Reden entspringt die Welt der geschaffenen Dinge, die *Creatura*, aus einem undifferenzierten Grund, dem *Pleroma*, und das Buch selbst wird zur Metapher für das Auftauchen des Bewußtseins aus dem kollektiven Unbewußten und letztlich aus dem *Psychoiden**, das älter ist als die Unterscheidung von Materie und Geist. Ebenso schuf die moderne Physik mit der Theorie des «Urknalls» einen Mythos für die Entstehung der Materie aus dem undifferenzierten Vakuum.

Die *Reden* sind wichtig, da sie in einer verborgenen, symbolischen Form sehr viel von dem enthalten, was Jung während des Restes seines Lebens in seinen Forschungen und Schriften ausgeführt hat. Sie formulieren ein Forschungsprogramm mit der These, daß der menschliche Geist weit über das persönliche Unbewußte hinaus ergründet werden kann, und daß er auf seinen tiefsten Ebenen eine reiche Ordnung dynamischer Kräfte besitzt: symmetrische Muster, autonome Energiezentren. Dringt man noch tiefer, begegnet man dem gemeinsamen Grund, aus dem heraus Materie und Geist entstehen, ein Echo auf Kammerers «Nabelschnur, die Gedanken, Gefühle, Wissenschaft und Kunst mit dem Schoß des Universums verbindet, der sie hervorbrachte».

Was aber geschah nun mit C. G. Jung während seines Zusammenbruchs? Zu sagen, daß er verrückt war, erklärt gar nichts, denn der springende Punkt bei seiner Reise in das Unbewußte ist, daß sie keineswegs chaotisch verlief, sondern ihre eigene innere Ordnung aufwies. Die Welt, die Jung entdeckte, ist nicht verrückt und bar jeden Sinnes, sondern höchst geordnet. Deshalb gelang es dem Psychologen auch, wieder an die Oberfläche «normaler Gesundheit» zurückzukehren: mit tiefen Einsichten und Entdeckungen, die die Grundlage bildeten für sein gesamtes späteres Werk. Daß diese tiefe Verwandlung seines Inneren begleitet war von einer Anzahl Synchronizitäten – die Geister, das Türläuten –, legt nahe, daß in dieser Phase beträchtliche Energien am Werke waren und innere Umformungen stattfanden. Seit dieser Zeit ging es Jung darum, für seine Visionen eine Bestätigung zu finden mit Hilfe der alchemistischen Symbolik des Mittelalters, von tantrischen Texten, Schriften aus China, Afrikabesuchen und der Träume und Phantasien seiner Patienten.

---

*) Nach C. G. Jung eine «seelenähnliche», bewußtseinsunfähige, der Triebwelt nahestehende Schicht. (Anm. d. Übers.)

Wolfgang Pauli

Wenden wir uns nun dem Physiker Pauli zu. Wolfgang Pauli wurde im Jahre 1900 als Sohn einer wohlhabenden Wiener Familie geboren. Sein Vater war an der Wiener Universität Professor für Biochemie, seine Mutter war künstlerisch veranlagt. Als Kind erzielte Pauli in der Schule beste Leistungen, Märchen aber ängstigten ihn. Mit achtzehn Jahren schrieb er sich an der Universität München ein, wo er zwei Jahre später Werner Heisenberg begegnete:

> ... entdeckte ich in der dritten Reihe einen Studenten mit dunklem Haar und einem etwas unbestimmten, hintergründigen Gesicht ... Sommerfeld hatte mich mit ihm bekannt gemacht und mir hinterher beim Abschied an der Tür seines Instituts noch gesagt, daß er diesen Studenten für einen seiner begabtesten Schüler halte, von dem ich viel lernen könne. Er hieß Wolfgang Pauli, und er hat in der ganzen späteren Zeit, solange er lebte, für mich und für das, was ich wissenschaftlich versuchte, die Rolle des stets willkommenen, wenn auch sehr scharfen Kritikers und Freundes gespielt.[12]

In der Tat, Pauli konnte in seiner wissenschaftlichen Kritik unbarmherzig sein, denn sein physikalisches Wissen war hervorragend, und seine Intuition erkannte sehr schnell falsche Wege, unsichere Argumente und fehlerhafte Annahmen. Aus diesem Grund trug der junge Mann die Spitznamen *Die Geißel Gottes* und *Der fürchterliche Pauli.* Selbst Einstein war vor seinen kritischen Angriffen nicht sicher. Gleichwohl schrieb Einstein, als der junge Mann eine buchdicke Kritik der Relativitätstheorie veröffentlichte:[13]

> Wer dieses reife und großangelegte Werk studiert, möchte nicht glauben, daß der Verfasser ein Mann von einundzwanzig Jahren ist. Man weiß nicht, was man am meisten bewundern soll, das psychologische Verständnis für die Ideenentwicklung, die Sicherheit der mathematischen Deduktion, den tiefen physikali-

schen Blick, das Vermögen übersichtlicher systematischer Darstellung, die Literaturkenntnis, die sachliche Vollständigkeit, die Sicherheit der Kritik.[14]

Pauli begann auch, sich für den atomaren Aufbau der Materie zu interessieren und für Niels Bohrs frühe Versuche einer Quantentheorie. Viele gemeinsame Stunden ihrer Studienzeit verbrachten Pauli und Heisenberg damit, die bestehende Theorie zu kritisieren und andere Ansätze zu erkunden. Heisenberg schrieb später sogar, daß diese Unternehmungen mit Pauli «den wichtigsten Teil meiner Studien bildeten»[15]. Als Heisenberg im Jahre 1925 schließlich seine neue Quantenmechanik entwickelte, folgte Pauli nur wenige Monate später mit einer Theorie des Wasserstoffatoms, die «die meisten Physiker davon überzeugte, daß die Quantenmechanik korrekt ist»[16]. Tatsächlich erkannte man erst vor verhältnismäßig kurzer Zeit, welchen bedeutenden Beitrag Pauli zum Entstehen dieser neuen Theorie geleistet hat.[17]

Paulis bekanntester Beitrag zur Physik ist das Ausschließlichkeitsprinzip, eine Ergänzung der Quantenmechanik Heisenbergs und ein interessanter Widerhall des allgemeinen Gedankens der Synchronizität. Synchronizität, so behaupten wir in diesem Buch, entsteht eher aus den grundlegenden Mustern des Universums, als daß sie von einer Kausalität jener Zug- und Schubkräfte hervorgerufen wird, die wir normalerweise mit Naturereignissen in Verbindung bringen. Deshalb ist die Synchronizität von Jung auch als Prinzip «akausaler Verknüpfungen» bezeichnet worden. Eine akausale Verbindung aber ist genau das, was Pauli in seinem Ausschließlichkeitsprinzip behandelt hat.

Das Pauli-Prinzip wird, in mathematischen Begriffen ausgedrückt, dem Physiker hinreichend verständlich sein. Sein Konzept ist jedoch recht abstrakt; vielleicht ist der beste Weg zu seinem Verständnis der Rückgriff auf ein Bild. Pauli stellte die These auf, auf der Quantenebene befinde sich die gesamte Natur in einem abstrakten Tanz. Außerdem könnten alle Elementarteilchen und Energiequanten in zwei Gruppen aufgeteilt werden, je nachdem, welche Art Tanz sie vollführen. Elektronen, Protonen, Neutronen und Neutrinos bilden, gemeinsam mit anderen Teilchen, die eine

Gruppe; ihr Tanz ist *asymmetrisch.* Die andere Gruppe schließt Mesonen und Licht-Photonen ein; ihr Tanz ist *symmetrisch.*

Es zeigt sich nun, daß im erstgenannten Fall der Charakter dieser abstrakten Bewegung, dieses Tanzes, sich so auswirkt, daß Teilchen, die die gleiche Energie besitzen, immer voneinander getrennt bleiben. Dieser *Ausschluß* von Teilchen aus dem Energieraum der anderen ist jedoch nicht das Resultat irgendeiner Kraft, die zwischen ihnen wirkt, und er ist tatsächlich nicht einmal ein Vorgang von Kausalität im herkömmlichen Sinne. Vielmehr entsteht dieser Ausschluß aus der *Symmetrie abstrakter Teilchenbewegung* insgesamt, weshalb das grundlegende Muster des *ganzen Tanzes* eine tiefgreifende Auswirkung auf das Verhalten jedes einzelnen Teilchens hat.

So sorgt das Ausschließlichkeitsprinzip, um ein Beispiel zu nennen, dafür, daß in einem Atom die Elektronen schichtweise Energieebenen aufbauen, wodurch ein Atom vom anderen chemisch unterscheidbar bleibt. Es ist das Pauli-Prinzip, das für die reichhaltige Chemie der Natur verantwortlich ist; ohne es erschiene das Universum mehr oder weniger eigenschaftslos. Das gleiche Pauli-Prinzip steht hinter dem intensiven, kohärenten Laserlicht und hinter superflüssigen Stoffen und Supraleitern. Der Tanz des Pauli-Prinzips kämpft fortwährend gegen die Macht der Schwerkraft an; etliche Stadien dieses Kampfes haben zur Folge, daß der Kollaps von Sternen über die Stufen Weißer Zwerg, Neutronenstern und Schwarzes Loch abläuft.

So beinhaltet Wolfgang Paulis berühmtester Beitrag zur Physik die Entdeckung eines abstrakten Musters, das unter der Oberfläche atomarer Materie verborgen liegt und deren Verhalten auf nichtkausale Weise bestimmt. In diesem Sinne läuft das Pauli-Prinzip parallel zum Prinzip der Synchronizität, wie es in diesem Buch entwickelt werden soll.

Der Traum von der Weltuhr

Trotz seines Interesses an inneren Symmetrien geriet Paulis eigenes Leben in wachsende Unordnung. 1928 wurde ihm die Professur für Theoretische Physik in Zürich übertragen; seine Vorlesungen aber waren verwirrend und schlecht vorbereitet. Hinzu kam, daß seine scharfzüngige Kritik immer sarkastischer und beißender wurde. Innerhalb eines Jahres nach Erhalt der Professur vergiftete sich seine Mutter, und der neunundzwanzigjährige Professor heiratete eine im Kabarett auftretende Gelegenheitssängerin, die ihn einige Wochen später wieder verließ. Inzwischen war Pauli zum starken Trinker geworden; bei einer Gelegenheit wurde er wegen einer Schlägerei aus einer Bar geworfen. Dem Zusammenbruch nahe, suchte er in der Praxis C. G. Jungs ärztlichen Rat.

Obgleich Jung die ärztliche Schweigepflicht einhielt, kann heute rekonstruiert werden, was nun geschah. Jungs Eindruck des Patienten war folgender:

> ... ein Akademiker, ein sehr einseitiger Intellektueller. Sein Unbewußtes war in Unruhe geraten und aktiviert worden. Daher projizierte es sich in andere Menschen, die ihm als seine Feinde erschienen, und er fühlte sich furchtbar einsam, denn jedermann schien gegen ihn zu sein.[18]

Und weiter:

> Er hatte in einer sehr einseitigen intellektuellen Weise gelebt und verspürte natürlich auch gewisse Wünsche und Bedürfnisse. Er hatte aber überhaupt kein Glück bei Frauen, weil sein Gefühl völlig undifferenziert war. So benahm er sich Frauen gegenüber immer von Anfang an höchst ungeschickt, und sie hatten natürlich keine Geduld mit ihm.[19]

Jung fand heraus, daß Pauli «bis zum Rande mit archaischem Material angefüllt» war, und da er seine Träume und Bilder nicht beeinflussen wollte, überwies er ihn an einen seiner eigenen

Studenten, der während der folgenden fünf Monate mit dem Physiker arbeitete.

In seiner Studie über die psychologischen Typen hatte Jung die Behauptung aufgestellt, daß jeder Mensch das Ergebnis eines Gleichgewichts oder einer Balance von Polaritäten sei.

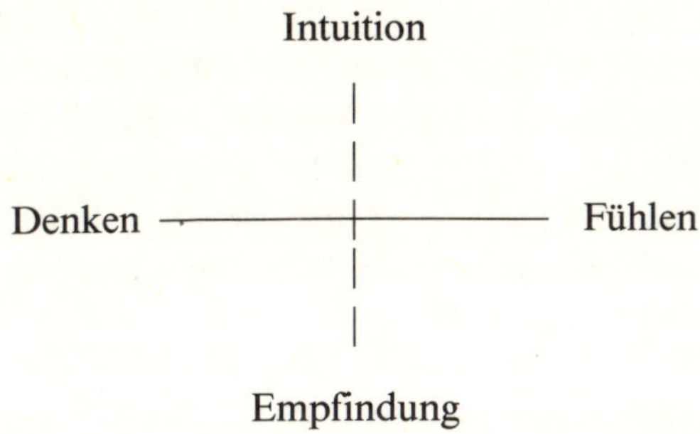

Bei einer gesunden Psyche steht das Denken im Einklang mit dem Fühlen, so daß Logik und Vernunft mit der emotionalen Seite des Menschen konstruktiv zusammenarbeiten können. Bei Pauli jedoch wurde das Fühlen vom Denken beherrscht, so daß die Emotionen in die, wie Jung es nannte, Schattenseite des Egos abgedrängt wurde. Mit anderen Worten: Paulis Emotionen und Empfindungen hatten sich nie voll entfaltet, sondern befanden sich in einer rohen und hochenergetischen Form, die die Tendenz hatte, als irrationales Verhalten, als Träume und Neurosen hervorzubrechen. Das Denken, das den Eindruck hatte, hier seien primitive Kräfte am Werk, drückte den Deckel noch fester zu, so daß das Fühlen in die Situation eines glühendheißen Dampfkochtopfes geriet, mit verklemmtem Ventil. Das Ergebnis war Paulis absurde Heirat, seine zunehmenden sarkastischen Attacken gegen Kollegen sowie seine Zechtouren.

Nach Jung lag die Heilung darin, das Fühlen aus dem Schatten heraus ans Licht zu bringen, wo es seinen eigentlichen Funktionen nachkommen und Paulis gesamte Persönlichkeit wieder harmonisieren könnte. Die Methode bei Pauli war, ihn durch Träume und Wachphantasien mit den Inhalten seines Unbewußten wieder vertraut zu machen. Während der nächsten Monate produzierte Pauli «über tausend Träume und visuelle Eindrücke», die später von Jung analysiert wurden und die Grundlagen eines seiner Hauptwerke bildeten – *Traumsymbole des Individuationsprozesses in Beziehung zur Alchemie*[20]. Der Psychologe hatte entdeckt, daß der Symbolismus in den Träumen Paulis eine bemerkenswerte Ähnlichkeit zu dem der mittelalterlichen Alchemisten aufwies. Höhepunkt dieser Traumserie war Paulis Vision der Weltuhr, ein Bild von «höchst sublimer Harmonie», das bei ihm einen tiefen Eindruck hinterließ und, in den Worten Jungs, das war, «was wir, in der Sprache der Religion, Bekehrung nennen würden».

Die *Weltuhr* oder Große Vision, wie sie in Jungs Aufsatz beschrieben wird, ist voller geometrischer und numerischer Symbole der Ganzheit:

> Der vertikale und der horizontale Kreis haben eine gemeinsame Mitte. Das ist die Weltuhr. Sie wird von einem schwarzen Vogel getragen.
> Der vertikale Kreis ist eine blaue Scheibe mit einem weißen Rand, der in 4 mal 8 = 32 Abschnitte aufgeteilt ist. Auf ihr rotiert ein Zeiger.
> Der horizontale Kreis besteht aus vier Farben. Auf ihm stehen vier kleine Männer mit Pendeln, und drumherum liegt der Ring, der vorher dunkel war und nun golden ist (zuvor trugen ihn die Kinder).
> Die «Uhr» verfügt über drei Rhythmen oder Schläge:
> 1. Der kleine Schlag:
>   Der Zeiger auf der blauen, vertikalen Scheibe rückt um 1/32 vor.
> 2. Der mittlere Schlag:
>   Eine vollständige Umdrehung des Zeigers.
>   Gleichzeitig rückt der horizontale Kreis 1/32 weiter.
> 3. Der große Schlag:
>   32 mittlere Schläge ergeben einen Umlauf des goldenen Ringes.[21]

Bei der Interpretation des Traumes identifizierte Jung den Rotationspunkt der Scheiben mit dem mystischen *Speculum*, dem

Spiegel, der an der rhythmischen Bewegung teilhat und gleichzeitig außerhalb von ihr bleibt. Die beiden Scheiben gehören zu den Universen des Bewußten und des Unbewußten, die sich in dem Spiegel begegnen. Die gesamte Figur, zusammen mit ihrer präzisen inneren Bewegung, ist deshalb ein Mandala des Selbst, das gleichzeitig Zentrum und Peripherie der Weltuhr darstellt. Aber der Traum könnte auch als Modell für das Universum selbst und für das Wesen der Raum-Zeit stehen. Jung selbst merkte hier an, daß die Konstruktion der Uhr und der numerischen Einteilungen, die sie aufweist, frappierende Ähnlichkeit mit dem System der Kabbala besäße. Es sollte aber auch betont werden, daß Pauli, ein Physiker, vor allem bestrebt war, die innere Einheit zwischen den Elementarteilchen und ihren abstrakten Symmetrien zu finden. Die Vision der Weltuhr kann deshalb auf vielen Ebenen interpretiert werden; in der Tat ist sie in ihrer Bedeutungsfülle ein außergewöhnlich reichhaltiges Bild.

Paulis Neugeburt als «ein ganz normaler und vernünftiger Mann, . . . vollkommen angepaßt», war das Ergebnis davon, daß er in seinem eigenen Geist eine tiefe, innere Symmetrie empfunden hatte, ein dynamisches Muster, dem in alten Zeiten bereits die frühen Gnostiker, die Alchemisten des Mittelalters und die Taoisten des alten China symbolischen Ausdruck gegeben hatten. Folgt man Jung, dann war auch Paulis heftige Trunksucht «geheilt» – eine Diagnose, die allerdings von den Freunden des Physikers nicht geteilt wird. In seiner Autobiographie beschreibt H. B. C. Casimir eine fürchterliche Autofahrt von Luzern nach Zürich, nachdem Pauli etliche Gläser getrunken hatte. *«Ich fahre ziemlich gut»*, rief Pauli, während er auf der Straße von einer Seite zur anderen schleuderte.[22]

Offenkundig hat Jung das Ausmaß von Paulis «Bekehrung» übertrieben; aber er lag sicher richtig, wenn er Paulis neuerwachtes Interesse an innerer Harmonie und Symmetrie beschrieb. Die Vorstellung von Symmetrien in der Natur und in der Psyche beschäftigten den Physiker bis an sein Lebensende stark. Die Ergebnisse bestätigten Jungs Entdeckungen dessen, was er die *Archetypen* nannte: dynamische Kräfte und Muster von Energien innerhalb des kollektiven Unbewußten, die sich uns symbolisch über Träume, Phantasien, Kunstwerke und Mythen vermitteln. In den folgenden Kapiteln werden wir mehr von diesen Archetypen und der Rolle erfahren, die sie möglicherweise bei Synchronizitäten spielen.

Durch Paulis Ermutigung war Jung nun jedenfalls in der Lage, die Frage nach einer verborgenen Symmetrie im Universum aus beiden Perspektiven heraus zu stellen: aus der Sicht der Physik und aus der Sicht der Psychologie. Auch Jungs Veröffentlichung seiner Betrachtungen über Synchronizität war eine Folge von Paulis Eingebungen, denn nach Paulis Behandlung wurden die beiden Gefährten auf der Suche nach den inneren Mustern der Natur. Pauli besuchte Treffen der Züricher Psychologengruppe und stellte umgekehrt Jung vielen der damals führenden Physiker vor, die dann auch Sympathie für seinen Ansatz bekundeten.

Bevor wir Pauli verlassen, sollten wir jedoch noch den sogenannten Pauli-Effekt erwähnen, ein Phänomen, das in die Mythologie der Wissenschaft Eingang gefunden hat. Viele Theoretiker sind bekanntermaßen gegenüber experimenteller Arbeit und Laborapparaturen zutiefst allergisch; in Paulis Fall nahm das jedoch solch absurde Proportionen an, daß das Wort umging, Pauli bräuchte ein Laboratorium nur zu betreten und ein Vakuumgefäß implodiere oder ein empfindliches Meßinstrument zerbreche. Noch heute erinnern sich Physiker an viele Beispiele dieses «Pauli-Effekts», und eine besonders merkwürdige Geschichte stammt von Professor J. Franck. In seinem Göttinger Labor zerbrach bei einer Apparatur ein kompliziertes Teil. Franck schrieb an Pauli und erklärte, da der Theoretiker in Zürich lebe, könne der Pauli-Effekt in diesem Fall wohl kaum verantwortlich gemacht werden. Pauli antwortete jedoch, daß er in Wirklichkeit nach Kopenhagen unterwegs gewesen sei und daß sein Zug zum Zeitpunkt des Mißgeschicks in Göttingen Aufenthalt gehabt habe!

Eine der seltsamsten dieser Geschichten über Pauli hat mit der Zahl 137 zu tun. Eines der großen, ungelösten Rätsel der modernen Physik ist der Wert der Feinstrukturkonstanten. Andere fundamentale Naturkonstanten sind allesamt entweder winzig klein oder ungeheuer groß; die Feinstrukturkonstante aber erweist sich mit 1/137 als eine Zahl menschlichen Zuschnitts. Diese Zahl 137 und ihr Platz auf der Skala des Universums verwirrten Pauli und sind für die Physiker noch heute eine Herausforderung. Sie war ein Rätsel, das Pauli bis an sein Lebensende beschäftigt hat, denn als er ins Krankenhaus eingeliefert und dem Physiker gesagt wurde, daß er in Zimmer 137 komme, soll er nach einer Version dieser Geschichte geantwortet haben: «Hier komme ich nie wieder raus.» Der Physiker starb kurze Zeit danach.

Synchronizität

Anfangs gab es nur einige wenige kümmerliche Hinweise auf Jungs Gedanken zur Synchronizität. 1929 sagte er während einer Vorlesung vor einer Gruppe von Studenten: «Synchronismus ist das Vorurteil des Ostens, Kausalität das moderne Vorurteil des Westens.» Ein Jahr darauf, bei einer Gedenkrede anläßlich des Todes von Richard Wilhelm, des berühmten Gelehrten des chinesischen Denkens, führte Jung seine damalige Bemerkung etwas weiter aus: «Die Wissenschaft des *I Ging* beruht nämlich nicht auf dem Kausalprinzip, sondern auf einem bisher nicht benannten, weil uns nicht bekannten Prinzip, das ich versuchsweise als synchronistisches Prinzip bezeichnet habe.»[23] Bei einer Vorlesung, die Jung fünf Jahre später in der Londoner Tavistock Klinik hielt, scheint er zum ersten Mal den Begriff «Synchronizität» gebraucht zu haben. «Tao kann alles sein; ich benutze ein anderes Wort, um es zu kennzeichnen, es ist armselig genug. Ich nenne es *Synchronizität.*»[24]

Dank der Begegnung mit Pauli war Jung in der Lage, seine Ideen weiter auszubilden. 1952 veröffentlichten die beiden gemeinsam *Naturerklärung und Psyche*, ein Buch, das zwei Aufsätze enthält: einen von Pauli zum Einfluß der Archetypen in Keplers Theorie der Planetenbewegung, einen von Jung zum Wesen der Synchronizität.[25] Obgleich der zweite Aufsatz allein Jungs Namen trägt, ist offenkundig, daß er das Ergebnis langer Diskussionen mit Pauli ist. Er stellt keine endgültige Erklärung von Synchronizität dar, sondern ist vielmehr ein Beginn – auch der Ausgangspunkt des vorliegenden Buches. Jung schreibt in der Einleitung:

> Mit der Abfassung dieser Schrift löse ich sozusagen ein Versprechen ein, an dessen Erfüllung ich mich viele Jahre lang nicht gewagt hatte. Zu groß schienen mir die Schwierigkeiten sowohl des Problems wie die seiner Darstellung ... Wenn ich nun dennoch meine Scheu überwunden und das Thema in Angriff genommen habe, so geschah es hauptsächlich deshalb, weil sich meine Erfahrungen mit dem Synchronizitätsphänomen von Jahrzehnt zu Jahrzehnt gehäuft haben.[26]

In diesem Aufsatz und natürlich auch in vielen anderen Schriften Jungs wird Synchronizität auf verschiedene Weise erwähnt:

- als «die zeitliche Koinzidenz zweier oder mehrerer kausal nicht miteinander verknüpfter Ereignisse, die die gleiche oder eine ähnliche Bedeutung besitzen»;
- als «schöpferische Akte»;
- als «akausaler Parallelismus».

Er schrieb auch, daß

> ... sinnvolle Gleichzeitigkeiten als reine Zufälle undenkbar sind – je mehr sie sich häufen und je größer und exakter die Entsprechungen sind, ... desto weniger können sie als reiner Zufall gewertet werden. Da wir aber einer kausalen Erklärung entbehren, müssen wir sie uns als sinnvolle Anordnung vorstellen.

In den Kapiteln, die folgen, werden wir die tiefere Bedeutung dieser Aussagen und Behauptungen herausarbeiten und erkennen, wie sie ein Universum enthüllen, das sich, einer verborgenen, dynamischen Ordnung folgend, entfaltet.

Jung versuchte auch, seine intuitiven Gedanken zu Synchronizität in das Gedankengebäude der modernen Physik einzubauen. Parallel zu dem Vorschlag, den Geist als Ergebnis eines dynamischen Gleichgewichts zu betrachten (Diagramm S. 20), legte er ein Diagramm vor, das zeigt, wie in den dualen Mustern der Natur Synchronizität das Gegengewicht zur Kausalität bildet:

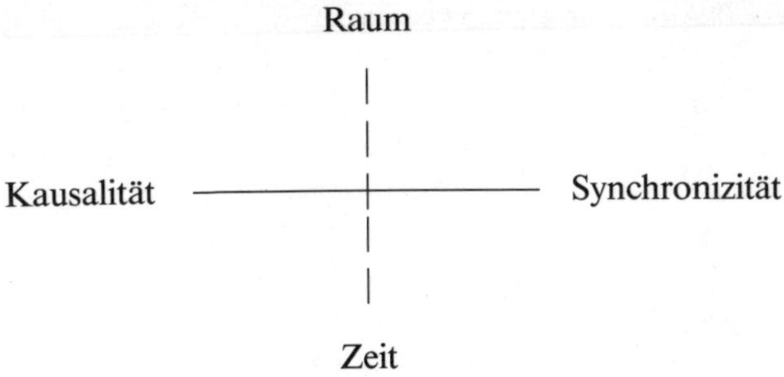

In Jungs Diskussionen mit Pauli schlug der Physiker allerdings eine Abwandlung des Diagramms vor, mit der gleichzeitig die Unterschiede und die Ähnlichkeit von Synchronizität und Kausalität unterstrichen werden:

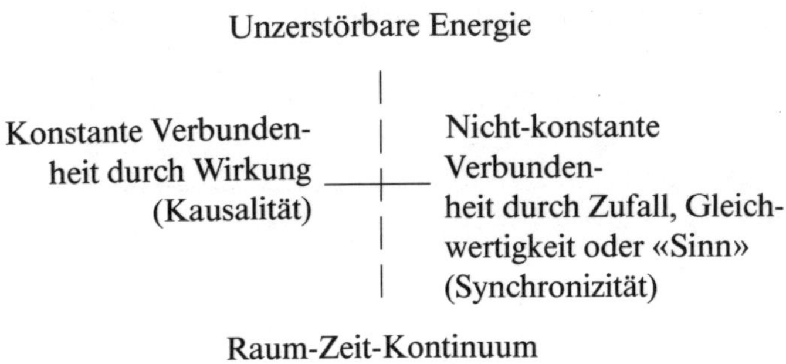

Mit der Einführung des Wertes «Sinn» in dieses Konzept der Natur schlug Pauli einen Weg vor, über den der objektive Ansatz der Physik (konstante Verbundenheit durch Wirkung) mit mehr subjektiven Werten (Verbundenheit durch Zufall, Gleichwertigkeit oder Sinn) integriert werden könnte. Es war dieser Gedanke des Sinns, der eindeutig der nötige Schlüssel zur Natur der Synchronizität war; er war ein deutlicher Schritt über Kammerers Serialität hinaus. Denn während Zufallsereignisse Muster durch puren Zufall ergeben können, liegt die Essenz einer Synchronizität darin, daß das entsprechende Muster für den, der es erfährt, einen Sinn oder einen Wert besitzt.

Wo die herkömmlichen Gesetze der Physik weder menschliche Wünsche noch das Bedürfnis nach Sinn beachten – Äpfel fallen, ob wir das wollen oder nicht –, spiegeln Synchronizitäten unsere geistigen, inneren Prozesse wider und nehmen dabei die Form äußerer Manifestationen an. Das krachende Geräusch in Jungs Bücherregal und das Läuten seiner Türglocke ereigneten sich in Verbindung mit heftigen inneren Zuständen. Wo Kammerers Serialität im großen und ganzen recht neutrale Ereignisbündel und Gleichzeitigkeiten umfaßt, sind mit Synchronizität starke Parallelen zwischen inneren und äußeren Ereignissen verbunden, die deutlich mit Sinn ausgestattet sind. Gerade dies aber ist eine der Hauptaufgaben dieses Buches: herauszufinden, welche Rolle der Sinn in unserer objektiven, physikalischen Welt spielen kann.

Jung und Pauli präsentierten ihre Erkenntnisse als ein neues Naturprinzip, das den Ansatz der Physik ergänzen sollte. Pauli glaubte, daß Synchronizität es möglich gemacht habe, zwischen Physik und Psychologie einen Dialog zu eröffnen, einen Dialog, in der das Subjektive in die Physik und das Objektive in die Psychologie einführen würde. Statt in dem Versuch, die Geheimnisse der Natur zu entschlüsseln, ausschließlich auf die Physik oder Psychologie zu blicken, war, so fühlte Pauli, ein Ansatz notwendig, der subjektive und objektive Aspekte als verschiedene Ausdrucksformen des gleichen zugrunde liegenden Phänomens enthüllt.

Zum Tode Paulis 1958 schrieb Jung:

> Es ist sehr betrüblich, daß Pauli so früh starb, da er ein Physiker war, auf den seine Zeit hörte, mehr als auf einen Psychologen, wie ich es bin. Doch die Chance besteht, daß die Zukunft ein besseres Verständnis der Psychologie des Unbewußten und seiner weitreichenden Fragestellungen entwickelt, und obgleich sie sich noch in ihren mittelalterlichen Vorstadien befindet, könnte [die Synchronizität] ein fruchtbarer Boden werden für die Probleme, die von Atomphysikern und den Psychologen des Unbewußten aufgegriffen werden.[27]

Mehrere Kollegen und Schüler Jungs haben versucht, dessen bahnbrechende Arbeit über Synchronizität auszuweiten und zu erläutern. Ira Progroff vermutete beispielsweise, «daß, wenn große Energiemengen bei der Spaltung der elementaren Einheit des Atoms freigesetzt werden, ähnliche Energiemengen auch auftreten könnten, wenn die Tiefe der Psyche in vergleichbarer Weise geöffnet werden könnte».[28] Barbara Hannah, Freundin und Biographin Jungs, nahm an, daß eine Art «synchronistisches Denken» existiert, welches sich außerhalb von Zeit und Raum befindet[29], und Marie Louise von Franz, eine der originellsten Vertreterinnen der Jungschen Psychologie, glaubt, daß Synchronizität die Manifestation eines viel weiter reichenden Prinzips «akausalen Geordnetseins» darstellt, das auch in der Mathematik und in der Quantentheorie zu finden sei und «Schöpfungsakte in der Zeit» repräsentiert.[30]

Möglicherweise mit Ausnahme von Dr. von Franz, die eine intuitive Sympathie für die innere Struktur der Mathematik besitzt, gingen alle Forscher, die Jung folgten, die Synchronizität vorzugsweise aus einer einzigen Richtung an: Sie gingen von der Welt der Erfahrung, der Träume, der Phantasien und des Unbewußten aus. Um eine tiefere Integration von Physik und Psychologie zu erhalten, ist es aber notwendig, Synchronizität von beiden Seiten zu erforschen und auch einige der jüngeren Einsichten der Physik mit einzubeziehen. Das Ziel: eine komplementäre Wahrnehmungsform für die Natur zu schaffen, die objektiv und subjektiv zugleich ist.

Bis zum Ende seines Lebens behielt Pauli einen tiefen Glauben an die Macht der Symmetrien bei. Während er sich mit einer Einheitlichen Feldtheorie herumschlug, schrieb er seinem lebenslangen Freund Heisenberg:

> Teilung und Symmetriereduktion, das ist des Pudels Kern! Ersteres ist ein altes Attribut des Teufels.... Wenn nur die beiden göttlichen Widersacher – Christus und der Teufel – merken würden, daß sie inzwischen so viel symmetrischer geworden sind![31]

Am 15. Dezember 1958, dem Todestag von Pauli, legte ich in Liverpool eine Universitätsprüfung ab. Aufgrund einer seltsamen

Synchronizität befaßte sich eine der Fragen auf dem Papier vor mir mit Paulis Ausschließlichkeitsprinzip; die Frage war, welcher Natur das Universum wäre, wenn dieses Prinzip niemals existiert hätte!

Die Naturgeschichte der Synchronizitäten

Jungs Forschungen über Synchronizität wurden von verschiedenen Mustern und akausalen Ereignisbündeln angeregt, die in seinem eigenen Leben auftraten. Ein besonderes Beispiel, das sich in seinem Aufsatz über Synchronizität wiederfindet, befaßt sich mit dem Fisch-Motiv. In vielen europäischen Ländern wird der 1. April auch Aprilfisch-Tag genannt. An diesem Tag saß Jung gerade an einer Arbeit über den Symbolismus des Fisches, als ein Patient zu ihm kam und ihm das Bild eines Fisches zeigte und eine Stickerei mit einem Fisch darauf. Am nächsten Tag erzählte ein anderer Patient ihm einen Traum von einem großen Fisch, den er in der vergangenen Nacht gehabt hatte. Als er diese Begebenheiten niederschrieb, unterbrach Jung seine Arbeit und machte einen Spaziergang am See; dabei sah er einen großen Fisch.

Jung maß diesem Muster wiederholter Fisch-Ereignisse große Bedeutung bei. Vielen Lesern aber werden sie als nichts anderes als Zufall erscheinen. Ihre Wichtigkeit für Jung schien dem starken Gefühl des Sinns zu entspringen, den sie für ihn hatten. Interessanter aber dürften die Ereignisse sein, die seinen Patienten während der Therapie widerfuhren, wie zum Beispiel das Auftauchen des goldenen Skarabäus, das wir früher erwähnten. Solche Situationen, in denen der Patient und der Psychiater in der Lage sind, die tiefen Kräfte des Unbewußten gemeinsam zu aktivieren, können das Auftreten von Synchronizitäten besonders begünstigen.

Diese Beobachtung wurde in Untersuchungen des Schweizer Analytikers Arnold Mindel bestätigt. Mindel begann seine Laufbahn als Physiker, wechselte später jedoch zur Jungschen Psychologie, die er in Zürich studierte. Sein Interesse an Synchronizität und an der Möglichkeit von Resonanzen zwischen Physik und Psychologie brachten ihn darauf, mit Hilfe eines Fragebogens, den er einer Anzahl Jungianer zusandte, eine Untersuchung durchzuführen.[32]

Vergleicht man Mindels Arbeit mit der von Jung und anderen Jungianern, dann ist es möglich, ein Profil synchronistischer Ereignisse aufzubauen. Wie Jung schon hervorgehoben hatte, ist es die Natur von Synchronizitäten, daß sie einen Sinn besitzen und daß sie insbesondere mit einer tiefgreifenden Energieaktivierung verbunden sind, die tief in der Psyche stattfindet, so, als würde die Bildung von Mustern im Unbewußten durch physikalische Muster in der äußeren Welt begleitet. Die synchronistischen Ereignisse erreichen meist dann ihren Höhepunkt, wenn die psychischen Muster im Begriff sind, aus dem Unbewußten in das Bewußtsein einzutreten; außerdem verschwinden sie normalerweise, wenn das Individuum sich bewußt wird, daß die Kräfte in seiner Persönlichkeit eine neue Richtung einschlagen.

Aus diesem Grund stehen Synchronizitäten oft mit Phasen der Wandlung in Zusammenhang, mit Geburten zum Beispiel, Todesfällen, dem Sich-Verlieben, mit Psychotherapie, intensiver schöpferischer Arbeit und selbst dem Wechsel des Berufs. Es scheint, als erzeuge diese innere Umstrukturierung äußere Echos oder als pflanze sich ein Ausbruch «mentaler Energie» in der äußeren Welt fort. Der Knall aus Jungs Bücherregal ist ein augenfälliges Beispiel solch einer Veräußerlichung. Arnold Mindel gibt das Beispiel eines psychotischen Patienten wieder, der ihm erklärte, er sei Jesus, der Schöpfer und Zerstörer des Lichts. Im selben Moment fiel der Beleuchtungskörper von der Zimmerdecke und setzte den Mann außer Gefecht.

Besonders markante Beispiele für die Freisetzung solcher psychischen Energien treten oft bei Menschen auf, die Jung Spieler nennt: Menschen, die alles auf eine letzte Karte setzen. In vielen Fällen ist der Patient am Ende seiner Kräfte, all seine Möglichkeiten sind erschöpft, und keinerlei Hoffnung bleibt. Symbolisch gesprochen ist das der Mensch, der in einer Burg die letzte Tür erreicht, dem ein letzter Zauberwunsch bleibt, der sich einem Drachen gegenübersieht oder im Begriff ist zu sterben. Unter solchen Umständen werden alle Energien mobilisiert und auf eine letzte Karte gesetzt. Synchronizitäten treten dann fast zwangsläufig auf.

Mindel berichtet von einem Psychiater, der bei der Behandlung einer Patientin am Ende seiner Weisheit angelangt war. Was auch immer er unternahm, er schien einfach nicht in der Lage zu sein, ein Gespräch mit ihr aufzubauen. Eines Tages, unter extremer Belastung, träumte er, ihr Ehemann versuche, sie ins Jenseits zu ziehen, und er erwachte durch ein Klopfen an der Tür – aber niemand war draußen. Ihm kam die Ahnung, daß der Gatte der Frau irgendwie verantwortlich für dieses Klopfen sei, und er erzählte seiner Patientin diese Geschichte während ihrer nächsten gemeinsamen Sitzung. Zu seiner Überraschung gab sie nun zu, daß ihr Ehemann tatsächlich einige Wochen zuvor gestorben war.

Konfrontiert mit einer offenkundig unlösbaren Aufgabe, wurde der Therapeut in eine Synchronizität hineingezogen, die ein Klopfen an der Tür und den Traum von einem toten Ehemann einschloß. Von diesem Zeitpunkt an verbesserte sich die Kommunikation zwischen Arzt und Patientin und führte schließlich zu einer Heilung. Die Entwicklung von Synchronizitäten zwischen Traum und Wachzustand ist weder ungewöhnlich, noch beschränkt sie sich auf Situationen eines «letzten Ausweges». Anthony Storr, Autor des Buches *The Essential Jung*, erzählte mir von einem Traum seiner Frau, in dem sie geköpft wurde. In der gleichen Nacht hatte sich ein Oxforder Professor auf die Eisenbahnschienen gelegt und wurde von einem Zug enthauptet!

G. H. Lewis, lebenslanger Freund der Schriftstellerin George Eliot, erzählt die folgende Geschichte über Charles Dickens:

> Dickens träumte, er befände sich in einem Raum, in dem jedermann scharlachrot gekleidet war. Er stolperte gegen eine Dame, die mit dem Rücken zu ihm stand. Als er sich entschuldigte, wandte sie sich um und sagte ohne jeden Grund: «Mein Name ist Napier.»
> Er kannte niemanden, der Napier hieß, und auch das Gesicht war ihm unbekannt. Zwei Tage später, vor einer Lesung, trat eine Freundin in den Warteraum, begleitet von einer unbekann-

ten Dame in einem scharlachroten Theatermantel, die, so seine Freundin, fest entschlossen war, vorgestellt zu werden. «Doch nicht etwa Miss Napier?» fragte er scherzend. «Doch, Miss Napier.» Obgleich das Gesicht seiner Traumgestalt nicht das Gesicht von Frau Napier hatte, war die Gleichzeitigkeit des Theatermantels und des Namens eindrucksvoll.[33]

Synchronizitäten begegnen nicht nur gestörten oder übersensiblen Menschen, sondern können sich auch ins Leben rationaler und skeptischer Menschen drängen. Mindel stellte tatsächlich fest, daß sie gelegentlich die Wirkung haben, eine heilsame Verwirrung in eine ansonsten allzu geordnete und sehr starre Weltsicht hineinzubringen: Dann tauchen sie quasi als Joker im Kartenspiel des Lebens auf.

Manche Synchronizitäten beginnen in der äußeren Welt und bewegen sich dann in die innere, in dem Maß, wie sich ihre Bedeutung enthüllt. Solche Synchronizitäten sind abhängig davon, daß ein tieferer Sinn der Muster und Ereignisketten der Phänomene um uns herum wahrgenommen wird. Vielleicht beziehen sie den Prozeß, über den wir uns mit unserer Umwelt verbinden, in besonderer Weise mit ein, lassen uns Ereignisse vorausahnen oder eine Welt zugrunde liegender Muster empfinden. Jungs Fall des Fisch-Motivs ist solch ein Beispiel, aber es lassen sich auch Beispiele zeigen, in denen Künstler und Schriftsteller größere Ereignisse oder soziale Umwälzungen erahnten, lange bevor sie dann eintraten.

Eine seltsame Koinzidenz finden wir im Fall der Astronomen in Jonathan Swifts *Gullivers Reisen*, die wissen, daß der Mars zwei Monde besitzt – und dies lange bevor wirkliche Sternenbeobachter in der Lage waren, solche Entdeckungen zu machen. Noch ominöser ist M. F. Mansfields Roman aus dem Jahre 1898, der von einem ungeheuren Atlantikdampfer, der *Titan*, erzählt – dem größten, der je erbaut wurde –, welcher mit seinen reichen und berühmten Passagieren den Atlantik überquert. Ausgestattet mit einer nur ungenügenden Zahl von Rettungsbooten, stößt die *Titan* – wie die wirkliche *Titanic* einige Jahre später – mit einem Eisberg zusammen und sinkt.

Vielleicht noch interessanter sind jedoch jene Filme, die um

1920 in Deutschland gedreht wurden und den psychologischen Aufruhr vorwegnahmen, der dann in der Nazi-Ära seinen explosiven Ausdruck fand. F. W. Murnaus *Nosferatu* handelt von einer Plage, die über das Land geht, und zeigt, wie bei anständigen Bürgern blutrünstige Jagdgier entfacht wird. Robert Wienes *Das Kabinett des Dr. Caligari* beschreibt einen Schlafwandler, der von einem geisteskranken Arzt als Mordinstrument benutzt wird. Im Irrenhaus des Arztes scheinen die Patienten gesund, das Personal hingegen verrückt zu sein.

Eine besonders beredte Synchronizität beziehungsweise akausale Verknüpfung mit der Umwelt findet sich in der Geschichte, die der Sinologe Richard Wilhelm über einen Regenmacher erzählte. Sie enthält den Kern der chinesischen Weltsicht, wonach Mensch und Natur eins sind und ein Ganzes bilden. In einem chinesischen Dorf war einige Wochen lang kein Regen mehr gefallen, so daß man schließlich den Regenmacher rief. Der alte Mann traf ein, ging schnurstracks zu dem Haus, das für ihn vorbereitet worden war, und blieb dort, ohne irgendwelche Zeremonien durchzuführen – bis der Regen kam. Als man ihn fragte, wie er denn den Regen verursacht habe, erklärte der alte Mann, daß es hierfür keine Ursächlichkeit gäbe. Als er in dem Dorf ankam, so stellte sich heraus, hatte der Regenmacher erkannt, daß dort Disharmonie herrschte, weshalb folgerichtig die normalen Naturvorgänge nicht so ablaufen konnten, wie es ihrer Bestimmung entsprach. Der Regenmacher wurde davon ebenfalls beeinflußt, so daß der alte Mann sich in seine Hütte zurückzog, um sich zu sammeln. Als die innere Harmonie wiederhergestellt war und sich das Gleichgewicht wieder etabliert hatte, kam der Regen ganz von selbst, so, wie es seiner natürlichen Eigenart entspricht.

Diese Geschichte enthält Elemente einer Inwärtsbewegung und einer Auswärtsbewegung, einer Dynamik zwischen den physischen und den geistigen Aspekten des Universums. Aber sie enthält auch Synchronizitäten, die nur inwendig zu sein scheinen und keine besondere physikalische Manifestation besitzen. Akausale Traummuster können das zum Beispiel sein, Erinnerungen, Gedanken, Symbole und Wahrnehmungen, die sich als Gleichzeitigkeiten oder Ereignisbündel ausdrücken, in die verschiedene Menschen verwickelt sind. Ein augenfälliges Beispiel solcher Synchronizitäten sind die gleichzeitigen Entdeckungen von Wissenschaftlern, die nicht in direkter Verbindung miteinander stehen. Wissenschaftler sprechen oft von Ideen, die «in der Luft liegen», fast als nähmen neue Konzepte die Form von Radioübertragungen an, in sich schon vollständig und auf den geeigneten Empfänger wartend, der sie aufnimmt. Eine der berühmtesten dieser gleichzeitigen Entdeckungen ist die der Evolutionstheorie.

Charles Darwin hatte auf den Rat seines Freundes Sir Charles Lyell hin mit der Niederschrift seiner Evolutionstheorie der Arten begonnen:

> Ich hatte etwa die Hälfte der Arbeit zu diesem Thema beendet. Aber meine Pläne wurden über den Haufen geworfen, da im Frühsommer des Jahres 1858 Mr. Wallace, der sich damals im Malaiischen Archipel aufhielt, mir einen Aufsatz «Über die Tendenz von Abweichungen, sich auf unerklärliche Weise vom ursprünglichen Typus fortzuentwickeln» zusandte; und dieser Aufsatz enthielt exakt die gleiche Theorie, die auch ich gerade entwickelte.[34]

Eine der revolutionärsten Theorien der Wissenschaft wurde also zur gleichen Zeit von zwei Männern aufgestellt, die weitestgehend unabhängig voneinander arbeiteten. Von gleicher Bedeutung war die unabhängige Entdeckung der Infinitesimalrechnung durch Newton und Leibniz.

Noch verblüffendere Synchronizitäten findet man, wenn solch parallele Entwicklungen des Denkens auf vollkommen verschiedenen Gebieten stattfinden. Mag es auch möglich sein, daß die Theorie der Evolution einfach nur darauf gewartet hatte, entdeckt zu werden: Wie will man die folgenden Beispiele aus dem Bereich der Erforschung der Natur des Lichts erklären? Um die Mitte des sechzehnten Jahrhunderts begannen sich Vermeer und andere Maler, die in Holland arbeiteten, für die innere Natur des Lichts zu interessieren, für die Effekte, die auftreten, wenn es durch Türen, Fenster und kleine Spalte in einen Raum einfällt, oder für die Wandlungen, die es erfährt, wenn es durch farbiges Glas gebrochen wird. Zur gleichen Zeit benutzte Isaac Newton ein Prisma, um die Zusammensetzung des Lichtes zu ergründen, das durch ein kleines Loch im Fensterladen seines Zimmers in Cambridge fiel.

Zweihundert Jahre später stellte der Maler Turner Licht als einen wirbelnden Strudel dar, als energetische Kraft, deren Form sich auflöst und mit der wogenden Bewegung des Windes, des Regens und der Wellen verglichen werden konnte. Wenig später sollte der Physiker Maxwell seine Wellentheorie des elektromagnetischen Feldes formulieren, in der Licht von den sich gegenseitig umlaufenden elektrischen und magnetischen Wellen («wirbelnde Bewegungen») erzeugt wird.

Um die Jahrhundertwende behandelten die Impressionisten Licht als eine reine Kraft, die Formen hervorruft und wieder auflöst und in ihre elementaren Bestandteile der Empfindung zerlegt werden kann; die logische Ausweitung dieser Arbeit war der Pointillismus, der die ganze Natur auf Farbpunkte oder Farbquanten reduzierte. Einige Jahre später wurde in der Physik derselbe Gedanke formuliert – die Quantentheorie des Lichts und der Materie von Planck und Einstein.

Ruhen solche Konzepte und Einsichten in irgendeiner verborgenen, symbolischen Form im Unbewußten? Oder kann man sich ihnen in der Natur nähern, nicht direkt, aber in irgendeiner versteckten Weise, die dann über die Sprachen der Kunst, der Literatur, der Musik oder der Wissenschaft entschlüsselt werden muß? Die vielen Beispiele gleichzeitiger Bewegungen des Denkens und Fühlens sowie die Ideen unverbundener Gruppen über die Grenzen von Disziplinen hinweg lassen vermuten, daß hinter diesen Gleichzeitigkeiten und Synchronizitäten ein tieferer Sinn liegt.

Weniger dramatisch ist das Phänomen der synchronen Bewegung von Paaren, auf das Arnold Mindel hinweist, wobei beide Partner eine dramatische Erfahrung durchlaufen, während sie voneinander getrennt sind. Es ist beispielsweise nicht ungewöhnlich, daß ein Mann oder eine Frau einen tiefen inneren Wandel erlebt, während der Partner in einer anderen Stadt oder in einem anderen Land eine Psychotherapie durchläuft. Solche merkwürdigen Ereignisse sind nicht unbedingt das Resultat einer «seelischen Verbindung» oder einer außersinnlichen Kommunikation, sondern weisen möglicherweise darauf hin, daß auf einem gemeinsamen Boden *ein* wechselseitiger Prozeß abläuft und daß dieser Boden deshalb jenseits des individuellen, raum-zeitlich lokalisierten Bewußtseins liegen muß.

Zusammenfassung

Bis zu dieser Stelle haben wir den Gedanken der Synchronizität auf einer phänomenologischen Grundlage untersucht und an Hand einiger Beispiele und Andeutungen gezeigt, daß sie Hinweise auf ein tieferes, universales Prinzip einer verborgenen Ordnung sein können. Wollen wir uns diesem neuen Natur-Prinzip annähern, wird es jedoch zuerst nötig sein, das Wesen von Synchronizitäten etwas genauer zu untersuchen. Bislang haben wir sie als *akausale, sinntragende Ereignisse* charakterisiert, die irgendeine Art *Muster* besitzen. Damit wir solch eine Charakterisierung aufrechterhalten können, müssen wir jedoch auch die Einschränkungen unserer gegenwärtigen Weltsicht betrachten: ihre Vorstellungen von Kausalität, vom Pfeil der Zeit, von der Objektivität, der Trennung von Geist und Materie und die Betonung, die auf Wiederholbarkeit des Experiments statt auf einzigartigen, einzelnen Ereignissen liegt.

Im nächsten Kapitel beginnen wir mit dieser Untersuchung und konzentrieren uns auf die Ideen der Kausalität. Wir fragen, ob es Sinn hat, von einem Prinzip «akausaler Verknüpfung» in unserem physikalischen Universum zu sprechen.

2. Das mechanische Universum

C. G. Jung definierte Synchronizität als die Gleichzeitigkeit von zwei oder mehr Ereignissen, die nicht kausal, aber durch einen gemeinsamen Sinn verbunden sind. Was er damit ausdrücken will, ist eindeutig: Es gibt im Universum Ereignisse, die sich zu sinnvollen Mustern bündeln, ohne sich der üblichen Schub- und Zugkräfte der Kausalität zu bedienen. Deshalb überschreiten solche Synchronizitäten die normalen Gesetze der Naturwissenschaft, denn sie sind ein Ausdruck viel tieferer Bewegungen, die im Grund des Universums entstehen und worin Materie und Sinn untrennbar miteinander verbunden sind.

Natürlich ist ein Prinzip «akausaler Verknüpfungen» ein Schlag ins Gesicht für ein gewiß sehr bestechendes Weltbild, dessen Universum von Kausalität beherrscht wird und keinerlei Ereignisse kennt, die nicht eine letzte Ursache besitzen. Sollten Synchronizitäten wirklich einen tieferen Sinn haben und nicht nur zufällige Gleichzeitigkeiten oder gar Projektionen der Einbildung sein, dann steht die Wissenschaft vor der Aufgabe, ihnen einen Platz in ihrem Universum zuzuweisen. Wenn andererseits alles von Kausalität bestimmt wird – wie kann dann ein Ereignismuster auftreten, das nicht vollständig übereinstimmt mit diesem absolut allgegenwärtigen Gesetz? Mit anderen Worten: Welchen Sinn könnte dieses paradoxe «Prinzip akausaler Verknüpfung» haben?

Kausalität wird als eine «Kette von Ursache und Wirkung» definiert. Gemeint ist damit eine Kette oder Reihe von Gliedern, wobei jedes mit seinen beiden Nachbarn fest verbunden ist, so daß die ganze Kette sich unbegrenzt in beide Richtungen erstrecken kann. Jedes Ereignis in der Welt ist damit kausal mit einem Ereignis verbunden, das zuvor auftrat, und mit einem, welches folgt. Ein dynamischeres Bild ist das einer Eisenbahnstrecke, auf der eine Lokomotive einige Waggons rangiert. Wenn die Lokomotive den ersten der freistehenden Waggons erreicht, gibt sie ihm einen Stoß, einen Bewegungsimpuls, der sich von Waggon zu Waggon die ganze Strecke entlang fortsetzt. Bildhaft gedacht ist das, was mit Kausalität gemeint ist, diesem Impuls nicht unähnlich, der sich die ganze Strecke entlang von Waggon zu Waggon fortpflanzt. Wann immer wir einen Waggon sich bewegen sehen, gehen wir also davon aus, daß er irgendwo auf dem Schienenstrang einen Stoß erhalten haben muß.

Wann immer wir eine Veränderung oder irgendeine neue Form der Bewegung im Universum entdecken, ist es ganz ähnlich: Wir gehen ganz natürlich von der Annahme aus, daß irgendwo weiter zurück auf der «Zeitschiene» eine Ursache am Werke war und daß irgendwann in der Zukunft sich die Wirkung fortpflanzt. Nichts geschieht in dieser Welt der Kausalität, das nicht aus einer Ursache hervorginge. Und so scheint der Gedanke einer «akausalen Verknüpfung» von vornherein auszuscheiden: In der Welt der Kausalität ist er schlichtweg fehl am Platz. Was auch bedeuten kann, daß die Erforschung der Synchronizität in einem Widerspruch enden muß.

Ganz besonders elegant wurde das kausale Universum in den Begriffen der Physik des achtzehnten und neunzehnten Jahrhunderts beschrieben; ein Weltbild, das die meisten von uns noch heute in ihrer Wahrnehmung der Wirklichkeit und ihrem Umgang mit ihr beeinflußt. Isaac Newton verlieh mit seinen Bewegungsgesetzen und mit den diversen Gleichungen, die aus ihnen abzuleiten sind, dem Konzept der Kausalität eine streng mathematische Grundlage. Nach seiner Mechanik können der Weg eines Körpers und alle Stöße, die noch auf ihn einwirken werden, exakt vorhergesagt werden, wenn seine Anfangsbedingungen – insbesondere seine Anfangsgeschwindigkeit, seine Position, seine Masse und die Art der Kräfte, die auf ihn wirken – bekannt sind. Mit diesem Ansatz kann auch ein ganzes System von Teilen beschrieben werden, so daß es keinerlei Grund gibt, Serialität oder Synchronizität zu bemühen, wenn einige Körper sich einmal zu einem bestimmten Muster arrangieren. Man muß lediglich die Bewegungsgleichungen jedes der beteiligten Körper lösen, und schon stellt man fest, wie unausweichlich ihre Bahnen und Zusammenstöße dafür gesorgt haben, daß sie sich zu einem bestimmten Muster im Raum zusammenballten. In dieser Newtonschen Weltsicht scheint es also keinen Platz für Synchronizität zu geben.

Die Newtonsche Beschreibung der Dinge kann auf immer größere und komplexere Systeme ausgedehnt werden – grenzenlos. Hätte Newton am ersten Schöpfungstag neben Gott gestanden und hätte er ihn nach den Positionen, Massen und Geschwindigkeiten der Körper gefragt, die Gott erschaffen hatte, dann hätte er auf diesem Weg *jedes* Folgeereignis im Universum voraussagen können. Zu dieser arroganten Vision von der Macht der Wissenschaft gehört auch die Vorstellung vom Wissenschaftler, der als unbeteiligter Beobachter außerhalb des beobachteten Systems steht und in der Lage ist, nach deterministischen Gesetzen alle Ereignisse vorauszusagen, und dabei die Ereignisse in keiner Weise stört. Könnte man für solch einen Wissenschaftler des achtzehnten Jahrhunderts einen hinreichend großen Rechner bauen, dann müßte es ihm gelingen, eine monströse Simulation des Universums zu erzeugen, die auf ewig parallel zur Wirklichkeit läuft. Eine Simulation, die jedes Ereignis enthält, vom Beginn bis ans Ende der Zeit. Wo könnte es in dieser Simulation dann noch Platz geben für den freien Willen, für Kreativität und für Synchronizität?

Der Wissenschaftler unserer Tage ist jedoch kein unbeteiligter Beobachter mehr, der außerhalb der Welt steht und die diversen Ereignisse beobachtet. Nach den Worten John Wheelers muß der Begriff «Beobachter» aus unseren Lehrbüchern gelöscht und durch das Wort «Teilnehmer» ersetzt werden. Mit der Quantentheorie ist deutlich geworden, daß jede Beobachtung, jeder Versuch, ursprüngliche Bedingungen zu bestimmen, einen irreversiblen Effekt auf den Rest des Universums ausübt. Physik und Physiker sind nicht länger getrennt, sondern ein unteilbares Ganzes.

Wird sich also, wenn wir uns auf die Quantentheorie berufen, ein Schlupfloch auftun, durch das wir dem Dilemma absoluter Kausalität entwischen können? Ein Beispiel: Wenn ein bestimmtes Isotop in streng definierter Halbwertzeit zerfällt, dann gibt es trotzdem keine Möglichkeit, vorherzusagen, *welches* seiner Atome als nächstes zerfallen wird. Eines kann in weniger als einer Minute zerfallen, andere werden eine Woche überleben oder gar mehrere Monate. Die Quantentheorie erlaubt nicht, einzelne Ereignisse zeitlich und räumlich exakt festzumachen. Ja, mehr noch: Die Theorie besteht darauf, daß dieser Zusammenbruch der Vorhersagekraft nicht etwa die Folge von Unwissenheit über die feineren Details des Systems ist, einer Unwissenheit, die etwa durch eine detailliertere Theorie auszugleichen wäre. Dies ist ebensowenig möglich wie bei einer Lebensversicherung, die auf dem Schnitt einer großen Bevölkerung unterschiedlicher Individuen aufbaut. Hier herrscht fundamentale und absolute Unbestimmtheit.

Angesichts solcher Unbestimmtheit auf der grundlegendsten Ebene der Natur aber scheint der Newtonsche Anspruch auf Kausalität und Determinismus ungültig zu sein; ein Schlupfloch für die Synchronizität scheint gefunden. Und doch ist dies nur in gewissem Sinne richtig, denn so leicht finden wir denn doch nicht aus der Klemme: Die meisten der fluktuierenden, nicht vorhersagbaren Effekte atomarer Unbestimmtheit verschwinden in dem Moment, wo das ins Spiel kommt, was als «Gesetz der großen Zahl» bekannt geworden ist.

Das Gesetz der großen Zahl besagt, daß sich in jeder großen Menge möglicher Ereignisse die Dinge so ausgleichen, daß individuelle Abweichungen und Ereignisse ignoriert werden können. Lassen Sie uns als Beispiel annehmen, daß eine große Zahl Zehnpfennigstücke hochgeworfen wurde; alle, die auf «Kopf» zu liegen kamen, wandern in einen Sack und alle mit «Zahl» in einen anderen. Nach Tausenden und Zehntausenden von Würfen werden beide Säcke gleich viel wiegen. Gewiß, jedes *einzelne* Ereignis ist unbestimmbar, und im kleinen Maßstab wird es gelegentliche «unwahrscheinliche» Folgen von Kopf und Zahl geben. Auf lange Sicht aber tritt das Gesetz der großen Zahl in Erscheinung und überdeckt die Effekte individueller Fluktuationen durch einen allgemeinen Durchschnitt.

Was aber für eintausend Münzen gilt, gilt erst recht im Fall der Atome, die in einem alltäglichen Gegenstand, sagen wir in einer Billardkugel, stecken. Und die Zahl der Atome, um die es hier geht, ist wirklich *sehr* groß, rund 10^{23}, etwa die Anzahl der Sterne im Universum. In solch einer großen Menge sind die einzelnen Quantenabweichungen längst ausgemittelt, wenn der Maßstab des Menschen erreicht wird. Deshalb wird die Mikrowelt zwar von der Unbestimmbarkeit regiert, die in den allermeisten Phänomenen aber verschwindet, wenn vom Gesetz der großen Zahl ausgemittelt wird, das in der Welt des Alltags gilt. Der Newtonsche Determinismus, so will es scheinen, regiert immer noch, hat die Tür für Synchronizität wieder verschlossen und mit der Kette von Ursache und Wirkung fest verriegelt.

Der Boden der Kausalität

Die lineare Kette der Kausalität und die Vorhersagekraft mathematischer Gleichungen beherrschen die Wissenschaft seit so vielen Generationen, daß es schwierig ist, noch einen Platz im Universum für Freiheit, Neuerungen und Kreativität zu finden. Und die Wissenschaftler können gute Argumente dafür finden, daß ihre kausalen Erklärungen für alle Phänomene gelten, nicht nur für die der mechanischen Welt, sondern auch für das Leben und das Verhalten. Nach dem Verständnis des *Reduktionismus* werden selbst so komplexe Phänomene wie das Bewußtsein eines Tages in Begriffen mechanischer und biologischer Systeme erklärt werden, in Begriffen von Ladungspotentialen, die in den Neuronen arbeiten, in Begriffen von Neurotransmittern und vom Wachstum neuraler Netzwerke. Und obgleich diese Darstellungen alle biologischer Natur sind, können sie wiederum auf chemische Konzepte reduziert werden: auf Ionenpotentiale, Reaktionswege chemikalischer Synthesen, auf Osmose und so weiter. Und erneut kann jedes dieser chemischen Phänomene mit Hilfe der physikalischen Gesetze erklärt werden, so wie sie auf Flüssigkeit und auf das Zusammenspiel von Atomen und Molekülen Anwendung finden.

Auf diese Weise, so argumentiert der Reduktionismus, können selbst die komplexesten Phänomene der Gesellschaft, des Bewußtseins und des Lebens auf das Verhalten von Materie und auf die Gesetze der Physik zurückgeführt werden. Es stimmt zwar, daß viele nachdenkliche Wissenschaftler den Reduktionismus nicht vollständig akzeptieren, doch hat er innerhalb der Wissenschaften trotzdem sehr großen Einfluß. Das geht so weit, daß bei jedem neuen Phänomen, dem man begegnet, der «natürliche» wissenschaftliche Instinkt darauf aus ist, es in seine grundlegenden Bestandteile zu zerlegen. Wird der Reduktionismus aber mit dem Konzept der Kausalität verbunden, dann droht er, die Synchronizität vollständig in atomare Bewegungen und in Wirkungen von Kraftfeldern aufzulösen. Im Verlauf dieses Buches wird dagegen ein pluralistischer Ansatz vorgeschlagen, der die Brauchbarkeit von Reduktionismus und Kausalität etwas einschränkt.

Wir hatten die Kausalität mit einer Lokomotive verglichen, die Waggons auf der Zeitachse rangiert. Ein anderes mechanistisches Bild fand bei den Physikern des späten neunzehnten Jahrhunderts ganz besonderen Anklang. Gemeint ist das Pool Billard, bei dem der erste Stoß mit dem Queue alle darauffolgenden Bewegungen und Muster der Bälle auf dem Tisch auslöst. Die Wege der verschiedenen Kugeln und ihre Zusammenstöße scheinen recht komplex, und doch ist jede Bahn eine direkte Folge der ursprünglichen Kugelposition und des Stoßes, den sie von der mit dem Queue angestoßenen Kugel empfängt.

Die Dynamik des Pool- oder Billardspieles ist so elegant, daß sie viele der Aufgaben lieferte, die Professor Sommerfeld an der Münchener Universität seinen zwei jungen Studenten – Pauli und Heisenberg – gab. Die Welt ist allerdings kein Billardspiel, und je gründlicher sie erforscht wird, desto mehr stellt man fest, daß viele ihrer Phänomene offenbar auf sehr viel komplizierteren und subtileren Wegen entstehen und sich entfalten. Tatsächlich stößt die Idee der Kausalität, wenn sie solche komplexe Systeme erklären soll, so sehr an ihre Grenzen, daß ihr Nutzen verschwindet.

In den folgenden Kapiteln werden wir etliche Beispiele dafür geben, daß Kausalität als formale Beschreibung wohl nicht ausreichen kann, da das Verhalten der Natur viel mehr dem eines Organismus als dem einer Maschine ähnelt. Deshalb wollen wir in diesem Kapitel die neuen Gesetze vorstellen, die das Entstehen neuer Formen und neuen Verhaltens und das organische Kräftespiel lenken: Prigogines dissipative Strukturen beispielsweise, Bohms implizite Ordnung und Sheldrakes morphogenetische Felder. Mit Hilfe dieser neuen Beschreibungen wird es uns dann möglich sein, die inneren Wirkweisen von Synchronizität zu untersuchen.

Doch bevor wir die Natur als einen Organismus betrachten können, müssen wir erst einmal den hypnotischen Einfluß überwinden, den das Konzept der Kausalität auf unsere Sichtweise ausübt. Es ist deshalb sinnvoll, uns in Erinnerung zu rufen, daß für einen Philosophen der Gedanke der Kausalität keineswegs selbstverständlich oder hinreichend abgesichert ist. Im achtzehnten Jahrhundert hat David Hume dieses Thema sehr sorgfältig untersucht und ist zu dem Schluß gekommen, daß die Idee der Kausalität durchaus nicht auf strenger Logik fußt. Nur weil man in der Vergangenheit bei vielen Gelegenheiten beobachtet hat, daß B auf A folgt, kann man nicht logisch schlußfolgern, daß diese Abfolge auch in Zukunft auftreten wird. Der Glaube an die Kausalität beruht also auf einer Gewohnheit des Geistes, die sich durch wiederholte historische Beispiele gebildet hat; daß Kausalität «zwingend» ist, ist längst nicht logisch beweisbar. So schreibt Hume: «Unsere ganze Kenntnis vom Zusammenhang zwischen Ursachen und Wirkungen besteht in dem Bewußtsein, daß gewisse Gegenstände *immer miteinander verbunden* gewesen sind ... Wir können in den Grund dieser Verbindung nicht eindringen.»[1]

Kausalität wird also aus dem vergangenen Verhalten des Universums rückgeschlossen, aber es ist niemals möglich, in dieses Naturphänomen einzudringen, um direkt zu erfassen, was dabei geschieht, weder mit Hilfe der Logik noch mit Hilfe der Philosophie. Und doch war Hume ohne jede Hoffnung, den Ursache-Wirkung-Glauben des gesunden Menschenverstandes je auch nur ankratzen zu können,

> ... daß ich nur gewappnet mit sicheren Erfahrungsgründen und Schlußfolgerungen hoffen kann, ... die eingewurzelten Vorurteile der Menschen zu überwinden. Wie oft wird man sich,

um mit dieser Lehre sich auszusöhnen, wiederholen müssen, daß uns die einfache Betrachtung zweier beliebiger Gegenstände oder Vorgänge, in welcher Beziehung sie auch stehen mögen, niemals die Vorstellung einer Kraft oder einer zwischen ihnen bestehenden Verknüpfung geben kann.[2]

Die Kette linearer Kausalität ist also eine Mixtur aus Gewohnheit, Glaube und «gesundem Menschenverstand». Doch dieser gesunde Menschenverstand beruht auf mehreren Annahmen, nämlich:

- daß zwei Ereignisse eindeutig voneinander zu unterscheiden sind und jeweils ihre eigene unabhängige Existenz besitzen (so wie zum Beispiel zwei Körper mit exakt definierten Begrenzungen);
- daß irgendein Kontakt, eine Kraft, ein Einfluß von einem Körper oder Ereignis zum andern fließt;
- daß es einen klaren zeitlichen Ablauf gibt, bei dem sich die Ursache in der Vergangenheit und die Wirkung in der Gegenwart ereignen.

Natürlich: Rangierte Eisenbahnwaggons und zusammenstoßende Billardkugeln erfüllen diese Kriterien. Erstens haben Billardkugeln eine harte Oberfläche und verschmelzen nicht miteinander oder sind nur von flüchtiger Existenz. Das Aufeinanderstoßen zweier Billardkugeln unterscheidet sich beispielsweise von der Begegnung zweier Rauchringe ganz gravierend und ebenso von zwei sich kreuzenden Hochenergieprotonen in einem Teilchenbeschleuniger. Zweitens ist der kausale Ablauf in einem Billardspiel eindeutig; er zeigt sich im physikalischen Kontakt der aufeinandertreffenden Kugeln. Dies unterscheidet sich wieder gravierend von der «Fernwirkung» des Mondes auf die Gezeiten der Erde, vom Einfluß eines großen Felsens auf die Strudel eines Flusses oder des Mondzyklus auf das Laichverhalten mancher Fische.

Schlußendlich ist der zeitliche Ablauf während eines Billardspiels nicht abzustreiten, er kann an der Wanduhr und an den Herzschlägen der Spieler abgelesen werden. Zeit ist jedoch nicht so eindeutig bei geistigen und atomaren Ereignissen oder in den ersten Sekunden des Universums, als es unabhängige Uhren noch gar nicht gab. Außerdem gibt es manche Systeme, die, so könnte man sagen, ihre eigene innere Zeit besitzen, mit Zeitskalen, die miteinander verbunden oder aber vollkommen unabhängig voneinander sein können. Systeme wiederum, die sich in einem totalen Gleichgewicht befinden, verfügen vielleicht über gar kein Zeitgefühl.

Solange Gegenstände und Ereignisse klar voneinander zu trennen und zu unterscheiden sind, solange Kräfte exakt definiert sind und die Zeit für alle gleich und unbeirrt fließt, wirft das Konzept der Kausalität keine Probleme auf. In dem Maße aber, in dem die Wissenschaft tiefer in ein Universum innerer Strömungen und dynamischer Entwicklungen eindringt, in Bereiche subtiler Einflüsse und sich kreuzender Zeitskalen, lassen sich keine Kausalketten mehr auffinden, die sich auf lineare Verbindungen einzelner Ereignisse reduzieren ließen. Damit schwindet die Macht des Konzepts der Kausalität.

Synchronizitäten sind wie eine Brücke zwischen Materie und Geist, und der Welt mentaler Ereignisse ist die Vorstellung der Kausalität offenkundig nicht gemäß. Wenn es auch angehen mag, daß einige unserer primitiveren Verhaltensweisen kausal «konditioniert» sind, sind Gedanken ganz eindeutig keine klaren, individuellen Gegenstände, sondern eher den Rauchringen verwandt, die sich gegenseitig durchdringen und ineinander verschmelzen können. Zwar mag es manchmal einen «Gedankengang» geben, was eine lineare Entwicklung in der Zeit meint. Dann hat aber dieser «Gang» nicht die Form einer Folge kausaler Glieder, denn der Mechanismus, der den einen Gedanken erzeugt, kann sich von dem, der den nächsten Gedanken erzeugt, völlig unterscheiden. Manche Gedanken fließen über Assoziationen, einer entsteht aus dem anderen, während andere einem gemeinsamen Boden entwachsen oder sogar kaum miteinander verbunden zu sein scheinen. Kurz, die psychologische Zeit unterscheidet sich von derjenigen, die die Uhr im Billardsaal anzeigt, vollkommen.

Wenn Sie Billard spielen, sind Teile Ihres Bewußtseins vom Spiel gefesselt, während andere Teile sich vielleicht gerade mit Erinnerungen befassen, mit Ahnungen oder sogar mit Wachphantasien. Ein Bereich des Geistes kann sich also in einer Art zeitloser Bewußtheit befinden, während andere Bereiche einen linearen «Gedankengang» verfolgen. Im allgemeinen erfüllt also unsere Innenwelt die drei Kriterien, auf denen Kausalität aufbaut, nicht:

- ihre Ereignisse sind nicht deutlich voneinander zu unterscheiden und nicht unabhängig voneinander;
- Einflüsse fließen nicht klar von einem Ereignis zum nächsten;
- Zeit ist nicht linear und nicht eindeutig.

Die Bewegungen des Geistes verlangen deshalb eine allgemeinere Beschreibung als lineare Kausalketten, eine Beschreibung, die Ereignissen entspricht, welche sich gegenseitig erzeugen und miteinander verschmelzen und damit Ausdruck einer zeitlosen Ordnung in einem tieferen Grund sind. Beim Bau der Brücke zwischen Geist und Materie muß die Idee der Kausalität fallengelassen werden, zugunsten von Transformation und Entfaltung. In den folgenden Abschnitten sollen einige dieser neuen Beschreibungen, die von einem organischen Universum sich entfaltender Muster ausgehen, untersucht werden.

Die Spiele der Kausalität

Noch hält uns die Kausalität in ihrem Bann; ihrer Grenzen werden wir nur dann gewahr, wenn wir das Konzept auf die Spitze treiben. Nehmen Sie zum Beispiel das Tennisspiel: Im kausalen Sinn könnte nichts eindeutiger sein als ein Spiel mit einem wohldefinierten einzelnen Tennisball. Jedesmal, wenn wir den Ball über das Netz schlagen, spüren wir die nackte Realität des Kausalimpulses bis in die Armmuskeln hinein. Dieser spürbare Schlag liefert auch die Anfangsbedingungen für Geschwindigkeit und Position, die den Weg des Balles bestimmen, wenn er zum Netz zurückfliegt.

Allerdings sind auch andere Kräfte im Spiel, insbesondere die Schwerkraft, die versucht, den Ball auf den Boden des Spielfeldes zu ziehen. Nur: Die Schwerkraft ist kein Initialimpuls, sondern wirkt vielmehr auf dem gesamten Weg des Balles. Sie ist eine wirklich holistische Kraft, die aus der gesamten um den Tennisplatz herum verteilten Materie resultiert. Während für Newton die Schwerkraft eine geheimnisvolle «Fernwirkung» entfaltet, ist sie für Einstein das Ergebnis der Raum-Zeit-Krümmung, die durch Materie und Energie entsteht. Praktisch gesehen sind die Einflüsse der Schwerkraft, die auf den Tennisball einwirken, jedoch vollständig auf die Erdmasse zurückzuführen. Wenn wir die Kausalität jedoch an ihre logische Grenze führen wollen, dann müssen wir auch die winzigen Wirkungen naher Gebirge, den Lauf des Mondes, die weiter entfernten Sterne und Planeten und sogar die Masse der Spieler, die sich auf dem Spielfeld bewegen, berücksichtigen. All diese Faktoren sind an der Raum-Zeit-Krümmung beteiligt, die wiederum die Flugbahn des Balles über das Netz bestimmt.

Ein weiterer wichtiger Einfluß auf die Bahn des Balles ist die Wirkung des Luftwiderstandes: Er verringert die Fluggeschwindigkeit. Wie die Schwerkraft beeinflußt auch der Luftwiderstand den *gesamten Flug*; im Unterschied zur Schwerkraft aber hängt seine Kraft direkt davon ab, wie schnell der Ball gerade fliegt. Je schneller sich der Ball bewegt, um so stärker wirkt sich der Luftwiderstand aus, und umgekehrt: Er wird vernachlässigbar gering, wenn sich der Ball langsam bewegt. Wenn die Luftdichte über dem Tennisplatz und die Eigenschaft des Balles und seines Fluges bekannt sind, kann der Luftwiderstand kausal berechnet werden. Allerdings wird es auch leise Schwankungen des Luftwiderstandes geben, da die Luftdichte nicht unbedingt gleichmäßig verteilt ist; beispielsweise kann die Temperatur über verschiedenen Teilen des Platzes unterschiedlich sein, und eine verdunstende Pfütze führt zu einer niedrigeren Lufttemperatur und zu erhöhter Luftfeuchtigkeit. Alle diese Wirkungen auf den Luftwiderstand summieren sich zu sehr subtilen kausalen Korrelationen, die aus der Gesamtsituation des Spielfeldes, des Wetters, der Temperatur, der umliegenden Vegetation und so weiter entstehen.

Schließlich müssen die Luftströmungen berücksichtigt werden, die den Ball auf seiner Bahn über das Netz ablenken. Bei gleichmäßigem Wind stellen Spieler jeden ihrer Schläge darauf ein. Mit plötzlich auftretenden Windböen oder Windrichtungsänderungen fertig zu werden ist jedoch schon schwieriger, und den Ursprung der Böen zurückzuverfolgen, die über den Tennisplatz wehen, ist für eine Welt der Kausalketten zuviel verlangt. Denn letztendlich liegt ihr Ursprung in der täglichen Erddrehung, die die sogenannten Corioli-Kräfte erzeugt, welche wiederum die großen Wetterwirbel auf der nördlichen und südlichen Hemisphäre hervorrufen. Zu diesen globalen Luftströmungen kommen noch die schwankenden Effekte der Anziehungskraft, die der Mond auf die Erdatmosphäre ausübt, Temperaturänderungen von Land zu Land und die Komplikationen, die davon herrühren, daß die Luftmassen über Ozeane, Wüsten und Gebirgsketten strömen.

Innerhalb einer bestimmten Region kommen immer mehr Störungen des Luftstroms zusammen, von denen nicht alle vernachlässigbar sind. Wenn beispielsweise Luft über einem kleinen Hügel aufsteigt, wird sie gekühlt, und erzeugt Dichteschwankungen und lokale Böen. Wind, der über einen See streicht, wird Feuchtigkeit aufnehmen, und wenn er eine Stadt erreicht, wird er sich erwärmen und auf seinem Weg von hohen Gebäuden gehindert werden. Erreicht er dann den Tennisplatz, wird die Art und Weise, wie sich jede einzelne Windbö verhält, das Resultat einer derart großen Vielfalt komplexer Ursachen sein, daß die Voraussagekraft selbst des größten und schnellsten der modernen Computer weit überfordert ist. So hat auch Edward Lorenz, ein Wegbereiter in der Erforschung der Wetterdynamik, von einem «Schmetterlingseffekt» gesprochen. Die nichtlinearen Gleichungen, die bei der Wetterbeschreibung eine Rolle spielen, sind auch den geringfügigsten der Anfangsbedingungen gegenüber derart empfindlich, daß, so meint er, sich das morgige Wetter durch etwas heute so Geringfügiges und gleichzeitig Entscheidendes wie das Flattern eines Schmetterlings drastisch ändern kann.

Obwohl die Newtonschen Gesetze erlauben, die ursprüngliche Bahn eines Tennisballes zu bestimmen, tragen so viele andere Wirkungen zu seiner endgültigen Bewegung bei, daß es niemals möglich sein wird, den Weg des Balles präzise vorauszusagen. Die «Kausalkette», die die Ballbewegung hervorruft, ist vielmehr ein komplexes Kausal*netzwerk*. Und je weiter man die Grenzen dieses Netzwerkes zieht, desto deutlicher wird, daß es sich über die ganze Erde ausdehnt und schließlich über das Universum selbst. Ja, wenn irgendein Phänomen in genügend feinen Details untersucht wird, dann wird es sich herausstellen, daß «alles alles andere verursacht».

Hiergegen kann man natürlich einwenden, daß es praktisch bedeutungslos ist, die Kette der Kausalität – wenn auch logisch schlüssig – auf ein immer weiter gespanntes Netzwerk auszudehnen. Es klingt einfach übertrieben, vom Einfluß der Planeten auf ein Tennisspiel zu reden! Dieser Einwand ist für sich gesehen richtig; die Analyse zeigt allerdings deutlich, womit wir rechnen müssen, wenn wir den Gedanken der Kausalität bis an seine Grenzen weiterdenken. Außerdem können sich sehr subtile Wirkungen als immer bedeutsamer erweisen und völlig neuartige Verhaltensweisen entstehen lassen, wenn komplexere Systeme als ein Tennisspiel untersucht werden.

Vor einiger Zeit nahm ich an einer Konferenz teil, auf der einer der Redner, Dr. R. H. Peters, ein Biologe an der McGill Universität in Montreal, die vielfältigen Auswirkungen von Phosphor auf einen See in Kanada erläuterte. (Phosphor ist üblicherweise im Seewasser enthalten, kann aber auch durch Luftverschmutzung und im Regenabfluß von gedüngten Feldern auftreten.) Peters hatte sich bei seinen Untersuchungen die folgende Frage gestellt: Welche Wirkungen haben unterschiedliche Phosphorkonzentrationen auf den natürlichen Haushalt eines Sees, gemessen beispielsweise an seinem Chlorophyllspiegel? Er untersuchte zunächst verschiedene theoretische Modelle über die mutmaßliche Reaktion von Seen und über die Aufnahme von Phosphor durch Plankton, das dann in die Nahrungskette des Sees gelangt.

Peters erarbeitete ein Modell mit nur wenigen Eingabeparametern und entdeckte, daß seine Vorhersagen völlig unzulänglich waren. Um das Modell zu erweitern, mußten weitere Voraussetzungen eingebaut und zusätzliche Auswirkungen hineingenommen werden. Als das Modell jedoch immer komplexer wurde, stellte sich heraus, daß die «kleinen Korrekturen» zuweilen weitreichende Auswirkungen hatten, und je mehr kausale Verknüpfungen hinzukamen, um so mehr blieben noch unentdeckt im verborgenen. Peters drückte dies so aus:

> Ich glaube, daß wir mit dem Kausalmechanismus eine direkte Verbindung oder Verbindungsreihen zwischen Ursachen und Wirkungen in einer linearen Folge meinen. Kugel 1 trifft Kugel 2, Kugel 2 bewegt sich fort, usw. Mit dieser Sichtweise läßt sich aber in der Ökologie einfach nicht arbeiten, . . . was zur Folge hat, daß die Suche nach tieferen und endgültigeren Ursachen den Reduktionisten auf endlose Rückwege von Ursache zu Ursache führen kann. Noch schlimmer – es gibt alternative Ketten von ähnlicher Länge. Im Ergebnis kann uns die Suche nach endgültigen Ursachen immer weiter von unserem ursprünglichen Forschungsziel fortbringen. Endloser Rückschritt, Interpolation und Ausweitung machen jede Möglichkeit einer mechanistischen Erklärung illusorisch. Als Ausgleich dafür liefern sie uns eine reich strukturierte, hochkomplexe Abstraktion, die uns für alle Ewigkeit messen und experimentieren lassen kann![3]

Kurz: Wenn wir Kausalität und Determinismus auf ein so komplexes System wie ein ökologisches anwenden, werden die involvierten Netzwerke immer komplexer bis zu dem Punkt hin, an dem den Theorien und mathematischen Modellen der Zusammenbruch droht. Einige kleine Korrekturen mögen zu unbedeutenden Verbesserungen führen, andere können mit einem «Knalleffekt» die Ergebnisse total verändern. Was beim Tennisspiel noch Haarspalterei war, erlangt im Verhalten komplexerer und subtilerer Systeme eine überragende Bedeutung. Jeder Versuch, alle Aspekte der Natur auf nur eine Kausalkette zurückzuführen, wird irgendwann scheitern. In dem Beispiel mit dem See geht es um lebende Systeme; dieser hohe Subtilitätsgrad ist aber auch in der unbelebten Materie, wie bei den Wettersystemen, bei der Dynamik von Flüssigkeiten, bei Plasmen und Druckwellen, zu finden.

Grenzbedingungen

Wenn wir die Kausalität bis an ihre Grenze ausloten, entdecken wir, daß «alles alles andere verursacht» und daß jedes Geschehnis aus einem endlosen Gewebe oder Netzwerk kausaler Beziehungen hervorgeht. Könnte sich diese Erkenntnis als ein Rückschritt erweisen, durch den an die Stelle der Genauigkeit der Physik eine eher mystische Auffassung von der Natur tritt? Wie können wir den Rahmen der Naturwissenschaft beibehalten, wenn wir die Grenzen von Kausalität und Determinismus erkennen?

Der Aufstieg der Naturwissenschaft war von Versuchen begleitet, Muster und Ordnung in dem komplexen, in der Natur existierenden Gewebe von gegenseitigen Verbindungen aufzudecken. Die Wissenschaft enthüllt also die abstrakten Beziehungen und Regelmäßigkeiten, die innerhalb verschiedener einzelner Naturerscheinungen existieren. Galilei beispielsweise beobachtete sorgfältig, wie Kugeln eine schiefe Ebene hinunterrollen und sich dann auf einer ebenen Unterlage fortbewegen. In allen Fällen kamen die Kugeln durch Reibung und Luftwiderstand schließlich zum Stillstand. Galilei erkannte in einem Geistesblitz, daß bei völliger Ausschaltung dieser Einflüsse die Kugeln ewig weiterrollen würden. Einer von Galileis wichtigen Beiträgen zur Physik war die Erkenntnis, daß gleichförmige, geradlinige Bewegung oder Stillstand der natürliche Zustand aller Objekte ist, wenn keine äußeren Kräfte auf sie einwirken.

Wichtiger noch als diese Ableitung war die Methode, mit der Galilei zu dieser Schlußfolgerung gelangte: Luftwiderstand und Reibung können *in der Praxis* nie ausgeschlossen werden, sondern nur in *Gedankenexperimenten* und in der abstrakten Welt der mathematischen Physik. Galilei lehrte deshalb, daß es notwendig sei, von den Erscheinungen in der realen Welt zu *abstrahieren* und ihre Gesetzmäßigkeiten unabhängig von den Umständen des täglichen Lebens zu betrachten, um die Gesetze, Regelmäßigkeiten und Muster der Natur aufzudecken. Die Kausalität in der Physik ist somit eine Idealisierung – eine Realität, die nur in der Welt der Gleichungen und Computersimulationen existiert. Diese Realität darf niemals mit den vielfältigen, komplexen und subtilen Ereignissen des wirklichen Lebens verwechselt werden. In einem Universum, in dem «alles alles andere verursacht», kann man nur durch Gedankenexperimente und Abstraktion von den in der Natur vorkommenden Möglichkeiten einzelne zugrunde liegende Muster erschließen.

Aus Galileis Beobachtung wurde Newtons erstes Gesetz der Bewegung. Aus seinem gedanklichen Ansatz entstand die allgemeine Methode, die Natur mathematisch zu beschreiben. Newton ging jedoch noch weiter: Da er ja behauptete, daß geradlinige Bewegung oder Stillstand der natürliche Zustand aller Körper ist, mußte er erklären können, warum der Mond einer geschlossenen Umlaufbahn um die Erde folgt. Was war die Ursache dafür? Welche geheimnisvolle Kraft wirkte in den Tiefen des Weltalls und zog den Mond ständig von einer gradlinigen Bahn weg?

Newton wußte, daß durch die Schwerkraft Äpfel vom Baum fallen. Aber die Anziehungskraft der Erde, die auf Äpfel und Kanonenkugeln wirkt, war niemals klar als Naturgesetz formuliert worden. Auch hatte niemand je daran gedacht, diese Kraft auf den leeren Weltraum zu übertragen und in ihr die geheimnisvolle Zugkraft zu erkennen, die die Bahn des Mondes beeinflußt. Newton formulierte als erster die Erkenntnis, daß der Fall eines Apfels – in den Begriffen der theoretischen Physik – mit dem «Fall» des Mondes identisch ist. Nach seiner Theorie der allgemeinen Schwerkraft sind eine Vielzahl unterschiedlicher Erscheinungen – wie die Flugbahn von Kanonenkugeln, die Gezeiten der Erde, die Bewegungen des Mondes und der Planeten – durch das Wirken des gleichen Gesetzes der Anziehungskraft zu erklären.

Dank Newton gab es nun also ein universelles abstraktes Muster, um viele unterschiedliche Ereignisse und Geschehensabläufe in der Natur auf eine gemeinsame Gesetzmäßigkeit zurückzuführen. Was für den primitiven Geist wie die gestaltende Kraft bestimmter Geister ausgesehen hatte, erklärte sich in der Vorstellung der Physikers als Auswirkung einiger weniger physikalischer Gesetze. Grundsätzlich sollten diese wenigen Gesetze in der Lage sein, die gesamte Realität zu erklären. Die Betonung in dieser Aussage sollte jedoch auf dem Wort «grundsätzlich» liegen. Wissenschaftliche Gesetze sind ihrem Wesen nach immer Abstraktionen, die nur als idealisierte «Gedankenexperimente» exakt zutreffen. In der Realität des Lebens gibt es unerwartete Zufälle und einzelne Ereignisse mit der Tendenz, ihre eigenen Besonderheiten dem physikalischen Gesetz aufzuprägen. Hieraus folgt, daß die Entwicklungslinien nur durch Bildung von Durchschnittswerten nach wiederholten, kontrollierten Experimenten erkannt werden können. Die Naturgesetze beherrschen das Weltall – gleichzeitig sind sie in den Schwankungen der einzelnen Phänomene verborgen. Ein Beispiel mag die Bedeutung dieses Punktes verdeutlichen:

Seit Newton ist bekannt, daß die Schwerkraft auf den Apfel so wirkt, daß er beim Fall vom Baum um etwa zehn Meter pro Sekunde schneller wird (d. h., daß die Geschwindigkeit des Apfels sich in jeder Sekunde um zusätzlich 10 Meter pro Sekunde erhöht). 10 Meter/Sekunde sind allerdings nur ein annähernder Wert; wie kann die Beschleunigung infolge der Schwerkraft aber genau bestimmt werden? Mit einem Bandmaß oder mit einer Stoppuhr? Keines dieser beiden Meßgeräte ist besonders genau; außerdem müßten die Einflüsse des Luftwiderstandes und anderer Kräfte ausgeschaltet werden, die die Bewegung des Apfels behindern. Naturgesetze wirken nur exakt in den Gedanken der Physiker, in ihren «Phantasielaboratorien».

Um die Beschleunigung eines fallendes Körpers infolge der Schwerkraft zu bestimmen, sind von Zeit zu Zeit sehr genaue Experimente durchgeführt worden. Aber es bedarf der Hilfsmittel eines nach modernsten Maßstäben eingerichteten Laboratoriums, um alle Zufälligkeiten und Fremdursachen ausschalten zu können. Vor einigen Jahren wurde ein Versuch im kanadischen National Research Council durchgeführt, bei dem ein fallender Metallstab benutzt wurde. Ich hatte die Möglichkeit, mit den verschiedenen Wissenschaftlern und Technikern über ihre Experimente zu sprechen.

Um das Experiment und den besonderen Effekt – die Beschleunigung infolge der Schwerkraft – von der übrigen Welt isolieren zu können, mußten Geräte entworfen und gebaut werden, deren Anfertigung sehr aufwendig war und die sich schließlich über mehrere Räume ausdehnten. Zuerst mußte die Röhre, durch die der

Stab fallen sollte, luftleer gepumpt werden, um die Wirkung des Luftwiderstandes zu beseitigen. Dann mußte der fallende Stab sorgfältig nach außen abgeschirmt werden, um elektrische und magnetische Einflüsse auf ihn auszuschließen. In der gesamten Anlage mußte eine präzise Temperaturkontrolle durchgeführt werden, um Veränderungen in der Länge durch Ausdehnung und Zusammenziehung auszuschalten. Für die Zeitberechnung wurde eine Atomuhr eingesetzt, und jedes Zittern der Erde wurde kontrolliert, das die Schwerkraft am Ort hätte stören und die Apparatur zum Vibrieren bringen können. Sogar die Art, wie der Stab fallen gelassen wurde, mußte sorgfältig geplant werden, denn hätte die Vorrichtung eine Kante des Stabes auch nur einen Sekundenbruchteil vor der andern Seite losgelassen, wäre der Stab in Vibration und Schwingung versetzt worden.

Mit allen Mitteln eines großen Forschungsinstituts wurde versucht, alle Wirkungen der Außenwelt bei diesem Experiment auszuschalten und ideale, isolierte und wiederholbare Bedingungen zu schaffen, um die Beschleunigung durch die Schwerkraft messen zu können. Aber trotz all dieser Bemühungen ergaben sich bei jedem Experiment kleine Unterschiede. Der endgültige Wert wurde auf dem Weg der Durchschnittbildung ermittelt; aber selbst nachdem all die Fehler und Abweichungen der Versuche berücksichtigt worden waren, ergaben sich immer noch relevante Unterschiede in den Durchschnittswerten von zwei durchgeführten Meßreihen. Sogar bei einem so einfachen Geschehnis wie dem Fall eines Metallstabes läßt die Natur sich in jeder Situation Schwankungen einfallen!

Und wie ist es mit dem Tennisspiel, bei dem zumindest im Prinzip die Mondbewegung einen Einfluß auf den Flug des Balles ausübt? Das Beispiel schien übertrieben, wenn auch logisch einwandfrei. Wenn wir aber ein anderes Beispiel nehmen, werden die Ergebnisse besonders auffallend: Nehmen wir ein Billardspiel, bei dem ein Spieler versucht, die schwarze Kugel mit Hilfe der roten Kugel in ein Seitenloch zu spielen. Um einen einwandfreien Stoß zu erzielen, muß der Spieler mit der weißen Queuekugel sorgfältig auf die rote Kugel zielen. Nehmen wir einmal an, es gibt eine winzige Veränderung in den Ausgangsbedingungen, beispielsweise ein leichtes Zittern der Hand des Spielers. Dieses Zittern verursacht eine ganz leichte Ablenkung der Queuekugel von der idealen Bahn, die sie über den Tisch hin zur roten Kugel zurücklegen sollte. Da das Queue nur leicht zitterte, ist der Fehler in den «Anfangsbedingungen» der Queuekugel nicht groß, er reicht jedoch aus, um ihren Weg um etwa einen Millimeter abzulenken, bevor sie die rote Kugel erreicht. Nach dem Anstoß bewegt sich die rote Kugel auf die schwarze zu; jetzt aber hat sich der Fehler vergrößert, und die rote Kugel weicht um mehrere Millimeter ab. Sie trifft zwar die schwarze Kugel, aber nicht im richtigen Winkel. Deshalb fällt die schwarze Kugel nicht in das seitliche Loch, sondern prallt von der Bande zurück. Eine ganz geringe Abweichung in den Anfangsbedingungen führt also dazu, daß die Kugel das Loch nicht trifft.

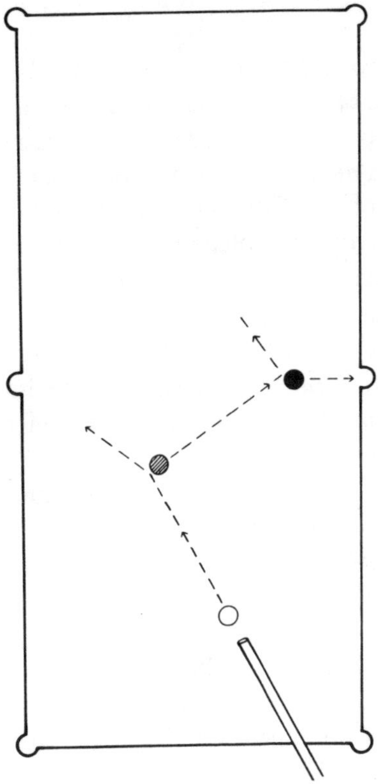

Bei diesem Billardstoß touchiert die weiße Kugel die rote Kugel, die dann die schwarze Kugel in das Loch stößt. Ein leichter Fehler in der Bewegung des Queues wird zwar immer noch dazu führen, daß die Queuekugel die rote trifft, eine Fehleranhäufung wird aber darauf hinauslaufen, daß die schwarze Kugel das Loch verfehlt.

Jetzt schalten wir um vom Billard zu den Molekülen in einem Gas – zu allen 10^{23}! Nach Newton kann das künftige Verhalten eines jeden Moleküls und jeder Zusammenstoß, den es erfährt, vorausberechnet werden, wenn die Anfangsbedingungen genau bekannt sind. Nehmen wir jedoch an, daß eine mikroskopisch kleine Schwankung in den Anfangsbedingungen von nur einem dieser Moleküle stattgefunden hat. Diese Abweichung kann so geringfügig sein, daß das Molekül zwar seine ersten paar Zusammenstöße «planmäßig» durchläuft, aber früher oder später wird es eines seiner vorbestimmten Ziele verfehlen. Dadurch wird die ursprüngliche, dem Gas innewohnende Ordnung verlorengehen. Wenn jetzt die Bahn aller Moleküle im Gas gleichzeitig umgekehrt würde, würden sie niemals zu ihrem ursprünglichen Zustand zurückkehren, denn *eine* wichtige Kollision würde fehlen. Jede dem System innewohnende Information wäre folglich unwiderruflich verloren.

Da sich in einem Gas eine enorme Anzahl von Molekülen befindet und eine noch größere Anzahl von Zusammenstößen im Bruchteil einer Sekunde geschieht, ist es klar, daß eine winzige Störung im System ausreicht, die ursprüngliche Ordnung durcheinanderzubringen. Ist also die Gravitationswirkung der Mondbewegung auf die Erde groß genug, um eine solche Störung hervorzurufen? Berechnungen haben ergeben, daß die Auswirkung weit größer ist als in diesem Falle nötig. Tatsächlich reicht ein Geschehen, so geringfügig wie das Aufheben einer Billardkugel auf dem viele Lichtjahre entfernten Stern Alpha Centauri, aus, um im Bruchteil einer Sekunde die geordnete Bewegung eines Gases hier auf der Erde völlig durcheinanderzubringen!

Das Universum ist ständig in Fluß, jeder Bereich des Weltraumes unterliegt einem ständig schwankenden Einfluß von Strahlung, Teilchenbeschuß und Schwerkraft. Es ist deshalb klar, daß es keine Möglichkeit absoluter Isolierung in der Natur gibt, kein besonderes Gebiet, in dem alle Einwirkungen abgeschirmt und ausgeschaltet werden könnten. Kausalität bleibt daher eine Idealisierung, die niemals uneingeschränkt zum Zuge kommen kann. Die Behauptung «Alles verursacht alles andere» impliziert, daß die verschiedenen Erscheinungen des Universums aus der Bewegung des *Ganzen* entstehen und am besten durch ein «Gesetz der Ganzheit» beschrieben werden.

Lineare Kausalität funktioniert wohl zufriedenstellend in engbegrenzten, mechanischen und gut abgeschirmten Systemen; zur Beschreibung der reichen Vielfalt der Natur ist jedoch eine subtilere und komplexere Erklärung notwendig. Billard und Tennis werden vielleicht nicht so sehr unter kleinen Schwankungen leiden; aber im nächsten Kapitel werden wir Systeme kennenlernen, die so fein ausbalanciert sind, daß selbst die geringfügigsten Störungen völlig neue Verhaltensweisen hervorrufen können. Nach gründlicher Untersuchung dieser Systeme werden wir entdecken, daß sie etwas von einer «synchronistischen Natur» haben, und dieses wiederum wird uns die Tür zu sinnvollen Gleichzeitigkeiten des Geschehens innerhalb des Universums öffnen.

Variationsprinzipien und das Gesetz der Ganzheit

Daß die Newtonsche Kausalität nur begrenzte Gültigkeit besitzt, wurde in den vorausgegangenen Abschnitten besprochen. Es steht jedoch außer Frage, daß Newtons Theorie außergewöhnlich erfolgreich gewesen ist. Sie wurde nicht nur zur Vorhersage von Mondfinsternissen, Planetenbewegungen und der Flugbahn von Weltraumraketen benutzt, sondern sie erklärt auch die Entstehung der Gezeiten aus der Anziehungskraft des Mondes und bildet die Grundlage verschiedener anderer Zweige der Physik. Darüber hinaus hat das Newtonsche Konzept der Kausalität eine einigende Wirkung auf die Naturwissenschaften insgesamt ausgeübt, denn es hat gezeigt, wie eine Vielfalt von Erscheinungen aufgrund einiger weniger Gesetze und Voraussetzungen erklärt werden kann. Auch wenn der Newtonsche Ansatz die Naturwissenschaft immer noch in gewisser Weise beherrscht – er ist bei der Beschreibung von Systemen sehr brauchbar, die man praktischerweise als mechanistische Systeme bezeichnet –, so gibt es doch eine Menge anderer Erscheinungen in der Natur, deren Beschreibung einen völlig anderen gedanklichen Ansatz erfordern. Bei der Suche nach den Grundlagen der Synchronizität muß deshalb ein anderer Weg als der der Kausalität, des Mechanismus und des Determinismus eingeschlagen werden.

Es ist interessant festzustellen, daß die Newtonsche Theorie nicht die einzige war, die das Verhalten von Gegenständen im Maßstab unseres Alltags erklären konnte. Während die Mechanik Newtons auf der Idee beruht, daß Kräfte stückchenweise auf jeden einzelnen Bestandteil des Weges einwirken, den ein Körper durch den Raum nimmt, ging der alternative Ansatz von der Idee des *ganzen Weges* aus. Anstatt die Bewegung in einzelne verursachende Bestandteile zu zerlegen, nimmt das sogenannte Variationsprinzip an, daß Bewegung aus dem *gesamten* Vorgang entsteht; damit nähert es sich den in diesem Buch untersuchten Ideen.

Variationsprinzipien, die Bewegungen durch Rückgriffe auf ihren gesamten Ablauf oder ihr Erscheinungsbild zu beschreiben versuchen, haben eine bemerkenswerte Geschichte und sind sogar älter als Newtons Gedankenansatz zur Mechanik. Bei etwas Nachdenken über Newtons Gesetze zeigt sich sogar, daß sein erstes Gesetz etwas Kurioses an sich hat: Es geht zurück auf Galileis Beobachtungen, daß der natürliche Zustand eines Körpers entweder Ruhe oder gleichförmige geradlinige Bewegung ist, wenn keine Kräfte von außen auf ihn einwirken. Während das zweite Gesetz die Kraft zu dem Verhältnis der Bewegungsänderung in Beziehung setzt und Stück für Stück auf jeden Abschnitt der Bahn eines Körpers auf seinem Weg durch den Raum angewandt wird, bezieht sich das erste Gesetz auf die gesamte Bahn und impliziert, daß es einen natürlichen und idealen Zustand der Bewegung im Universum gibt. Das erste Gesetz ist deshalb in gewissem Sinne einem Variationsprinzip ähnlich. Seine Ursprünge können bis zu der Aussage des Aristoteles zurückverfolgt werden, daß sich die Planeten in Kreisbahnen bewegen, weil diese Bewegung die schnellste und «kürzeste» ist. So legte auch Heron aus Alexandria dar, daß ein Lichtstrahl immer den kürzest möglichen Weg nimmt.

In der Renaissance bewies Leonardo, daß ein fallender Körper immer den kürzesten Weg nimmt, und Kopernikus, Kepler und Galilei befaßten sich mit ähnlichen Überlegungen. Diese frühen Denker suchten zweifellos ein universelles Prinzip, nach dem das

Universum bei Entstehung der beobachteten Bewegung ein Minimum an Kraft aufbringt und sein Ziel in der einfachst möglichen Weise erreicht. Bewegung und Veränderung sind nach dieser Vorstellung nicht strikt in elementare Einheiten zerlegbar, sondern gehen aus dem Universum als Ganzem hervor; wie Nicholas de Malbranche meinte, handelt die Natur auf «sparsamste Weise».

Erst im siebzehnten und achtzehnten Jahrhundert waren Wissenschaftler wie de Fermat, Maupertui, Euler und Lagrange in der Lage, eine mathematische Grundlage für diese früheren Erkenntnisse zu schaffen. Sie konnten aufzeigen, daß Bewegung und Veränderung immer dadurch erreicht wurden, daß die «Wirkung» der Natur auf das Mindestmaß zurückgeführt wurde. (Diese *Wirkung* ist ein Maß für den Impuls und die Geschwindigkeit in Verbindung mit einem sich bewegenden Körper; sie kann im Falle komplexerer Systeme verallgemeinert werden. *Wirkung* spielt auch in der Quantentheorie eine große Rolle.) Nach diesem Ansatz sieht es so aus, als ob ein fallender Apfel, eine schnelle Rakete, ein dahingleitender Fluß oder ein kreisender Mond alle ein Gespür dafür haben, welche möglichen Wege ihnen offenstehen, und sich genau den Weg aussuchen, der für die Natur die sparsamste *Wirkung* bedeutet.

Die Natur gleicht demnach einem Ballettänzer, bei dem die Bedeutung seiner Gebärden in der *ganzen* Bewegung enthalten ist; auch wenn es möglich ist, die Körperbewegungen eines Tänzers durch Fotografien zu analysieren, so hat doch jede Teilbewegung zweifellos ihren Ursprung in der ganzen Gebärde, und jedes statische Element wäre unvollständig. Auf ähnliche Weise machen Variationsprinzipien deutlich, daß die Bewegungen der Natur ähnlich vollständig sind und nur als Ganzheit verstanden werden können – im Gegensatz zu der Auffassung, daß sie aus kleineren Elementen zusammengesetzt sind.

Max Planck, der Entdecker des Energiequantums, war von der Kraft der Variationsprinzipien so beeindruckt, daß er sie für wahrhaft universell hielt und meinte, sie könnten nicht nur auf die Bahnen von festen Körpern angewandt werden, sondern auf alle Verhaltensweisen im Universum. Seit Planck ist es sogar möglich zu beweisen, daß sowohl die Relativitäts- als auch die Quantentheorie von Variationsprinzipien ausgehen. Somit hatte Aristoteles in gewisser Weise recht mit seiner Vermutung, daß die Umlaufbahnen der Planeten irgendwie ein «Minimum» darstellen, denn in der Raum-Zeit-Krümmung von Einsteins Relativitätstheorie folgen sie in der Tat sogenannten «geodätischen Bahnen», die einem Variationsprinzip folgen.

Die Newtonsche Mechanik ist recht einfach zu verstehen. Viele verschiedene Probleme lassen sich damit mit ein wenig Oberschul-Lernstoff lösen. Deshalb konnte sie im vergangenen Jahrhundert den Variationsansatz im allgemeinen überschatten. Bei der Bewegung von Flüssigkeiten und dem Verhalten von elektromagnetischen Feldern gibt es jedoch Erscheinungen, die aus den Merkmalen des *ganzen Feldes* und des *gesamten Fließens* entstehen, so daß das Variationsprinzip notwendig ist, um das System zu begreifen. Selbstverständlich ist es für die Feldtheorien der Natur sinnvoller, sich Ereignisse so vorzustellen, daß sie sich aus einem kontinuierlichen Hintergrund entfalten, anstatt daß sie stückchenweise aus unterschiedlichen Elementen aufgebaut werden. Zudem sind Kausalketten nicht länger angebracht, wenn Gegenstände nicht mehr unterscheidbar sind und ineinanderfließen. Elektrische Felder und fließende Gewässer verlaufen kontinuierlich, widersetzen sich einer Zerlegung und variieren nur leicht von Ort zu Ort. Da das Variationsprinzip sowohl auf Felder als auch auf materielle, voneinander unterscheidbare Teilchen anzuwenden ist, war es nicht zu umgehen, daß eine Theorie entwickelt wurde, die beide Aspekte der Natur umfaßt.

Eine der intellektuell eindrucksvollsten Darlegungen des Variationsprinzips wurde von dem Iren William Hamilton und von Karl Gustav Jacobi, einem Potsdamer Mathematiker, in der zweiten Hälfte des neunzehnten Jahrhunderts entwickelt. Das Ergebnis ihrer gemeinsamen Arbeit, als die Hamilton-Jacobi-Theorie bekannt, bietet uns einen einheitlichen Rahmen zur Erklärung aller Erscheinungen, angefangen von sich bewegenden Partikeln bis hin zur Natur des Lichtes. Diese neue Form der Dynamik zeigt genau, daß jede Bewegung und Veränderung sich aus einem «Gesetz der Ganzheit» entwickelt und daß die Muster und Ereignisse der Natur Ausdruck einer zugrunde liegenden einheitlichen Form sind.

Die Hamilton-Jacobi-Theorie kann somit als Metapher für Muster und Bewegungsformen angesehen werden, die aus dem Hintergrund auftauchen und nicht durch die Interaktion einzelner Elemente entstehen. Wenn die Bögen der ersten Violinen und Celli in einem Orchester gleichzeitig über die Saiten streichen, so geschieht dies nicht aufgrund einer Wechselwirkung oder Kraft, die sich zwischen ihnen bewegt; der Ursprung dieser Bewegung liegt vielmehr in der Partitur. Die Bewegungen der Orchesterspieler fließen aus der gleichen Quelle wie die Bewegungen der Balletttänzer auf der Bühne, nämlich aus der Musik, und stellen ein wahrhaft sinnvolles Zusammentreffen äußerer Geschehnisse dar. Selbst innerhalb des «mechanischen Universums» der sich bewegenden Teilchen ist es möglich, Ereignisse und Vorfälle als das Ergebnis von Entwicklungen aus einer ihnen zugrunde liegenden Basis zu beschreiben.

In ihrer reinsten Form beschreibt die Hamilton-Jacobi-Theorie die Welt als ein Gebilde aus sich wechselseitig beeinflussenden Wellen, so daß Bewegung aus all den vielfältigen Schwankungen dieser Wellen entsteht und nicht durch eine Kraft, die auf unendlich kleine Teile einer Bahn einwirkt. Bewegung hat etwas Ähnlichkeit mit einem Boot, das auf den Meereswellen tanzt. Die Erscheinung einer bestimmten Welle an einer Stelle ist nicht so sehr ein «mechanisches» Phänomen, sondern ist der gesamte Ausdruck kleiner Wellen, die aus allen Richtungen des Ozeans kommen. Die Bewegung des Bootes in einem bestimmten Moment ist also Ausdruck der Gesamtbewegung des Ozeans, so wie sie sich in diesem bestimmten Gebiet zeigt.

Die Hamilton-Jacobi-Theorie bietet einen natürlichen Rahmen sowohl für die Behandlung von Felderscheinungen wie Licht und das Verhalten von Flüssigkeiten als auch bildhaft für Strukturen und Bewegungen der Materie, indem sie materielle Objekte als Konzentrationen oder Ansammlungen kleiner Wellen beschreibt, die gemeinsam eine kohärente Bewegung vollziehen. Der Zusammenstoß von zwei Billardkugeln stellt danach das Zusammentreffen von zwei Konzentrationen kleiner Wellen an einer besonderen Stelle des Raumes dar, die aufeinandertreffen und sich dann wieder trennen. Während auf einer Betrachtungsebene diese Wellenlängen nach den Newtonschen Gesetzen als miteinander «kollidierend» und sich gegenseitig beeinflussend interpretiert werden können, gibt es eine alternative Betrachtungsweise, wonach das Entstehen dieser Erscheinungen durch die Gesamtbedingungen des ganzen Systems verursacht wird. Hiernach ist der Zusammenstoß der Kugeln «akausal». Er stellt keinen kausalen Austausch zwischen unabhängigen Objekten dar, sondern entsteht aus dem gesamten Wellenfeld. Im nächsten Kapitel sehen wir, wie das Auftauchen teilchenähnlicher «Solitone» aus dem nichtlinearen Hintergrund ein ähnliches Bild ergibt.

Die Vielfältiglkeit dieses Ansatzes ist offensichtlich, denn einerseits ist es möglich, kausale Regelmäßigkeiten und Kräfte zu abstrahieren, die auf die Bahnen von Körpern stückchenweise einwirken; andererseits entstehen diese Bahnen aus dem «Gesetz der Ganzheit». Daraus ergibt sich, daß die mechanistischen und die organischen Naturdarstellungen nicht im Gegensatz zueinander stehen müssen, sondern komplementäre Darstellungen der Entfaltung der Phänomene geben. So sind auch die im Diagramm von Jung und Pauli dargestellten Dualitäten zu verstehen. Kausalität und Synchronizität widersprechen sich nicht, sondern sind zwei verschiedene Wahrnehmungen derselben zugrunde liegenden Wirklichkeit.

Unzerstörbare Energie

Konstante Verbindung durch Wirkung (Kausalität) — Inkonstante Verbindung durch Zufall, Gleichwertigkeit oder «Sinn» (Synchronizität)

Raum-Zeit-Kontinuum

Auf diese Weise ist es möglich, sich ein subjektives Naturerleben und ein Empfinden für den Sinn und das Verbundensein der Dinge zu bewahren, ohne den wissenschaftlichen Ansatz aufgeben zu müssen. Die Naturwissenschaft ist schließlich ein Versuch, die Natur durch Fragestellungen und durch das Bemühen, die Fakten zu erkennen, zu verstehen – egal, wie das Ergebnis aussieht. Das ist ein objektiver Ansatz, bei dem nichts als selbstverständlich genommen wird und bei dem rationale Überlegungen und praktisches Experimentieren Hand in Hand gehen. Stellen wir diesen Ansatz in den Zusammenhang einer direkten Wahrnehmung der Ganzheit der Dinge und der Einheit der Natur, so kann man subjektives Erleben mit der Exaktheit mathematischer Berechnungen und experimenteller Methoden kombinieren. Auf diese Weise ist es möglich, das Subjektive und das Objektive miteinander zu verbinden und eine Brücke zwischen Materie und Geist zu schlagen.

In den folgenden Kapiteln werden neue Muster und Verbindungen untersucht, die sich nach diesem Gesamtansatz zur Erklärung der Natur entwickeln. In ihnen werden wir die Keime der Synchronizität entdecken, die uns schließlich zur Einheit von Bewußtsein und Universum hinführen. Wir werden die Entdeckung machen, daß Dinge um so wunderbarer und sinnvoller werden, je tiefer man in sie eindringt.

Zusammenfassung

Die Hauptfrage in diesem Kapitel war, wie Synchronizitäten in einer Welt existieren können, die durch die Kausalität beherrscht wird. Auf den ersten Blick bestimmt das Newtonsche Naturbild alle Ereignisse im Universum und läßt somit keinen Platz für sinnvolle Muster der Gleichzeitigkeit. Obwohl die Quantentheorie die Ausschließlichkeit dieser Weltbetrachtung mit Erfolg erschüttert hat, ist dieses Schlupfloch nicht groß genug, um Synchronizität zuzulassen. Nur wenn man die Kausalität bis an ihre Grenze weiterdenkt, entdeckt man, daß der konkrete Zusammenhang, in dem die Ereignisse stattfinden, sich unendlich weit ausdehnen muß. Mit anderen Worten, alles was in unserem Universum geschieht, wird tatsächlich durch alles andere verursacht. Man kann sich das Universum in der Tat so vorstellen, daß es sich in all seinen einzelnen Ereignissen als Ganzes entfaltet und ausdrückt. In dieser umfassenden Betrachtungsweise ist es dann auch möglich, für Synchronizitäten als sinnvolle Geschehnisse, die aus dem Herzen der Natur hervortreten, einen Platz zu finden.

3. Das lebende Universum

Im vorigen Kapitel sahen wir an dem einfachen Beispiel des Tennis- und Billardspiels, daß unter einer schlichten Oberfläche die ganze Subtilität eines holistischen Universums verborgen liegt. Dieses Kapitel bewegt sich in ein anderes Extrem. Es zeigt und erklärt die volle Breite der Komplexität innerhalb lebender und nichtlebender Materie und zeigt weiter, wie neue Formen aus einem allgemeinen Hintergrund heraus entstehen und wie sinnvolle Muster aus Chaos und Wandel geboren werden. Wenn wir diese Entfaltungsvorgänge verstanden haben, wird es möglich, der Enthüllung einiger Mysterien der Synchronizität ein wenig näherzukommen.

Die Organisation des Lebens

Nehmen wir einmal an, wir könnten das Wachstum einer menschlichen Zelle vom Augenblick der Empfängnis bis hin zu einem vollentwickelten Säugling beobachten. Im Bruchteil einer Sekunde nach der Befruchtung geht in der Zellwand dieser ersten Zelle eine rapide Veränderung vor sich, und sie wird für andere Samenzellen undurchdringlich. Innerhalb dieser Zelle beginnt die Vereinigung des genetischen Materials von Vater und Mutter, und binnen vierundzwanzig Stunden teilt sich diese Zelle – der Prozeß geometrischen Wachstums beschleunigt sich hin zu seinem endgültigen Ziel.

Während der ersten Tage behält das Ei seine ursprüngliche Größe, während die Zellen innerhalb des Eies sich weiter teilen und vervielfältigen, wobei jede einzelne mit ihrer Nachbarzelle identisch ist. Sobald sich das Ei jedoch sicher in der Gebärmutterwand eingenistet hat, beginnen neue Wachstumsformen, die die vielfältigen Vorgänge der Morphogenese beinhalten. Es ist ein gewaltiger Schritt von einer undifferenzierten Ansammlung von Zellen hin zu einem selbständigen Lebewesen. Die Zellen müssen umherwandern, sich wieder zusammenfinden, ihre Wachstums- und Teilungsrate ändern, absterben, sich miteinander vereinigen, sich trennen, sich biegen und falten, alles in wohlkoordinierter Weise, bis sich die ersten Organe herausbilden. Aus einigen Zellen werden sich die Wirbelsäule, die Arme, das Herz und das Haar entwickeln; andere wiederum werden das Gehirn, die Milz, das Blut, die Haut oder die Augen hervorbringen.

In diesem Prozeß der Morphogenese oder Formgebung beginnt vielleicht bei zwei Nachbarzellen der komplizierte Vorgang der Differenzierung, wodurch sie sich zu ganz verschiedenen Organen entwickeln werden, die möglicherweise sogar in ganz verschiedenen Teilen des Körpers liegen. Diese Wachstumsphase führt zu verblüffenden geometrischen und topologischen Umwandlungen. So wachsen zum Beispiel die Zellen des Sehnervs aus der Netzhaut des Auges und bewegen sich in Richtung auf das Gehirn, wo eine Million einzelner Nervenfasern den Weg zu ihren genauen Plätzen innerhalb der Großhirnrinde finden!

Der Ablauf der Morphogenese wirft eine der schwierigsten und erregendsten Fragen in der heutigen Biologie auf: Wie sind einzelne Zellen in der Lage, sich zu differenzieren und gleichzeitig so zu kooperieren, daß jede ganz sicher ihre genaue Funktion kennt? Wie sind die verschiedenen Körperorgane in der Lage, so koordiniert zu wachsen, sich genau zur richtigen Zeit zu entwickeln, ihre Wachstumsrate zu beschleunigen oder, wenn nötig, zu verlangsamen und exakte Verbindungen zu anderen Organen herzustellen?

Die meisten Molekularbiologen glauben, daß diese Fragen vollständig beantwortet werden können durch die genetischen Instruktionen, die in den DNS jeder Zelle gespeichert sind und durch verschiedene chemische Auslöser zur Wirkung gebracht werden; eine Reihe anderer haben die Meinung vertreten, daß hierfür subtilere Mechanismen ins Spiel gebracht werden müssen. Um zum Beispiel die Frage zu beantworten, wie der Sehnerv seinen Weg vom Auge in das Gehirn findet, muß eine ganz andere Erklärung gefordert werden, als sie der Reduktionismus normalerweise zu geben in der Lage ist. Es mag sein, das ein Teil der Antwort durch eine sehr detaillierte Analyse der einzelnen Vorgänge auf der Molekularebene gegeben werden kann. Das gesamte Spektrum dieses Vorganges scheint aber nach einer zusätzlichen Erklärung zu verlangen, die eine lebendige, sich entwickelnde Natur der Organismen und die Möglichkeit der Schöpfung neuer Formen und neuer Verhaltensweisen berücksichtigt. Die mehr auf die Analyse gerichteten Erklärungsarten würden dann sicher noch eine wichtige Rolle spielen, aber immer innerhalb des allgemeinen Zusammenhanges einer viel umfassenderen Beschreibung.

Es ist denkbar, daß sich solch ein Ansatz aus dem entwickelt, was wir im vorangegangenen Kapitel das «Gesetz der Ganzheit» genannt haben; einige seiner Auswirkungen werden wir in diesem und späteren Kapiteln darstellen. Bei der Erforschung dieses Gebietes wird es uns möglich sein, einen weiteren Schritt entlang der Linie in dem Schema von Jung und Pauli von der Kausalität hin zur Synchronizität zu tun.

Die Endstufe der Morphogenese und des Wachstums ist das vollendete Lebewesen, selbständig, zielbewußt und fähig, auf die Einflüsse der Umgebung zu reagieren und die Zukunft vorwegzunehmen. Dieses Individuum ist zwar eine Ansammlung von Zellen, von Elementareinheiten seines Körpers; es ist aber sicher keine Maschine, die aus voneinander unabhängigen und miteinander tätigen Elementen besteht. Diese Zellen bilden vielmehr auf kooperative Weise Organe, die sich integrieren und miteinander funktionieren, wobei jedes vom ganzen Körper abhängig ist, um einwandfrei arbeiten zu können. Gehirn, Herz, Blut, Leber, die Nieren, die Milz und die Eingeweide arbeiten in innerer Harmonie zusammen. Das Herz versorgt den Körper mit Blut und ist selbst wiederum abhängig von einer dauernden Versorgung mit Blut von den Lungen, das mit frischem Sauerstoff angereichert ist. Die Lungen dienen so dem Herzen und verlassen sich ihrerseits auf das Herz, um von ihm mit Blut versorgt zu werden. Jedes Körperorgan kann man sich deshalb als Teil eines hochkomplizierten Ökosystems vorstellen, das von dem einwandfreien Funktionieren des Ganzen abhängig ist. Es ist klar, daß sich der Reduktionismus auf ein solches System nur begrenzt anwenden läßt.

Vom Körper her gesehen erscheinen die wechselseitige Koordination der Aufgaben, die Organisation des Hin- und Herfließens und die Harmonisierung der Strukturen beinahe wie Synchronizitäten. Tatsächlich *sind* sie die Synchronizitäten der lebenden Organismen, denn sie schließen ein *sinnvolles, gleichzeitiges Zusammenspiel* von Aktivitäten ein, in dem der *Sinn* im reibungslosen Funktionieren des Körpers gesehen werden muß und das *Zusammenspiel* die genaue Synchronisation (oder das gleichzeitige Zusammenwirken) von Vorgängen, die in entfernten Teilen des Körpers stattfinden, beinhaltet. Diese organischen Synchronizitäten können zwar auf der Stufe der Freisetzung von Hormonen, von Blutzucker, von Neurotransmittern und so weiter erklärt werden; auf einer anderen Ebene sind diese Muster aber eine Funktion des Körpers in seiner Gesamtheit und ein Ausdruck seines *Sinns*.

Dies ist deutlich zu erkennen in der Wirkungsweise des Immunsystems, das ein kompliziertes, über den gesamten Körper verteiltes System der Mustererkennung ist. Das Immunsystem mit seinen 10^{12} Lymphozyten und 10^{20} Antikörpermolekülen kann in seiner Feinheit und Kompliziertheit nur mit dem Gehirn verglichen werden. Die Art, in der es das Muster eines eindringenden Virus oder eines fremden Organismus erkennt, zeigt nämlich eine auffallende Ähnlichkeit mit den Fähigkeiten des Gehirns, Muster zu erkennen. In neueren Forschungen hat sich durch die Anwendung einer *«patch clamping»*-Methode gezeigt, daß die Lymphozyten in den Zellen ähnliche Mechanismen wie die Nervenzellen anwenden; vielleicht enthalten sie sogar Empfangsanlagen für Informationsübermittlungsmoleküle des Gehirns.

Das Immunsystem wirkt als ein Mustererkennungssystem, das Informationen innerhalb des Körpers austauscht und diese als Erinnerung speichert. Es ist sogar möglich, daß das Immunsystem beim Eindringen von Viren in der Lage ist, unmittelbar mit dem

Nervensystem und folglich mit dem Gehirn selbst Informationen auszutauschen. Man könnte deshalb sagen, daß das Immunsystem ebenfalls abhängig ist von *Sinn oder Bedeutung* in seiner Tätigkeiten, abhängig von der Bedeutung der Molekularstruktur eines eindringenden Virus, von der Bedeutung des Musters einer Krankheit, von der Bedeutung der normalen Arbeitsweise eines Körpers. Die Unfähigkeit des Immunsystems, in Zeiten außerordentlicher Belastung Krankheiten abzuwehren, scheint mit einer Art innerer Sinnlosigkeit, einer Verwirrung des gesamten Organismus in Zusammenhang zu stehen. Wenn man davon ausgeht, daß der Sinn des Körpers darin liegt, sich intelligent, gut koordiniert und gesund zu entfalten, dann stellt Krankheit eine Entartung oder einen Zusammenbruch seines Sinnes dar.

Aus der Sicht eines Lebewesens kann Synchronizität – oder die sinnvolle Koordination von Vorgängen – eine passendere Beschreibung als die Kausalität allein sein. Für den Organismus ist sein innerer Sinn wichtig, die Art und Weise, *wie Dinge zusammen geschehen*, die Integration von Geschehnissen, die seine dynamische Form und damit seine Bedeutung in der Welt aufrechterhalten. Eine sich entwickelnde Zelle und ein erwachsener Mensch in voller Funktion sind natürlich weit entfernt von den Billard- und Tennisspielen, die wir im vorangegangenen Kapitel besprochen haben. Lassen sich also dieselben Metaphern anwenden, um das menschliche Leben und die Materie zu beschreiben? Nehmen wir einmal an, daß Mechanismus und Organismus nicht als gegensätzliche Naturbeschreibungen verstanden werden, sondern als Ergänzungen, als zwei Aspekte derselben Realität. Viele der Einsichten in die Lebensvorgänge und die Evolution neuartiger Formen lassen sich dann auch anwenden auf den nichtlebenden Bereich, so daß die Welt der Physik immer mehr wie eine synchronistische Ordnung aussieht, je tiefer wir in sie eindringen.

Über den Reduktionismus hinaus

Es ist sicher vorteilhaft, schwierige Dinge in der Form von einfacheren Dingen oder große Systeme in den Begriffen kleinerer Systeme zu erklären. Deshalb ist die herkömmliche Form der Analyse nützlich für die wissenschaftliche Forschung, da sie von der Komplexität der Erscheinungen zu immer einfacheren Formen führt. Ihre Nachteile werden jedoch deutlich, wenn sie die Haltung eines «nichts als ...» einnimmt. Wenn die Chemie «nichts als Molekularphysik» ist, dann ist ein Organismus «nichts als die Chemie seiner Bestandteile» und der Geist «nichts als Nerven, Zellen und neurochemische Reaktionen in Tätigkeit», dann entsteht ein zu enger Blickwinkel.

Im Gegensatz hierzu werden in diesem Buch Geist und Materie als zwei einander ergänzende, komplementäre Aspekte gesehen. Qualifizierter Reduktionismus hat sicher seinen Platz, aber wenn er behauptet, eine erschöpfende Darstellung der Natur geben zu können, dann sind falsche Ergebnisse und Verwirrung die Folge.

Wie schon zuvor betont, setzt sich der menschliche Körper aus Zellen zusammen, die vom gesamten Organismus abhängig sind. Folglich können die Tätigkeiten des Körpers einerseits durch die Beschreibung seiner Bestandteile erklärt werden, auf der anderen Seite jedoch müssen diese Bestandteile mit Blick auf die Ziele, die Tätigkeiten und den Sinn des Ganzen definiert werden. Es wird deutlich, daß in solchen Systemen auf jeder neuen Organisationsebene und in jedem neuen Bereich ihrer Größe und Komplexität ein anderer Sinn vorhanden ist und neue und möglicherweise unerwartete Verhaltensweisen und Strukturen sich zeigen. Jede Strukturebene erfordert deshalb ihre eigene Beschreibungsebene, die Begriffe und Beziehungen enthält, welche vorher nicht vorhanden waren. Diese Beschreibungsebene wird ihrerseits wiederum durch Ebenen darüber und darunter (gemessen nach ihrer Größe und Komplexität) bedingt. Lebende Systeme sind also von einer Reihe von Beschreibungsebenen abhängig, von denen keine grundlegender ist als die andere.

Kann diese Analogie der Verflechtung von Beschreibungsebenen auch auf die nichtlebende Welt ausgedehnt werden? Der Nobelpreisträger Ilya Prigogine behauptet, daß es in Wahrheit keine «grundlegende Ebene» in der Natur gibt, sondern daß zu jeder Ebene ihre eigene einmalige Beschreibung gehört und daß sie durch die Ebenen um sie herum bedingt ist. Die Konsequenz ist klar: Absoluter Reduktionismus kann nie funktionieren, denn wann immer *eine* Ebene als Grundlage ausgewählt wird, wird sich letztlich herausstellen, daß sie zur Definition ihrer Begriffe und zur Erklärung ihrer Sinnzusammenhänge von allen anderen Ebenen abhängig ist.

Allgemein wird angenommen, daß die Quantentheorie und der Bereich der Elementarteilchen oder irgendeine noch zu entdekkende Einheit unterhalb des Quantums die grundlegende Ebene der Natur darstellen und alle Beschreibungen letzten Endes auf die Quantenebene zurückgeführt werden können. Sobald diese Annahme aber genauer untersucht wird, stellt sie sich als falsch heraus. Die Behauptung, daß alles in Begriffen von Elementarteilchen analysiert werden kann, impliziert, daß alle Beschreibungsebenen auf die niedrigste – auf die Quantenebene – zurückgeführt werden können. Doch was genau ist diese Quantenebene, und aus welchen Grundeinheiten setzt sie sich zusammen?

Jeder Versuch, die Eigenschaften eines Quantenzustandes zu messen oder zu bestimmen, sieht sich Heisenbergs fundamentaler Einschränkung gegenüber, daß der Beobachter selbst unwiderruflich mit dem Quantensystem verbunden ist und jeder Beobachtungsvorgang dieses System in begrenzter Weise stört. Um einen Quantenzustand messen und seine Eigenschaften feststellen zu können, ist also die Anwesenheit eines «makroskopischen» Beobachters nötig, der den Zustand notwendig stört. Die Makroebene kann demnach in Begriffen der Quantenebene analysiert werden, diese Quantenebene wird aber ihrerseits beeinflußt durch die Makroebene. Unsere Vorstellung von der Realität ähnelt demnach einer Szene, die in zwei Parallelspiegeln betrachtet wird; jedes Bild enthält schon das nächste Bild.

Reduktionismus und Analyse sind in ihren Möglichkeiten begrenzt, denn jede Ebene kann nur als provisorische Grundlage für eine Erklärung benutzt werden. Die Natur erfordert deshalb pluralistische Beschreibungen, und wir können schon jetzt annehmen, daß dieser Pluralismus sowohl kausale als auch synchronistische Aspekte enthalten muß. Durch die Erforschung der Auswirkungen des mechanischen und des organistischen Ansatzes in der Naturbeobachtung wird es möglich, sich einem Realitätsmodell zu nähern, in dem der Geist auf natürliche Weise seinen Platz findet. Während sich die Feinheiten der Natur entfalten, entdeckt man nämlich, daß sie sich immer weiter von einfachen Mechanismen entfernen, so daß der Geist nicht länger als ein «Fremdkörper» im Universum erscheint.

Auch die Synchronizitäten, die eine Brücke zwischen Materie und Geist schlagen, können nicht auf eine einzige Beschreibungsebene reduziert werden; vielmehr sind ergänzende Beschreibungen, Ansätze und Vergleiche notwendig, so als würde die Synchronizität durch die Facetten eines sich drehenden Kristalls beobachtet, wobei sich ständig neue Formen und Farben zeigen, die die Reflektionen eines darunterliegenden Grundes sind.

Affinitäten von Gegenständen und Ereignissen

In einer Synchronizität kommen verschiedene Gegenstände und Ereignisse zusammen und formen ein Gesamtmuster in Raum und Zeit. Nach den Worten des Schriftstellers Arthur Koestler zeigen diese Verbindungen an, daß die verschiedenen Gegenstände im Universum eine Affinität füreinander haben.[1] Koestlers Gedanke geht zurück auf eine Philosophie, die im Mittelalter vorherrschte und die sich auf Übereinstimmungen zwischen den Gegenständen gründete. Nach dieser Vorstellung besitzen Planeten, Tiere, Mineralien und die Eigenschaften des Körpers unterschiedliche «Sympathien» füreinander, die scheinbar zusammenhanglose Ereignisse gleichzeitig geschehen lassen. Diese Verbindungen werden nicht durch die Anziehungskräfte Newtons hergestellt, sondern sie kommen zustande, weil, wie Koestler es ausdrückt, «gewisse Dinge eine Vorliebe dafür haben, gleichzeitig zu geschehen».

Derartige Verbindungen von Ereignissen waren ein entscheidender Punkt in der Geschichtsvorstellung des alten China. Nach unserer westlichen Denkweise lassen sich ein Krieg, ein Vertrag, ein Streik oder eine soziale Bewegung an ihren Kausallinien entlang bis zu ihren Wurzeln zurückverfolgen – das mögen zum Beispiel soziale Unruhen, neue Gesetze oder neue Handelsbilanzen sein. Die Chinesen betrachteten die Geschichte jedoch nicht in der Form eines kausalen Netzwerkes, sondern befaßten sich mit der Frage, *wie die Dinge in der Zeit zusammen geschehen*. Deshalb wurden Vorzeichen, Einzelheiten des häuslichen Lebens und Wetterveränderungen in einen Zusammenhang mit einem militärischen Feldzug oder einer einflußreichen Heirat gebracht. Helmut Wilhelm, der Sohn des berühmten Übersetzers des *I Ging*, schreibt:

> Das Zusammenspiel der Kräfte, die einen historischen Moment entscheiden, klingt wie ein einziges harmonisches Glockenspiel ... Nur durch konzentriertes hingebungsvolles Lauschen auf diese Töne können wir sein Wesen und seine Wirkung erkennen. Die Art und die Wirkung dieser immanenten Kräfte können wir nur im Blick auf ihre Auswirkungen verstehen. Mit anderen Worten, nur die Vertiefung in den historischen Moment kann uns zu dem Sinn der Geschehnisse führen.[2]

In allen Zeitaltern gab es Denker, die das Universum und die menschliche Geschichte als eine vollständige Einheit sahen, in der die Geschehnisse nicht so sehr das Endergebnis von Kausalverbindungen, sondern vielmehr die Aspekte eines Gesamtmusters sind, das sich aus gewissen «immanenten Kräften» ergibt. Wie läßt sich aber diese Vorstellung von Ereignissen, die in einem bestimmten Zeitpunkt zusammenkommen, mit unserer gegenwärtigen wissenschaftlichen Auffassung vom Universum verbinden? Auf den ersten Blick sind diese beiden Betrachtungsweisen der Natur weit voneinander entfernt; wenn wir jedoch die Ideen einer kollektiven Bewegung und des Auftauchens von Ordnung aus einem Chaos näher untersuchen, dann zeigen sich auffällige Zusammenhänge zwischen dem Denken der modernen Wissenschaft und dem «synchronistischen Denken» des alten China und des Mittelalters.

Elektronen und Schleimpilze

Die Natur hat etwa fünfhundert verschiedene Arten von Schleimpilzen hervorgebracht, die sich von faulenden Pflanzen ernähren. Die einmalige Besonderheit dieser mikroskopisch kleinen Organismen ist, daß sie in zwei vollkommen verschiedenen Formen existieren können, was an die Welle/Teilchen-Dualität der subatomaren Welt erinnert. Im Normalzustand besteht eine Kolonie von Schleimpilzen aus einer großen Anzahl von unabhängigen Einzelpilzen, amöbenähnlichen Zellen, die von der Vegetation des Waldbodens leben. Diese Zellen vermehren sich durch einfache Teilung und verbreiten sich auf diese Weise, wobei sie alles auf ihrem Wege vertilgen, bis der Nahrungsvorrat erschöpft ist. An diesem *kritischen Punkt* gehen chemische Signale zwischen den Zellen hin und her, die sich wie Wellen auf einem Teich ausbreiten und eine völlig neue Verhaltensweise auslösen. Einzelne Zellen fangen jetzt an, sich zu gruppieren, und die getrennten Elemente der Kolonie verwandeln sich in Mitglieder eines einzigen vielzelligen Organismus.

Diese kooperative Kolonie sieht aus wie eine Wegschnecke und fängt an, sich über den Waldboden zu bewegen. Wenn die «Schnecke» einen geeigneten neuen Standort erreicht, zieht sie sich zusammen und wächst nach oben; der Organismus entwickelt einen Kopf auf einem langen Stiel. In diesem Kopf wachsen Sporen heran, die, wenn sie reif geworden sind, sich in einem explosionsartigen Ausbruch über den Waldboden verteilen. Wo die einzelne Spore niederfällt, wird sie zu einer einzelnen Schleimpilzzelle, die wiederum damit beginnt, zu fressen und sich zu teilen. Später werden die Nachkommen dieser Ursprungszelle wiederum den kritischen Punkt erreichen, an dem ihre Nahrung sich erschöpft, und werden sich wieder zu einem vielzelligen Organismus zusammenfinden. So beginnt der Vorgang der Wanderung und Ausbreitung immer wieder neu.

Der Schleimpilz hat eine Doppelnatur und ist ein eindrucksvolles Beispiel für duale oder vielfältige Naturbeschreibungen. Einerseits kann man die Kolonie auf kausale reduktionistische Weise beschreiben, da sie sich aus unabhängigen Einzelwesen zusammensetzt; andererseits ist sie ein einziger, zusammenhängender Körper, der einer holistischen, einer Gesamtbeschreibung bedarf. Der Schleimpilz macht deutlich, wie Kollektivität und Individualität, wie holistische und reduktionistische Aspekte innerhalb desselben Systems existieren können.

Am Schleimpilz ist besonders interessant, wie kollektive oder holistische Verhaltensweisen in das einzelne Individuum eingefaltet sind und wie sich andererseits individuelles Verhalten über das gesamte System entfaltet. Die individuellen und die globalen Elemente sind jeweils ineinander enthalten – ein Ansatz, der eindeutig eine neue mathematische Naturbeschreibung erfordert, in der jedes Element sich im Verhältnis zu jedem anderen Element sowohl innen als auch außen befindet. Einen derartigen formalen Ansatz werden wir in Kapitel 6 untersuchen; dort wird sich zeigen, daß er wichtige Einblicke für die Interpretation der Quantentheorie geben kann. Wir werden sehen, daß es sich mit dem Schleimpilz so verhält wie mit dem ganzen Universum: Innerhalb jedes Elements der Materie und der Raum-Zeit ist das ganze Universum enthalten.

Die kollektive Ordnung, die in einzelnen Schleimpilzzellen enthalten ist, findet sich auch in der Welt der Ameisen, der Bienen, der Wespen und der Termiten. Das einzelne Insekt scheint zwar eine unabhängige Existenz zu führen, es trägt aber in sich, irgendwie verborgen oder verdeckt, das Verhalten des gesamten Schwarmes oder der ganzen Kolonie. Vertrauter ist uns das gleichzeitige Vorhandensein von individuellem und kollektivem Verhalten bei einer Menge von Fußballzuschauern. Jeder Mensch in dieser Menge ist ein Individuum mit Erinnerungen, Zielen, Trieben und Bedürfnissen und – am allerwichtigsten – mit einem Sinn dafür, daß er über einen eigenen freien Willen verfügt. Dennoch hat die Menge ihre eigene Dynamik, die zwischen Vergnügen und Gewalt hin und her pendelt. Eine Menschenmenge kann sich so verhalten, daß sie auf den Einzelmenschen fremdartig oder sogar abstoßend wirkt. Dennoch ist das Individuum in der Menge enthalten und die Menge im Individuum, jedes scheint für das andere sowohl innen als auch außen zu sein.

Das Beispiel des Schleimpilzes ist sehr eindrucksvoll. Hat es auch Bedeutung für die Welt der «unbelebten» Gegenstände, oder tauchen verborgene und kooperative Ordnungen nur da auf, wo Leben und Gesellschaft existieren? Die Antwort ist, daß diese duale Natur der Dinge universell ist, es gibt viele Beispiele dafür, wie materielle Systeme durch ähnliche sehr subtile Ordnungen gesteuert werden. Denken wir zunächst einmal an die Elektronen in einem Metall, in irgendeinem Metall, einer Messerklinge oder einem Autofahrgestell. Viele dieser Elektronen sind an einzelne Atome gebunden, aus denen die Gitterstruktur des Metalls besteht; in jedem Metall gibt es aber einige, die sich ziemlich frei bewegen können und die man sich wie ein «Gas» von Elektronen vorstellen kann, das den Raum zwischen dem Atomgitter ausfüllt. Wie die Luft aus Molekülen besteht, die sich frei bewegen, so enthält ein Metall ein «Gas» aus Elektronen, die sich ebenfalls frei herumbewegen.

Diese Elektronen interagieren natürlich miteinander, da jedes eine negative elektrische Ladung enthält. Physiker können sie aber als weitgehend frei oder zumindest als quasi-unabhängig behandeln und kommen damit der Wirklichkeit sehr nahe. Ihre Bewegungen sind denen eines Bienenschwarms nicht unähnlich, der scheinbar ziellos um den Bienenkorb herumfliegt. Elektronen fliegen aneinander vorbei, einige stoßen einander ab, andere kollidieren. Das Gas ist ein schwirrendes Durcheinander einer astronomisch riesigen Anzahl zufälliger Bewegungen!

Wenn dem Metall Energie zugeführt wird, teilt sich das dem Elektronengas mit und die Elektronen bewegen sich noch schneller, wodurch das Durcheinander und das Chaos noch größer zu sein scheinen. Wenn diese Energie jedoch einen kritischen Punkt erreicht, wird das elektronische Chaos in eine völlig neue Verhaltensweise umgewandelt, denn das Gas beginnt *als Ganzes* Schwingungen auszuführen, eine Bewegung, die wir Plasmavibrationen nennen. Auf den ersten Blick verhält sich das Elektronengas analog dem Schleimpilz, denn es wechselt von seinem Individualverhalten zu einem Kollektivverhalten. In Wahrheit ist die Situation viel komplizierter: Der Schleimpilz existiert in der ersten Periode seines Lebenszyklus als unabhängiges Individuum, in der zweiten Periode als Bestandteil eines kollektiven Organismus. Im

Elektronengas jedoch überlagern die Plasmavibrationen die «zufälligen» Hintergrundbewegungen der Elektronen. So verbirgt sich in der zufälligen Hin- und Herbewegung jedes Elektrons gleichzeitig seine Teilnahme am Elektronengas als Ganzem.

Die formale, mathematische Behandlung des Elektronengases macht deutlich, daß jedes Elektron gewissermaßen gleichzeitig sowohl eine quasi-unabhängige Einheit als auch einen abhängigen Bestandteil umfassender Vibrationen darstellt, die eine astronomisch große Anzahl von identischen Elektronen umfassen. Oder anders ausgedrückt: Innerhalb zufälliger chaotischer Bewegung ist eine umfassende Ordnung enthalten, wodurch Zufall und Ordnung eng miteinander verbunden sind. Das Elektronengas hat gewisse Gemeinsamkeiten mit einer Menschenmenge oder einer Gesellschaft, denn es zeigt sowohl individuelles als auch kollektives Verhalten. In der Bewegung jedes Elektrons ist das gesamte Plasma enthalten, andererseits entfaltet sich das Plasma aus den einzelnen Elektronen.

Diese Fähigkeit, sowohl kooperative als auch individuelle Verhaltensmuster zu beinhalten, gibt es in einigen Metallen auch am anderen Ende der Energieskala. Wenn sich ein Elektronengas innerhalb eines regelmäßigen Atomgitters bewegt, verhalten sich seine einzelnen Elektronen wie die Kugeln in einem Spielautomaten, ständig unterwegs und immer in Kollision mit den «Atomstiften». Wird ein elektrischer Strom durch dieses Metall geschickt, erzeugt er eine umfangreiche Strömung innerhalb des Elektronengases oder, besser gesagt, er *ist* diese Strömung. Die Elektronen innerhalb dieses Stromflusses werden aber ständig von vibrierenden Atomen im Atomgitter aus ihrer Bahn geschleudert, mit der Wirkung, daß die Stömung des Gases sich verlangsamt. So entsteht das Phänomen des elektrischen Widerstandes aus der zufälligen Elektronenstreuung durch vibrierende Atome.

Nehmen wir einmal an, daß das Metall sich abkühlt. Dies hat zur Folge, daß die Stärke der Atomvibrationen abnimmt und der Widerstand sich vermindert. Doch sogar am absoluten Nullpunkt der Temperatur halten normalerweise wichtige Quanteneffekte das Atomgitter in Schwingung, so daß der Widerstand noch vorhanden ist. Bei gewissen Metallen allerdings ändert sich das Verhalten entscheidend, wenn bei der Abkühlung eine kritische Temperatur erreicht wird – der gesamte elektrische Widerstand verschwindet. Das Metall wird plötzlich in einen Supraleiter umgewandelt. Innerhalb dieses Supraleiters verschwindet jeder elektrische Widerstand, und ein Strom, der einmal in einem supraleitenden Ring vorhanden ist, wird viele hunderttausend Jahre weiterfließen.

Dieses Phänomen der Supraleitfähigkeit entsteht aus einer Form kooperativer und kollektiver Ordnung. Beim Erreichen der kritischen Temperatur verhalten sich die vibrierenden Atome nicht länger so, daß sie den Elektronenfluß stören, sondern sie ermöglichen vielmehr auf sehr subtile Weise eine kohärente Bewegung des elektrischen Stromes. Nahe dem absoluten Nullpunkt ruft die Kombination von Quantenfluktuationen der Atome und der zufälligen Bewegung der Elektronen keinen Widerstand mehr hervor, sondern beides wird zu einem neuartigen Verhalten verschmolzen, in dem das ganze System *als ein Ganzes handelt*.

Im vorigen Kapitel wurde behauptet, daß das Gesetz der großen Zahl alle Quanteneffekte auf einen Durchschnitt bringen wird, so daß sie im Alltagsmaßstab der Dinge untergehen. Wenn es aber um kooperative Effekte wie die Supraleitfähigkeit geht, wird auch die winzigste Bewegung eines Elektrons Teil des Ganzen. Das Ergebnis ist ein kohärenter Quantenzustand, eine supraleitende Wellenfunktion, die in Meter gemessen wird und nicht in atomaren Entfernungen. Was anfangs eine zufällige Streuung von Elektronen in einem vibrierenden Gitter war, ist zu einer subtilen kooperativen Gesamtbewegung geworden.

Umfassendes kooperatives Verhalten ist auch im Laser und in der Supraflüssigkeit zu erkennen. In letzterer verschwindet jeder Fließwiderstand dadurch, daß die vorher in Zufallsbewegungen umherschwirrenden Heliummoleküle plötzlich wie eine einzige Quanteneinheit handeln. Der kritische Temperaturübergang vom normalen zu einem supraflüssigen Zustand kann mit dem Übergang von einzelnen Schleimpilzzellen zu dem Gesamtorganismus verglichen werden.

Die obigen Beispiele zeigen, daß extrem subtiles Verhalten nicht nur im lebenden Organismus und nicht nur in der Gesellschaft zu erkennen ist, sondern auch innerhalb des Elektronengases, innerhalb des Laserstrahls und der Supraflüssigkeit. In jedem dieser Fälle ist die kollektive Ordnung innerhalb chaotischer und zielloser Bewegungen verborgen, so daß an kritischen Stellen radikal neue Verhaltensweisen entstehen – nicht so sehr durch die wechselseitigen Handlungen vieler Individuen, sondern durch das kooperative Handeln des Ganzen.

Die Welt der Nichtlinearität

Bei allen in diesem Kapitel behandelten Beispielen geht es um die duale Beschreibung eines Systems – die Beschreibung des Ganzen in Begriffen seiner Teile und die Beschreibung der Teile in Begriffen des umfassenden Systems. Eine derartige Komplementarität hat ihr Gegenstück in der Mathematik der linearen und nichtlinearen Differentialgleichungen, die eine entscheidende Rolle im Ingenieurwesen, in der Physik, in der Chemie, der Biologie und der Nationalökonomie spielen. Diese Gleichungen sind anwendbar auf den ganzen Verhaltensbereich vom Lebendigen zum Nichtlebendigen und vermitteln ein Verständnis der abstrakten Prinzipien, die vielen verschiedenen Verhaltensordnungen zugrunde liegen.

Mit linearen Differentialgleichungen und mit den Systemen, die sie beschreiben, hat man sich beschäftigt, seit Newton diese Rechenart entdeckte, und heute geht ihr Verständnis so weit, daß es gut beschriebene und relativ einfache Verfahren gibt, um sie zu lösen. Das Verhalten von linearen Systemen ist vorhersagbar. Sie können normalerweise in einfachere Teile unterteilt werden; und wenn der Mathematiker einen Teil der Lösung verstanden hat, ist es einfach, auf die anderen Teile zu kommen. Lineare Systeme entwickeln sich schrittweise und gleichmäßig; wir begegnen ihrem reibungslosen und regelmäßigen Verhalten bei langsam fließenden Bächen, bei elektrischen Stromkreisen, die unter normalen Bedingungen arbeiten, bei langsam reagierenden Chemikalien, bei leichten Schwingungen, bei Maschinen, die mit geringem Krafteinsatz arbeiten, bei leisen Klängen und anderen Strukturen, die unter einer geringen Beanspruchung stehen.

Sobald aber die Kraft in einem System über einen bestimmten Punkt hinaus anwächst, verläßt es den vertrauten linearen Bereich und betritt die komplexere Welt der nichtlinearen Auswirkungen: Flüsse beginnen zu strudeln, Verstärker werden überlastet und beginnen zu verzerren, Chemikalien explodieren, Maschinen geraten in nicht mehr kontrollierbare Vibrationen, Platten verbiegen sich, Metalle brechen und vorher stabile Strukturen brechen zusammen. Solche nichtlinearen Wirkungen brauchen jedoch nicht immer destruktiv zu sein, sondern können neue Verhaltensweisen und das Hervortreten neuer Strukturformen zur Folge haben.

Ein Metallstab, der mit Gewichten belastet wird, reagiert zunächst linear. Wenn ein neues kleines Gewicht hinzugefügt wird, biegt sich der Stab entsprechend wenig; kleine Belastungen bringen kleine Wirkungen hervor, und ein Kurve, die die Biegung im Verhältnis zur Belastung darstellt, ist sanft und vorhersagbar. Aber angenommen, diese Belastung erreicht einen kritischen Punkt: Jetzt steht die Biegung plötzlich nicht länger in einer einfachen Beziehung zur Belastung, der Stab verbiegt sich plötzlich oder bricht. In diesem nichtlinearen Zustand oder in dem Moment, in dem der Tropfen das Faß zum Überlaufen bringt, bewirkt eine kleine Ursache einen drastischen Effekt, und die Kurve, die die Biegung im Verhältnis zur Belastung darstellt, weist eine plötzliche, unerwartete Diskontinuität auf.

Der Druck auf das Gaspedal eines Autos hat einen gleichmäßigen Anstieg der Geschwindigkeit zur Folge. Diese Zunahme liegt zunächst im linearen Bereich, und alles ist regelmäßig und vorhersagbar. Wenn sich das Auto jedoch einer bestimmten, kritischen Leistungsgrenze nähert, werden nichtlineare Auswirkungen bedeutsam. Ein kleiner zusätzlicher Druck auf das Gaspedal kann dazu führen, daß der Wagen heftig vibriert oder daß der Motor überhitzt wird und sich festfrißt. In gleicher Weise wird eine kleine Drehung des Lautstärkeknopfes an der Stereoanlage eine lineare Reaktion in den Lautsprechern erzeugen; wenn aber die Lautstärke zu sehr aufgedreht wird, bewirken nichtlineare Reaktionen im elektrischen Leitungssystem ein deutliche Verzerrung.

In der Natur gibt es viele Beispiele nichtlinearen Verhaltens; es zeigt sich sogar, daß die Nichtlinearität die Regel und nicht die

Ausnahme darstellt. Die Welt muß durch mathematische Gleichungen beschrieben werden, die kritische Punkte und neue Verhaltensordnungen aufzeigen; sie kann nicht immer in einfachere Formen zerlegt und dadurch erklärt werden. Warum aber haben die Ideen der Linearität und der Vorhersagbarkeit eine so hervorragende Stellung in der Wissenschaft? Die Antwort ist einfach: Bis zum Aufkommen der superschnellen Computer und der Entwicklung neuer mathematischer Techniken waren nichtlineare Differentialgleichungen so etwas wie ein Buch mit sieben Siegeln. Ihre linearen Geschwister konnten jedoch auf unkomplizierte Weise gelöst werden. Sie standen im Einklang mit einfachen physikalischen Gesetzen und dem Ansatz, komplexe Systeme durch die Zerlegung in einfachere Elemente, die miteinander agieren, zu erklären.

Aus diesem Grunde neigten die meisten Wissenschaftler bis vor etwa zehn Jahren dazu, sich auf ihre linearen Systeme zu konzentrieren und andere Verhaltensweisen bis zu einem gewissen Grade zu ignorieren. Wenn man den Wasserfluß in einem schmalen Rohr oder den Luftstrom um ein Flugzeug untersuchte, wurden die nichtlinearen Bereiche als «Turbulenzen» bezeichnet, und nur wenige besondere Fälle wurden im Detail behandelt. Heute ist es aber dank der sehr weit entwickelten Computer möglich, Simulationen der verschiedenen Turbulenzarten herzustellen und neue Formen der Mathematik zu nutzen, um die verschiedenen Lösungsordnungen zu klassifizieren. Die Fülle der nichtlinearen Welt ist daher eine vergleichsweise junge Entdeckung, die sich erst jetzt dem forschenden Mathematiker erschließt.

Linearität fördert eine geistige Einstellung, die ein komplexes System in einfachere Teile zerlegen will. Dies ist so, weil ein lineares System immer in eine Anzahl von miteinander gekoppelten linearen Differentialgleichungen unterteilt werden kann, welche Elementen entsprechen, die miteinander in Wechselbeziehungen stehen. Zum Beispiel kann man die Leitung von Wärme und Klang in einem Metall so beschreiben, als ob Abstraktionen miteinander agierten, die man Phononen nennt. In diesem linearen Bereich verhält sich ein Metall deshalb so, *als ob es aus elementaren Phononen zusammengesetzt wäre* – genau wie Atome sich so verhalten, *als ob* sie aus Elementarteilchen zusammengesetzt wären!

Wenn sich aber die Temperatur des Metalls erhöht oder wenn es auf andere Weise heftiger gestört wird, dann herrscht nichtlineares Verhalten vor, und es ist nicht länger möglich, seine Eigenschaften mit der Wirkung von miteinander reagierenden Phononen zu erklären. Jetzt folgt das Verhalten des Metalles aus dem *System als Ganzem*, und neue und völlig unerwartete Wirkungen können plötzlich auftauchen. Eine offensichtlich neue Erscheinung, die von einer Gruppe miteinander reagierender Phonone nicht zu erwarten gewesen wäre, ist der Zusammenbruch des Atomgitters am Schmelzpunkt des Metalls, wenn es von einer festen in eine flüssige Form übergeht.

Diese Überlegung macht auch deutlich, warum die Natur in der Vergangenheit vor allem in Begriffen der Analyse und kausaler Effekte elementarer Teilchen gesehen wurde. Vorausgesetzt, daß die Aufmerksamkeit immer auf Systeme beschränkt bleibt, die innerhalb eines abgegrenzten, linearen Bereiches wirken, ist diese angenäherte Betrachtungsweise durchaus gültig. Aber in allgemeineren Fällen von Chaos, Turbulenzen, Zustandsänderungen, Übergang und Evolution entfaltet die Natur viel subilere Mechanismen, in denen sich neue und bisher nicht dagewesene Eigenheiten darstellen, so daß die Beschreibungen *das ganze System* und nicht nur seine Einzelteile einbeziehen müssen.

Diese Nichtlinearität ist einem Organismus in ihrer Wirkungsweise viel ähnlicher als eine Maschine. Ihr Verständnis erfordert deshalb neue Einstellungen, die der Synchronizität viel näher kommen, in der die Muster und Ordnungen aus dem allgemeinen Hintergrund der Veränderung hervortreten. Innerhalb eines solchen Ansatzes wird die Wirkungsweise des Geistes in den Umformungen der Materie ihren Widerhall finden; tatsächlich wird sich herausstellen, daß beide aus einem tieferen Urgrund entstehen.

Im zweiten Kapitel wurde ein Beispiel für die Bewegung und die Kollision von materiellen Körpern angeführt, das mit dem Bild der Wellen in einem Ozean arbeitete. Neuerdings hat sich aufgrund eines tieferen Verständnisses der nichtlinearen Interaktionen, die hier eine Rolle spielen, herausgestellt, daß in den komplexen und anscheinend zufälligen Bewegungen eines Ozeans eine ganz besonders subtile Form der Ordnung verborgen ist. H. C. Yuan und B. M. Lake, zwei Physiker, die eine Studie der nichtlinearen Beziehungen von Wellen erarbeitet haben, sind der Meinung, daß die Oberfläche des Ozeans in Wirklichkeit «in hohem Maße moduliert» oder geordnet ist, so daß sie tatsächlich ein «Gedächtnis» all ihrer früheren Konfigurationen enthält![3]

Solitone

Zu den auffallendsten Eigenschaften einer bestimmten Klasse von nichtlinearen Gleichungen zählt das Soliton, das besonders anschaulich zeigt, wie ein Teil sich als Ausdruck des Ganzen erweisen kann. Mit dem Bild des Solitons wird es möglich zu erkennen, wie sinnvolle, örtlich beschränkte Muster sich aus einem allgemeinen Hintergrund heraus entfalten können. Obwohl das Soliton erst während der letzten zehn Jahre mathematisch genau untersucht wurde, wurde es schon 1834 von einem Mr. J. Scott Russell beobachtet, der eine seltsame Welle bemerkte, während er neben einem schmalen Wasserkanal dahinritt:

> Da rollte ein abgerundeter, glatt fließender und wohl abgegrenzter Wasserberg in der Form einer großen einzelnen Erhebung mit großer Geschwindigkeit voran, der seinen Weg den Kanal entlang anscheinend ohne Wechsel seiner Form und ohne eine Verminderung seiner Geschwindigkeit fortsetzte.[4]

Russell verfolgte die Welle zu Pferde ein oder zwei Meilen, bis er sie in den «Windungen des Kanals» verlor. Statt sich schnell zu zerstreuen wie jede normale Welle, behielt diese «einsame Welle», wie er sie nannte, auf weite Entfernung ihre klar abgegrenzte, in sich vollkommene Form bei und bewegte sich mit hoher Geschwindigkeit voran. Die Einzelwelle oder das *Soliton,* wie wir es jetzt nennen, ist seither in einer großen Anzahl nichtlinearer Systeme entdeckt worden, zum Beispiel in elektrischen Stromkreisen, bei Nervenimpulsen und in den Schwingungen der Atome. Es wurde sogar vorgeschlagen, die Elementarteilchen nicht als grundlegende Bausteine der Materie zu verstehen, sondern als Solitone eines zugrunde liegenden nichtlinearen Quantenfeldes.

Solitone sind klar abgegrenzt und lokalisiert; sie können Flugbahnen beschreiben wie Tennisbälle, und sie beeinflussen sich und stoßen einander ab, wenn sie aufeinandertreffen. Mit anderen Worten: Solitone sehen ganz so aus wie Elementarteilchen oder unabhängige Einheiten der Welt. Sie sind jedoch völlig abhängig von dem Urgrund, aus dem sie entstanden sind, denn Solitone sind örtliche Erscheinungen, die in jedem Moment durch eine globale Aktivität erhalten werden; sie werden geboren, dauern als Muster in Raum und Zeit und vergehen dann wieder in ihrem Urgrund. Diese nichtlinearen Naturerscheinungen sind in so unterschiedlichen Systemen entdeckt worden wie den Druckwellen der Atmosphäre, den Gezeitenwellen, dem großen roten Fleck im Jupiter, der Wärmeleitung in festen Körpern, der Supraflüssigkeit und der Supraleitfähigkeit.[5]

Am Beispiel des Solitons sehen wir, daß auch für Analyse und Reduktion eine bedeutsame Rolle innerhalb des «Gesetzes der Ganzheit» erhalten bleibt. Im vorangegangenen Kapitel haben wir Reduktionismus und lineare kausale Ordnungen verworfen, weil sie zu beschränkt sind und die eigentliche Reichhaltigkeit der Natur nicht erfassen können. Im Falle der Solitone ist es aber möglich, ein System in relativ unabhängige Teile zu zerlegen, und zwar *innerhalb des Zusammenhanges des Ganzen.* Daher spielt die Analyse eine wichtige Rolle innnerhalb des gesamten Wirkens der Ganzheit, denn sie ermöglicht es, Dinge gedanklich auseinanderzunehmen, Beziehungen nachzuspüren und die Muster von inneren Strukturen zu beobachten. Nur dann, wenn Analyse und Reduktion absolut genommen und die «Solitone» für völlig unabhängige Elemente der Wirklichkeit gehalten werden, entsteht Verwirrung.

Ein Beispiel für die Komplementarität des umfassenden und des analytischen Ansatzes ist die Art, in der ein Pianist an eine neue Komposition herangeht. Zuerst muß der Musiker ein «Gefühl» für die Musik entwickeln, für ihren tieferen Sinn und für ihre Ausdrucksnuancen. Dies schließt aber gleichzeitig auch eine ins einzelne gehende Analyse ein, die klarmacht, wie das Stück zusammengesetzt ist, warum gewisse Abläufe so aufeinander folgen, wie sie es tun, und die die verschiedenen inneren Beziehungen offenlegt, die innnerhalb des Werkes existieren. Durch das Studium der Partitur und durch das «Ausprobieren» verschiedener Passagen auf dem Klavier beginnt der Musiker das innere Leben der Musik zu verstehen. Dies geschieht jedoch immer im Hinblick auf das gesamte Musikstück und auf die Wirkung, die es im Konzertsaal hervorrufen soll. Die endgültige Darbietung entwickelt sich daher sowohl aus dem holistischen oder globalen Ansatz als auch aus der lokalen oder analytischen Erforschung der Einzelheiten.

Etwas Ähnliches kann passieren, wenn ein Wissenschaftler sich mit der Natur befaßt, obwohl dabei oft die umfassenderen Überlegungen in den Details verlorengehen. So ersinnt der theoretische Physiker Gedankenexperimente und zergliedert das Verhalten eines Systems mathematisch. Der experimentierende Physiker wiederum untersucht und erforscht die inneren Strukturen der physikalischen Phänomene. Wenn diese Arbeit innnerhalb des umfassenden Zusammenhangs des Ganzen stattfindet, wird dabei ein vertieftes Verständnis eines Systems herauskommen. Allerdings besteht immer die Gefahr, daß das, was in der Theorie auseinandergenommen und aufgrund eines Experiments geschlußfolgert wird, mit der Wirklichkeit verwechselt wird.

Zur Zersplitterung und Verwirrung kommt es in der Wissenschaft immer dann, wenn ein System so verstanden wird, als sei es nur die Summe von Einheiten, die für sich existieren und nicht in einem tieferen Sinn innerlich verwandt sind. Gleichermaßen falsch ist es jedoch, ein System als grundsätzlich unteilbar zu betrachten, wenn es tatsächlich relativ unabhängige Teile enthält. Ein nichtlineares System zum Beispiel wird in manchen Fällen am besten so betrachtet, als sei es aus Solitonen zusammengesetzt, die miteinander in einer Wechselwirkung stehen, in anderen Fällen dagegen als ein einziges Gesamtsystem.

Aber kehren wir zu den Solitonen zurück. Am Ende seines Lebens glaubte Albert Einstein, daß es irgendwann einmal möglich sein werde, die nichtlinearen Differentialgleichungen der allgemeinen Relativitätstheorie so zu verallgemeinern, daß Materie und Energie als «Höcker und Hügel» auf dem gekrümmten Raum-Zeit-Kontinuum erscheinen würden. Einstein hatte den Gedanken des Solitons vorweggenommen, ohne zu seiner Zeit von solchen Erscheinungen etwas zu wissen, und ausgeführt, daß das, was wir für die materielle Natur der Dinge selbst halten, eines Steins zum Beispiel, in Wahrheit der Brennpunkt einer komplexen Geometrie ist, welche die Grundlage aller Materie bildet. Zum Beispiel kann ein Knoten in der Raum-Zeit über sehr lange Zeiträume hinweg stabil bleiben und sich genau wie ein Teilchen herumbewegen und mit anderen Knoten zusammenstoßen. In Einsteins Sicht gleicht das Universum einem Organismus, in dem jedes Teil die Manifestation des Ganzen ist. Was getrennt und unabhängig voneinander erscheint, sind in Wahrheit angeregte Zustände eines nichtlinearen Feldes, die eine Zeitlang aufrechterhalten bleiben und dann wieder in dem Urgrund aufgehen, aus dem sie hervorgetreten sind.

Einstein war es nicht mehr vergönnt, diese endgültige Vereinheitlichung von Materie, Energie und Raum-Zeit zu erreichen. Heute findet jedoch eine andere Art von Vereinheitlichung in der Welt der Elementarteilchen statt. Es ist interessant festzustellen, daß einige Physiker dem Gedanken anhängen, daß die elementare Materie nichts weiter ist als die Manifestierung von Solitonen und Erregungen in einem vereinheitlichten Quantenfeld.

Das von der nichtlinearen Mathematik vorgeschlagene Bild zeigt das Universum als ein einziges, ungeteiltes Ganzes, dessen Muster und Formen aus einem Urgrund auftauchen, eine Zeitlang aufrechterhalten werden und dann zurückfallen in das Feld. Solch eine Vorstellung hat eindeutig etwas mit der Synchronizität gemeinsam; darüber hinaus kann dieser Ansatz schließlich dazu führen, einen Platz für den Geist zu finden, denn auch das Bewußtsein kann so verstanden werden, als ob es aus einem tieferen Grund emporsteigt, der Materie und Geist gemeinsam ist. In diesem Sinne entstehen die sich entfaltenden Muster von Materie und Geist, die wir innerhalb einer Synchronizität beobachten, eigentlich aus einer einzigen Aktion.

Dissipative Strukturen

Der Schriftsteller C. P. Snow sagte einmal, daß den zweiten Hauptsatz der Thermodynamik nicht zu kennen genauso sei, als hätte man nie ein Werk von Shakespeare gelesen. Um beim Leser keine Verlegenheit aufkommen zu lassen, sei daran erinnert, daß der zweite Hauptsatz die Richtung von Änderungen im Universum beschreibt und besagt, daß natürliche Vorgänge immer mit einer Zunahme von Entropie verbunden sind. Da Entropie ein Maß für die Unordnung, für die Zufälligkeit und für den Mangel an Korrelation zwischen den Dingen ist, weist der zweite Hauptsatz darauf hin, daß ein System immer dann zum Stillstand kommen, sich auflösen und in Unordnung und Chaos zerfallen wird, wenn es sich selbst überlassen bleibt. Dies ist im allgemeinen richtig – wenn man eine Standuhr in einer großen Kiste verstaut, wird das Ticken des Pendels irgendwann einmal aufhören, denn die Uhr wird ablaufen. Wenn wir lange genug warten, wird das Material, aus dem die Uhr hergestellt ist, auseinanderfallen und verrosten – der Gang der Entropie ist nicht aufzuhalten.

Aber wenn Systeme *immer* zerfallen und Strukturen sich ohne ständige Aufrechterhaltung auflösen, wie kann es dann geschehen, daß das Plasma und der Schleimpilz ganz spontan höhere Ordnungsformen entwickeln? Wie können neue Muster und Strukturen auftreten und heranreifen, und wie werden in nichtlinearen Systemen stabile Verhältnisse geschaffen? Sind diese Beispiele nicht mehr als isolierte Absonderheiten der Natur, oder muß der zweite Hauptsatz irgendwie modifiziert werden? Die Antwort auf diese Frage ist allgemein mit dem Namen des Nobelpreisträgers Ilya Prigogine (Autor von Büchern wie *Vom Sein zum Werden* und – mit I. Stengers – *Dialog mit der Natur*) verbunden.

Prigogine entwickelte eine Erweiterung oder Neuinterpretation der Wärmelehre, die besagt, daß der zweite Hauptsatz auch auf das Auftauchen neuartiger Strukturen hinweisen kann; er zeigt auf, wie Ordnung aus dem Chaos entsteht. Da wir uns Synchronizitäten als Muster vorstellen können, die spontan aus den

Zufälligkeiten und dem Chaos der Natur entstehen, liefern die Metaphern in Prigogines Werk interessante Einsichten in das Wesen sinnvoller Verbindungen.

Indem Prigogine die vollen Implikationen des zweiten Hauptsatzes aufdeckte, machte er deutlich, daß neue Formen und Ordnungen von Strukturen wachsen können, wo Materie- und Energieflüsse ein System außerhalb seines Gleichgewichtspunktes aufrechterhalten. Eines seiner Lieblingsbeispiele heißt die Bernard-Instabilität. Sie tritt auf, wenn ein Topf voll Wasser auf einem Herd erhitzt wird oder wenn heiße Luft in der Wüste winzige Sandkörnchen in die Nachtluft emporzieht. Wenn der Topf mit Wasser langsam erhitzt wird, wird die Wärme zuerst nach oben in das kühlere Wasser geleitet. Da sich die ganze Flüssigkeit im thermischen Gleichgewicht befindet, ist die Oberfläche des Wassers glatt und unbewegt. Wenn das Wasser am Boden des Topfes jedoch heißer und dadurch weniger dicht wird, versucht es emporzusteigen, während gleichzeitig das kühlere Wasser von oben her-

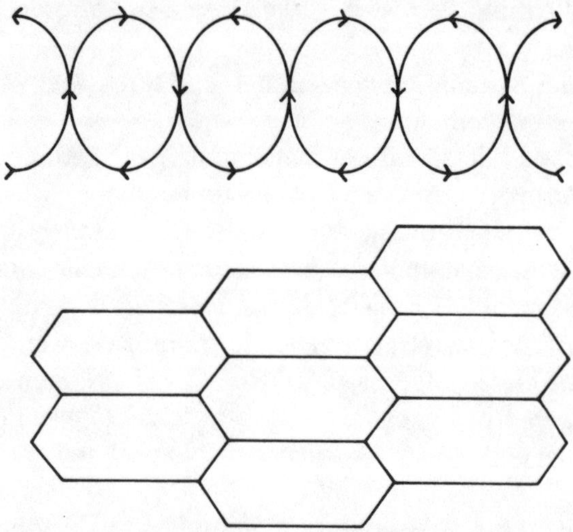

Ausgedehnte Konvektionsströme in einem erhitzten Topf Wasser formen sechseckige Zellen, die manchmal auf der Wasseroberfläche zu sehen sind, wenn man sie aus ganz spitzem Winkel betrachtet. Ähnliche Muster bilden sich im Wüstensand nach Abkühlung der Luft in der Nacht.

unterfällt. Unter dem Einfluß dieser konkurrierenden Strömc ist das Wasser jetzt nicht mehr im Gleichgewicht und besteht aus einer Mischung von Strömen, Wirbeln, Strudeln – ein Chaos hat sich eingestellt.

Wenn der Erwärmungsgrad weiter steigt, wird jedoch wieder ein kritischer Punkt erreicht, an dem das ganze System sich von der Unordnung zur Ordnung bewegt. Dies geschieht, wenn die Wärme durch willkürliche Bewegungen allein nicht mehr schnell genug verteilt werden kann und die winzigen Wirbel plötzlich in große Ströme verwandelt werden. Beinahe wie durch einen Zauber wechselt die zufällige Bewegung in der Flüssigkeit in eine Serie stabiler Konvektionsströme über, deren Resultat ein regelmäßig angeordnetes Gitter von sechseckigen Strömen ist. Diese Bernard-Zellen kann man manchmal an der Oberfläche einer sich abkühlenden Tasse Kaffee sehen, wenn man sie aus einem ganz spitzen Winkel betrachtet. Ähnliche Muster sieht man, wenn man abends über die Wüste fliegt. Ausgedehnte Konvektionsströme, die in die kalte Nachtluft emporsteigen, ziehen kleine Sandkörnchen mit sich hoch und lagern sie zu kleinen sechseckigen Hügeln ab. Für Prigogine ist das Einsetzen einer umfassenden Ordnung ein «spektakuläres Phänomen», denn Millionen und Abermillionen von Molekülen bewegen sich plötzlich nicht mehr ungeordnet, sondern kohärent – eine Erscheinung, die an die kooperative Bewegung der Zellen im Schleimpilz oder der Elektronen im Plasma erinnert.

All diese dissipativen Strukturen werden auf Kosten eines ständigen Energieverbrauchs oder Materieflusses aufrechterhalten und setzen daher große Entropiemengen in die äußere Umgebung frei. In diesem Sinne wird der zweite Hauptsatz niemals verletzt, denn alle dynamischen Strukturen, von kleinen Zellen bis hin zu großen Städten, laden ihre hoch entropiehaltigen Abfallprodukte in ihrer Umgebung ab. Unschwer lassen sich eine ganze Reihe solcher Beispiele in der lebenden und in der nichtlebenden Welt entdecken, so daß deutlich wird, daß unbelebte dynamische Strukturen sehr viel mit dem Leben selbst gemeinsam haben:

Termiten, die mit einem Stückchen Dreck auf der Erde herumlaufen, scheinen dies ziellos zu tun, bis ihre Bewegungen an einem bestimmten kritischen Punkt kooperativ werden und einer ihrer Hügel heranwächst, während die anderen vergessen werden – das erste Stadium des Nestbaues hat begonnen. Auf einer Stadtautobahn fühlt sich jeder Fahrer am frühen Nachmittag ungebunden und frei, seinen Wagen zu beschleunigen, die Fahrbahnen zu wechseln oder das Tempo zu verlangsamen, ganz wie er es wünscht. Aber während der Hauptverkehrszeit ist jedes Auto Teil eines einzigen Stromes: Jetzt wird der Fahrer vom Verkehr selbst vorangetrieben – eine stabile, dynamische, fließende Struktur ist entstanden.

Prigogine hat auch auf eine Reihe merkwürdiger chemischer Reaktionen hingewiesen, auf die sogenannten autokatalytischen Reaktionen, in denen schwingende Muster in Raum und Zeit entstehen. Diese Muster können bemerkenswert stabil sein, vorausgesetzt, daß ein angemessener Durchfluß frischer Reagenzen ermöglicht wird.

Die lebende Zelle ist ein hervorragendes Beispiel für eine dissipative Struktur; sie nimmt energiereiche Baumaterialien und Chemikalien aus ihrer Umgebung auf und gibt entropiereiche Abfallprodukte ab; sie ist so in der Lage, ihre Struktur und ihr Wachstum durch einen ständigen Erneuerungsprozeß aufrechtzuerhalten. Auf ähnliche Weise entstehen Großstädte aus einer ungeordneten Ansammlung von Dörfern und Siedlungen. Diese Städte erhalten sich dadurch, daß sie Rohstoffe aus ihrer Umgebung heranschaffen (zum Beispiel Energie, Menschen, Nahrung, Baumaterialien) und Abfälle abgeben. Die zur Aufrechterhaltung der dynamischen Struktur einer großen Stadt erforderliche Entropieherstellung entdecken wir in der Luft- und Wasserverschmutzung und dem Wachstum der Müllhalden und der Autofriedhöfe.

Aus der Sicht des zweiten Hauptsatzes sind die Stadt und die Zelle gleichermaßen lebendig. Die Stadt lebt nur durch ständigen Austausch mit ihrer Umgebung; die Umgebung fließt gewissermaßen durch die Stadt hindurch. Wenn diese beständige Erneuerung einmal endet, beginnt die Stadt zu sterben; ihr Zentrum ist ausgestorben, Dienstleistungen und Einrichtungen kommen zum Stillstand und schließlich verfallen selbst ihre Gebäude. Das «lebende Universum» zeigt sich somit in vielen verschiedenen Verkleidungen, und sinnvolle Muster tauchen überall in der Natur auf.

Struktur und Synchronizität

Die Strukturen der «linearen Welt» entstehen durch die Anordnung und Zusammenstellung von Elementen. Ziegelsteine werden in Reihen aufgetürmt und mit Zement verbunden, um eine Mauer zu bauen; Mauern wiederum werden aufgestellt, um ein Haus daraus entstehen zu lassen. Die einzelnen Teile eines Spielbaukastens werden miteinander verbunden und zusammengeschraubt, um Brücken und Türme zu bauen. In jedem dieser Fälle wird die endgültige Struktur aus einfacheren Teilen zusammengesetzt, ihre endgültige Form ist nicht in einem dieser Einzelteile vorhanden. Solche Strukturen können wir *Konstrukte* nennen, denn sie werden nach einem äußeren Entwurf und mit Hilfe eines Erbauers hergestellt. Das Haus erfordert Pläne; das Kinderspielzeug benötigt einen Akt menschlicher Phantasie. Der Sinn dieser statischen Strukturen liegt also außerhalb ihrer selbst und wird ihnen durch die Anordnung ihrer Teile auferlegt.

Im Gegensatz dazu können nichtlineare Systeme Formen entwickeln, die durch einen Vorgang ständiger Veränderung aufrechterhalten werden. Der Springbrunnen in der Mitte einer Stadt behält paradoxerweise seine Form bei, weil sie niemals dieselbe bleibt; sie wird ständig durch den Fluß des Wassers neu geschaffen. Jedes dieser dynamischen, nichtlinearen dissipativen Systeme ist daher ein Ausdruck des gesamten Systems und braucht keinen äußeren Konstruktionsakt, um ihm Leben zu verleihen. Es ist demnach ein autarkes System, und man kann sagen, *daß es einen eigenen Sinn enthält* oder – besser noch – daß es ein deutlicher Ausdruck *des Sinnes des gesamten Systems ist.* Keine äußeren Pläne oder Entwürfe sind nötig, und das Auftreten jeder neuen Form ist gewissermaßen von Anfang an stillschweigend oder verborgen als Entwicklungsmöglichkeit im Gesamtsystem vorhanden.

Jetzt können wir diese Gedanken benutzen, um ein Bild der Synchronizität zu zeichnen. Synchronizitäten entwickeln sich zu Mustern, die durch Zufall aus einem allgemeinen Hintergrund von Zufällen und Möglichkeiten entstehen und für die Person, die sie erfährt, einen tiefen Sinn enthalten. Oft geschehen diese Zufälligkeiten an kritischen Punkten im Leben eines Menschen und sind so zu verstehen, daß sie die Samen für sein künftiges Wachstum enthalten. Man könnte deshalb sagen, daß Synchronizität auch die sinnvolle Entfaltung latenter Leistungsreserven beinhaltet.

Sinn ist auch in den Formen und Strukturen enthalten, die in diesem Kapitel untersucht worden sind. Sie entstehen kollektiv aus scheinbar chaotischem oder individualistischem Verhalten. In jede von ihnen ist ein größeres Ganzes eingefaltet, und die Form entfaltet sich gleichermaßen über dieses Ganze hinweg. Jede Struktur entsteht an einem kritischen Punkt, in einem Augenblick, in dem ihre Entwicklungsmöglichkeiten zunächst embryonal sind und dann zu lebendiger Form erblühen. Keine äußeren Pläne oder Baumeister sind nötig, um diese Muster zu erschaffen, denn sie sind ein Ausdruck ihres eigenen Sinnes, wenn sie aus dem sie umgebenden Chaos auftauchen.

Die besonderen dynamischen Strukturen dieses «lebenden Universums» verdanken ihre Existenz alle einem größeren Ganzen, das letztendlich das gesamte Universum sein mag. Für diese Systeme ist es charakteristisch, daß sie aus einem zugrunde liegenden Urgrund entstehen, eine Zeitlang dauern und dann zurückfallen in diesen Urgrund. Wenn wir dieses Phänomen als Bild für den «Geist» benutzen, erinnert es an die Gefühle der Weite und Ganzheit und an die Auflösung des Ego, die gewisse transzendente Zustände begleitet. Für den Mystiker hat das Ego keine primäre Wirklichkeit aus sich selbst, sondern ist lediglich ein Muster, das für eine bestimmte Zeit innnerhalb des Unerkennbaren auftaucht.

Die in diesem Kapitel verwendeten Bilder zeigen, daß das Bewußtsein eine besondere Art Sinn enthalten könnte, der aus einem tieferen Grund hervorgeht und von diesem erhalten wird. Wie dissipative und nichtlineare Strukturen könnte auch der Geist das ganze Wesen dieses Urgrundes eingefaltet in sich enthalten. So repräsentieren die sinnvollen Muster der Synchronizität, die sich sowohl in der Materie als auch im Geiste zeigen, die Entfaltung einer tieferen Ordnung, die über den Unterschied zwischen beiden hinausgeht. Synchronizität ist deshalb der Ausdruck des Potentials oder des Sinnes, der in einem bestimmten Punkt der Existenz vorhanden ist. Sie wirkt als Hinweis auf den Sinn, der in einem individuellen Leben, einer Beziehung oder in einem historischen Augenblick verborgen ist. Für Helmut Wilhelm klingt ein historischer Moment wie ein einziges Glockenspiel, dessen Sinn nur in «immanenten Kräften» entdeckt werden kann. Könnten diese immanenten Kräfte ein Ausdruck des gesamten Universums sein, des materiellen und des nichtmateriellen?

Diese Bilder für die Synchronizität sollen Wegweiser entlang der Straße sein, die in den folgenden Kapiteln zu den Vorstellungen des Archetyps, des Psychoiden, der impliziten Ordnung und der uneingeschränkten Kreativität führt. An diesem Punkt ist jedoch eine Warnung nötig: Wenn wir Analogien zwischen Synchronizität und dissipativen, nichtlinearen und kooperativen Strukturen herstellen, so sollte man dies nicht so auffassen, als sei damit ein neue Art Reduktionsismus beabsichtigt, in der Synchronizität und Geist zum Beispiel in der Form der Mathematik nichtlinearer Differentialgleichungen erklärt werden sollen. Es gibt gegenwärtig eine Denkrichtung, die darauf hinausläuft, daß die ungewöhnlichen und seltsamen Phänomene der modernen Physik als Grundlage oder Rechtfertigung für Mystizismus, für das Paranormale und für die Religionen des Fernen Ostens benutzt werden. Diese Denkweise impliziert einen Reduktionismus, in dem Geist durch Heranziehung von Teilchen erklärt wird, die sich mit größerer als Lichtgeschwindigkeit bewegen, oder durch den Zusammenbruch der Wellenfunktion. Statt auf Billardkugeln wie bei Herrn Newton soll hier eine neue Weltanschauung auf Quantenfluktuationen gegründet werden!

Dieses Buch will nur deutlich machen, daß unser Denken immer noch im Bann des Newtonschen Erbes steht, was zu einer Naturbetrachtung im Sinne linearer Kausalität führt, in der alle Phänomene auf ihre einfachsten Bestandteile zurückgeführt werden. Angesichts dieses vorherrschenden Weltbildes wird es extrem schwierig, der Synchronizität den ihr zukommenden Platz zuzuweisen. Wenn die Naturwissenschaft jedoch neue Wege beschreitet, dann läßt sich ein Ansatz entwickeln, der mit dem synchronistischen Denken vereinbar ist. Es geht hier also nicht darum, die Naturwissenschaft zu gebrauchen, um Synchronizität zu *erklären,* sondern eine Haltung zu entwickeln, in der beide widerspruchslos koexistieren können. Es ist dann sozusagen nicht mehr nötig, im Laboratorium einen Hut zu tragen und sonntags einen anderen. Somit können wissenschaftliche Naturbeschreibungen, die der «Geistesökologe» Gregory Bateson «Nur-so-Geschichten» nennt, ihren Platz zwischen den Darstellungen der Religion, der Kunst und der Psychologie einnehmen und gleichzeitig eine Erhellung des Wesens der Synchronizität bieten.

Zusammenfassung

Die Beispiele in diesem Kapitel wurden dem «lebenden Universum» entnommen und umfassen alles vom Ökosystem des Schleimpilzes und des menschlichen Körpers bis hin zur einzelnen Zelle und zu der sich ausbreitenden Großstadt. Auffallende Parallelen wurden zwischen diesen organischen Systemen und dem kooperativen, neu entstehenden Verhalten des Elektronengases, der Suprafüssigkeit und der nichtlinearen und dissipativen Systeme entdeckt. In jedem Falle entstehen neuartige Formen an bestimmten kritischen Punkten, und neue Ordnungsformen sind im Chaos enthalten. Jedes dieser Systeme zeigt eine kraftvolle Beziehung zwischen dem Ganzen und seinen Teilen; im Falle des Solitons zum Beispiel konnten wir davon ausgehen, daß das Ganze eines Systems in jedem seiner einzelnen Elemente enthalten ist. Die Vorstellung, daß sich neuartige Muster aus einem allgemeinen Hintergrund von scheinbarem Chaos entfalten, ist von großer Aussagekraft in Hinsicht auf die Synchronizität, insbesondere, wenn die Form dieser Strukturen eine Funktion ihres Sinnes darstellt. In den folgenden Kapiteln soll das innere Wesen dieser verschiedenartigen Muster und Gesetzmäßigkeiten, die mit ihrer Entfaltung verbunden sind, erforscht werden.

4. Muster von Geist und Materie

Die besondere Eigenart einer Synchronizität liegt darin, daß sie gleichzeitig ein einzigartiges, einmaliges Ereignis und die Manifestation einer universellen Ordnung darstellt. Eingebettet in den zeitlichen Augenblick, zeigt eine Synchronizität ihr transzendentes Wesen. In dieser Beziehung zwischen der transzendenten und der zufälligen Anordnung geistiger und physischer Ereignisse liegt die numinose Bedeutung der Synchronizität.

Wir haben uns von der mechanistischen Ordnung des zweiten Kapitels entfernt und neuartige Muster und Strukturen entdeckt, die in einer organischen Anordnung aus dem Hintergrund von anscheinend chaotischen Bewegungen auftauchen. In diesem Kapitel werden wir die inneren Strukturen dieser Muster erforschen, um die tiefere Ordnung aufzudecken, die in jedem einzelnen Augenblick der Zeit und in den kausalen Verbindungslinien im Leben eines Menschen enthalten sind.

Die Verarbeitung der Welt

Jede Lebenserfahrung beginnt mit der einzigartigen Würze des Augenblicks. Die Ereignisse in unserem Leben sind wie die Marmorklötze eines Bildhauers – wir werden von ihrer Einzigartigkeit gefangengenommen und erkennen ihren jeweiligen Sinn durch unsere Sinne. Für den Bildhauer ist jeder Stein anders, er muß seine Stärken und Schwächen kennenlernen und herausfinden, in welche Richtungen er ihn formen kann und wohin dies führt.

Die Art, wie unser Geist und unser Körper die Welt um sie herum erfassen, ist beinahe mit Händen zu greifen. Ähnlich wie ein Kleinkind lernt, indem es die Gegenstände, die ihm begegnen, in den Mund nimmt, so kosten auch wir die Ereignisse je nach ihrer individuellen Bedeutung. Wir greifen mit unseren Sinnen hinaus, um die Welt zu umschlingen und sie in unseren Gedanken zu verdauen. In diesem Sinne sind persönliche Erfahrungen in ihrem Wesen beinahe synchronistisch, denn es geht dabei immer um *die Art, wie die Dinge zusammen geschehen.*

Jeder einzelne Augenblick ist erfüllt von Sehenswertem, von Geräuschen, von Geschmack, Gerüchen und Berührungsreizen. An eine Geburtstagsfeier der Kindheit erinnern wir uns durch den Geschmack von Süßigkeiten, das Gefühl der festlichen Kleidung, das Muster des Einwickelpapiers und das schlaftrunkene Gefühl, nach Hause gefahren zu werden. Jedes einzelne Element ist Teil dieses einzigartigen Augenblicks, und ihre Verbindung miteinander kann man nicht lösen, ohne gleichzeitig den eigentlichen Kern des Erlebnisses zu zerstören. Ähnlich haben Synchronizitäten ihren Ursprung in den Verknüpfungen geistiger und physischer Geschehnisse, die für den, der sie erfährt, ein starkes Gefühl für ihren Sinn beinhalten. Diesen Sinn kann man sowohl in der Einzigartigkeit der Beziehung als auch in der dahinterliegenden, universellen Ordnung finden.

Erfahrungen beginnen mit der Unmittelbarkeit der besonderen Ereignisse. Wie ist es möglich, über diese Ereignisse hinauszublikken und die tiefere Ordnung zu erkennen, die ihnen zugrunde liegt? Für den Bildhauer ist jeder Marmorblock etwas Lebendiges, das eine eigene einmalige Geschichte zu erzählen weiß. Für den Wissenschaftler jedoch ist jeder Block eine Manifestation derselben allgemeinen Ordnung. Gleichgültig, wie sehr sich die Oberfläche und die Form dieser Steine voneinander unterscheiden, der Wissenschaftler ist sich immer noch desselben innewohnenden Kristallgitters, das ihnen ihre Form verleiht, und auch der elektronischen Struktur der sie bildenden Atome unterhalb dieses Gitters bewußt. In jeder zufälligen Form der Natur berührt der Wissenschaftler etwas Universelles. Nichts könnte sich mehr von einem Marmorblock unterscheiden als ein reifer Apfel, ein fliegender Tennisball oder der kreisende Mond – und doch wird jeder beherrscht von den Gesetzen Newtons und unterliegt derselben universellen Anziehung durch die Schwerkraft. Newtons Erfolg lag in seiner Einsicht und in seiner Fähigkeit, hinter die Oberfläche der Erscheinungen zu blicken und dort die universelle Ordnung zu entdecken, die aller Materie innewohnt.

Ob Wissenschaftler sich nun mit den Flugbahnen der Newtonschen Teilchen, mit den Interferenzmustern der Hamilton-Jacobi-Wellen oder mit den Nichtlinearitäten eines Quantenfeldes beschäftigen, ist hier nicht wichtig. Es geht allein um die erstaunliche Kraft der wissenschaftlichen Abstraktionen, die Oberfläche der Natur zu durchdringen und ihre inneren Beziehungen aufzudekken. Diese Naturgesetze offenbaren sich in den Ordnungen, den Strukturen, Zusammensetzungen und Umwandlungen von Materie und Energie; sie sind jedoch ihrerseits wieder Abstraktionen und müssen deshalb in der materiellen Welt der Raum-Zeit, der Materie und der Energie verwirklicht werden. Wenn nun solche Gesetze in den Mustern und in dem Verhalten der Materie immanent enthalten sind, können nicht noch andere, tiefere Gesetze existieren, die sich sowohl in der Materie als auch im Geist manifestieren? Eine Synchronizität würde demnach die Verschmelzung von inneren und äußeren Ordnungen in dem Moment darstellen, in dem die äußere Oberfläche und der innere Geist zusammentreffen.

Wenn wir allerdings physikalische Gesetze so verstehen, als ob sie irgendwie in der Materie vorhanden seien, so sieht das wie ein logischer Fehlschluß aus. Die Behauptung, daß zum Beispiel das zweite Gesetz der Thermodynamik das Ablaufen einer Uhr oder das Rosten eines Automobils *verursache,* scheint genauso absurd zu sein wie die Annahme, daß ein Baseballbericht tatsächlich über den Stand des Spieles *entscheidet.* Die Wissenschaft hat ihre Gesetze immer als mathematische Abstraktionen verstanden, als Beschreibungen, die aus dem Geschehen folgen und nicht als Gesetze im juristischen Sinne, die künftiges Verhalten bestimmen und leiten. Deshalb klingt es absurd, von diesen Gesetzen so zu sprechen, als seien sie in der Materie *manifest* oder *verwirklicht* und spielten dort eine formative Rolle.

Aber angenommen, diese orthodoxe Sicht der Wissenschaft wäre streng begrenzt, angenommen, daß tatsächlich irgendwo solch ein bildendes und ordnendes Prinzip innerhalb des Universums wirkt. Ein solches Prinzip würde dahin wirken, die neuartigen Formen und Strukturen der Natur hervorzubringen; es wäre die treibende Kraft hinter allen Mustern aund Verbindungen. Sicher müßte ein solches Gestaltungsprinzip sich deutlich von dem unterscheiden, was wir normalerweise «Naturgesetz» nennen – eine Abstraktion und Verallgemeinerung wissenschaftlicher Erfahrung. Aber was könnte es dann sein, dieses Prinzip des Lebens und der Entwicklung, das sich so radikal von den üblichen Gesetzen der Physik unterscheidet?

Der Physiker John Wheeler hat das Dilemma in einer Diskussion mit Paul Buckley und mir besonders anschaulich dargestellt:

> Stellen Sie sich vor, daß wir den Teppich in diesem Raum hochnehmen, einen großen Bogen Papier auf den Fußboden legen und ihn in Quadrate mit 30 cm Seitenlänge einteilen. Dann setze ich mich hin und schreibe in ein Quadrat meine besten Gleichungen für das Universum, und Sie machen sich daran und schreiben Ihre auf, und dann bringen wir die Leute, die wir am meisten respektieren, dazu, ihre Gleichungen aufzuschreiben, so lange, bis alle Quadrate voll sind. Inzwischen haben wir uns bis zur Zimmertür vorangearbeitet. Jetzt winken wir mit unserem Zauberstab und geben allen Gleichungen den Befehl: «Flügel anlegen und wegfliegen!» Keine von ihnen wird fliegen! Es muß aber doch irgendeinen Zauber in unserem Universum geben, der mit all den Vögeln und den Blumen und den Bäumen und dem Himmel fliegen kann. Welch zwingende Eigenschaft haben die Gleichungen hinter dem Universum, das sie befähigt, Flügel anzulegen und zu fliegen?[1]

Die Gleichungen der Physik werden natürlich niemals Flügel bekommen und fliegen, denn sie sind einfache mathematische Beschreibungen, gedankliche Abstraktionen. Angenommen, diese

Gesetze seien selbst die mathematischen Ausdrücke von etwas, das bisher nur undeutlich begriffen worden ist. Was wäre, wenn die Naturgesetze – diejenigen Gesetze, die wirklich fliegen – nicht einfach Abstraktionen aus der Erfahrung wären, sondern innerhalb der Welt des Geistes die Verwirklichung eines schöpferischen, fruchtbaren und formativen «Etwas» darstellten, das jenseits der Mathematik, der Sprache und des Denkens liegt?

Diese schöpferische Kraft kann nicht nur innerhalb der geistigen oder materiellen Welt existieren; eher hat sie ihren Platz in einem bisher noch unerforschten Grund, der jenseits der Unterschiede von Geist oder Materie liegt. Das Wesen und der Name dieser schöpferischen Kraft wird später in diesen Buch besprochen werden; im Moment bezeichnen wir sie als «objektive Intelligenz» oder «schöpferische Ordnungskraft», die sich sowohl im geistigen als auch im physikalischem Bereich manifestiert. Normalerweise wird diese Ordnungskraft nur undeutlich erfaßt; innerhalb des Wirkens einer Synchronizität kann sie aber unmittelbar begriffen werden, denn sie läßt ein Gefühl für die unter allen Erscheinungen liegende Einheit und Integration entstehen, die innerhalb der Natur und des Lebens eines Menschen möglich ist.

Die Muster der Materie

Um zu verstehen, was eine «objektive Intelligenz» alles umfassen könnte, die ein dynamisches Ordnen von Materie und Geist zur Folge hat, sollten wir zuerst an spezifischere und konkretere Ordnungsformen denken – an die Muster und Symmetrien, die sich in der natürlichen Welt zeigen. Denken wir zum Beispiel an die fünffache Symmetrie eines Seesterns, an die sechsfache Symmetrie einer Schneeflocke, die doppelseitige Symmetrie eines Blattes, eines Fisches oder des menschlichen Körpers, die Anordnung der Verästelungen des Seetangs, das spiralige Wachstum des Horns eines Widders oder einer Nautilusmuschel. Zweifellos besitzt jeder dieser Gegenstände eine grundlegende Ordnungsform, die sich auf die Art bezieht, in der sie im Raum ihren Platz einnehmen und wachsen.

Die doppelseitige Symmetrie einer Violine, eines Dreiecks, eines Ahornblattes, eines menschlichen Gesichtes und eines Schmetterlings kann man beobachten, wenn die linke Seite des Objektes sich auf der rechten Seite widerspiegelt. Dies ist eine sehr grundlegende Form der Symmetrie, die einen Ausgleich der Massen und Kräfte und eine Verdoppelung der Organe ermöglicht. Demgegenüber besitzen die Fensterrosette einer Kathedrale, das Gänseblümchen, der Seestern und die Schneeflocke eine Rotationssymmetrie, die bewirkt, daß eine gedachte Drehung des Gegenstandes ihn in genaue Übereinstimmung mit sich selbst bringt.

Die Verzweigung von Baumwurzeln, das Delta eines Flusses, das Innere einer Lunge und ein Stück Seetang – sie alle sind das Ergebnis immer feinerer Aufteilungen während des Wachstumsprozesses. Diese Eigenschaft eines baumähnlichen Wachstums ist auch bei dem exponentiellen Anwachsen binärer Entscheidungen innerhalb des Suchprogramms eines Computers zu beobachten. Ordnen durch Wachstum finden wir auch in den Mustern der Samenkörner in einer Sonnenblume und in den Krümmungen von Muscheln und Gehörnen. Wenn diese Ordnung auch subtiler aussehen mag als die Drehungssymmetrie einer Blume, folgt sie dennoch unausweichlich einem einfachen Wachstumsgesetz. In diesem Falle wirkt sich die numerische Fibonacci-Reihe aus, die während der Renaissance entdeckt wurde und sich auf die soeben erwähnten Formen des Wachstums anwenden läßt – genauso wie auf die Zunahme eines Bestandes von sich vermehrenden Kaninchen oder auf das unregelmäßige Fliesenmusters eines Fußbodens.

Jede dieser Symmetrien entsteht aus der Art, wie die Materie den Raum in Anspruch nimmt und wie sich Atome und Moleküle miteinander verbinden, aus den geometrischen Strukturen, die den Energieaufwand möglichst gering halten, und aus dem Ausgleich der Kräfte. Aus diesem Grunde kann die gleiche räumliche Symmetrie solch einer großen Vielfalt unterschiedlicher Strukturen zugrunde liegen, und deshalb sehen sich Fotografien natürlicher oder von Menschen geschaffener Gegenstände so ähnlich, wenn sie in vielen verschiedenen Größen aufgenommen werden. Die materielle Grundlage jedes Gegenstandes kann so verschieden voneinander sein wie eine Seifenschicht von einem Stahlseil, wie Collagen von Beton, wie Knochen von Aluminium. In jedem dieser Fälle werden aber die verschiedenen Strukturen durch die gleiche, ihnen zugrunde liegende Symmetrie miteinander verbunden.

Die hier erwähnten Symmetrien könnten alle ihrem Wesen nach *konstitutiv* genannt werden, denn sie entstehen innerhalb der Konstitution der Gegenstände selbst. Die Muster in einem Bienenstock entstehen dadurch, daß Sechsecke zusammengestellt werden; die Struktur eines Diamanten wird dadurch festgelegt, daß sich Kohlenstoffatome unter dem Einfluß der zwischen ihnen wirkenden atomaren Kräfte in besonderer Weise im Raum anordnen. Die Flügelknochen eines Vogels entstehen aus dem Gleichgewicht zwischen Stabilität und Leichtigkeit.

Diese Symmetrien sind aber auch *deskriptiv*, denn sie sind Bilder des Verstandes. Keine Symmetrie in der Natur ist vollkommen ideal, denn die Strukturen werden durch ihre Umgebung beeinflußt, und wachsende Gegenstände unterliegen Mißgeschicken und Übergriffen. Dennoch reagieren wir sofort auf die Symmetrie, die sich in einer besonderen Form zeigt, oder nehmen die komplexeren Ordnungen wahr, die in einem Tanz, einem Gedicht, einer Skulptur oder einem Musikstück gegenwärtig sind.

Unser Geist ist in der Lage, außerordentlich subtile Formen von Ordnung und Symmetrie zu erdenken und diese auf die Natur zu übertragen. Somit haben alle in diesem Abschnitt besprochenen Symmetrien zwei Seiten, denn sie sind sowohl *konstitutiv* als auch *deskriptiv*. Sie sind deskriptiv und subjektiv, weil ihre gesamte Ordnung unmittelbar im Geiste des Beobachters wahrgenommen wird; sie sind aber auch objektiv und konstitutiv, weil diese Symmetrien ein wesentlicher Bestandteil der Beschaffenheit materieller Gegenstände sind. Diese Dualität von objektiven und subjektiven Aspekten von Mustern und Symmetrien ist auch ein immer wiederkehrendes Thema bei der Erörterung der Synchronizität, da sie noch einmal deutlich macht, wie sich aus der Kreuzung der inneren und der äußeren Aspekte, der geistigen und der physischen Seiten, der Sinn der Geschehnisse in der Natur bildet.

Gebrochene Symmetrien

Die oben erörterten Symmetrien sind verhältnismäßig unkompliziert. Erst wenn wir abstraktere Symmetrien untersuchen, die mit den Elementarteilchen und mit dem Bewußtsein verbunden sind, nähern wir uns dem Gebiet der objektiven Intelligenz und der schöpferischen Ordnung. Einer der kraftvollsten Aspekte der Symmetrie, der in der Physik in den letzten Jahrzehnten erforscht worden ist, ist der einer gebrochenen Symmetrie, der einen Weg zu den Archetypen und den immanenten Ordnungen eröffnet, die wir in diesem Kapitel noch untersuchen werden.

Stellen wir uns zunächst vor, daß der oben erwähnte Seestern bei einem Unterwasserkampf angegriffen und verletzt wurde. Ein einzelner Arm des Seesterns treibt mit der Flut herein und bleibt am Strand liegen. Was kann daraus in bezug auf die ursprüngliche Symmetrie gefolgert werden, die dem unversehrten Lebewesen eigen war? Für sich genommen hat der Arm ein laterale Symmetrie, denn die linke Seite entspricht der rechten Seite. Aber die Rotationssymmetrie, die wesentlich ist für die Beschaffenheit des Seesterns, ist jetzt verlorengegangen; sie wurde in dem Kampf regelrecht zerstört, und der klare Umriß des einzelnen Armes wird nie erkennen lassen, was eigentlich fehlt.

Wir können uns eine Vielzahl ähnlicher Beispiele verlorener Symmetrie vorstellen, in denen eine Struktur angegriffen, beschädigt oder so sehr verändert wird, daß die räumliche Selbstentsprechung ihrer ursprünglichen Form zerstört wird. Es ist so, als wenn ein Puzzlespiel, das ein bestimmtes Bild wiedergab, auseinandergebrochen wurde und seine Teile jetzt ständig auf einem Tisch vermischt würden. Jedes Stück des Puzzlespiels zeigt uns einen kleinen Ausschnitt des gesamten Bildes; aber nur durch einen Zufall würden alle Teile für einen Augenblick genau in der richtigen Anordnung zusammenkommen und die vollständige Symmetrie des ursprünglichen Bildes zeigen.

Kann dieses Beispiel eines Puzzlespiels mit einer gebrochenen Symmetrie, die für einen Augenblick durch die zufällige Anordnung seiner Einzelteile wiederhergestellt wird, als brauchbare Metapher für Synchronizität dienen? Sicher nicht, denn solch ein Muster wird ebenso schnell zerstört, wie es aufgebaut wird. Es ist rein deskriptiv in der Art, wie es aus seinen Bestandteilen entsteht, falls nicht beispielsweise jedes Teil fest mit seinen Nachbarteilen verbunden ist. Synchronizität ist mehr als lediglich eine zufällige Anordnung nicht verbundener Teile zu einem Muster, denn sie schließt eine Verbindung des Individuellen mit dem Allumfassenden ein und entsteht aus dem Wirken eines tiefergreifenden Prinzips, das Elemente zu einem grundlegenden Muster zusammenfaßt.

Einen Hinweis darauf, wie ein derartiges Prinzip arbeiten könnte, können uns die Symmetrien bieten, die auf *dynamische* und nicht auf *statische* Weise wirken. In diesen Fällen bilden sich Form und Muster mit dem Wachstum und der Entwicklung des Systems heraus, so daß es möglich ist, daß Symmetrien gestört und dann wiederhergestellt werden, da sich eine Struktur verändert und ihre Einzelteile sich voneinander trennen und wieder neu zusammenfinden. Mit anderen Worten: Aus einem anscheinend chaotischen Hintergrund kann so etwas wie eine Symmetrie als Folge eines zugrundeliegenden Symmetrieprinzips entstehen.

Bei dem Beispiel des Puzzlespiels ist jedes Element des Bildes auf einem bestimmten Einzelteil explizit vorhanden. Wenn das Spiel auseinandergebrochen wird, ist daher das gesamte Bild verlorengegangen und nur kleine, einzelne Ausschnitte sind übriggeblieben. In diesem Fall ist das *Ganze nicht mehr als die Summe seiner Teile*. Im vorigen Kapitel wurden jedoch Systeme besprochen, in denen *das Ganze in jeden einzelnen Bestandteil eingefaltet ist*, so daß jeder Aspekt des Systems gleichzeitig «global und lokal ist», also sowohl allumfassend als auch auf den jeweiligen Ort bezogen. Es kann daher sein, daß eine Symmetrie explizit gestört ist und dennoch auf implizite und eingefaltete Weise vorhanden ist. Diese verborgene Symmetrie wird daher einen prägenden Einfluß auf das Verhalten und die Entfaltung jedes einzelnen Elementes ausüben. Symmetrien haben in diesem Sinne ein *konstitutives* Potential, da sie Bewegung und Entwicklung jedes Einzelteils des Gesamtsystems steuern. Wenn aus einem System eine explizite Symmetrie entsteht, geschieht dies nicht durch Zufall wie beim Puzzlespiel, sondern aus dem eigentlichen Wesen und der

Gesamtexistenz des Systems heraus. Wenn derartige Symmetrien und Muster sowohl in die Materie als auch in den Geist eingefaltet sind, dann könnte man sich die Synchronizität als die gleichzeitige Entfaltung einer gebrochenen Symmetrie vorstellen.

Mit mehreren Beispielen solcher dynamischen, gebrochenen Symmetrien haben wir uns schon beschäftigt. In jede Zelle des Schleimpilzes ist das Muster des kriechenden wegschnecken-ähnlichen Gebildes enthalten. Diese «Schnecke» stellt eine Synchronizität dar, eine kollektive Form, die sich aus den zugrunde liegenden Mustern entwickelt, die in jede einzelne Zelle eingefaltet sind. Gleichermaßen treten für die Physiker die Plasmaschwingungen eines Metalls aus einer gebrochenen Symmetrie hervor. Die ursprüngliche volle Symmetrie war in den Wechselwirkungen des elektromagnetischen Feldes vorhanden, das sich von jedem Elektron aus symmetrisch in alle Richtungen des Raumes ausdehnt. Diese Symmetrie wird durch die ziellosen Bewegungen und Wechselwirkungen des Elektronengases gebrochen. Bei einer gewissen kritischen Energie beginnt das Gas jedoch insgesamt zu schwingen und zeigt damit eine neue Symmetrie in seiner Bewegung, die die vorher gebrochene Symmetrie der elektromagnetischen Wechselwirkung teilweise wiederherstellt.

Auf ähnliche Weise wird die Homogenität des Raumes gebrochen, wenn sich in einem Metall ein Atomgitter bildet. Auch wenn dieses Gitter seine eigene bestimmte Symmetrie besitzt, hat es nicht die totale Rotations- und Translationssymmetrie des leeren Raumes, weil bestimmte Richtungen und Stellungen durch die besondere Anordnung der Atome ausgesondert werden. Dennoch ist die ursprüngliche volle Symmetrie immer noch unerkennbar in dem Gitter vorhanden. Auch wenn einiger mathematischer Aufwand nötig wäre, um den Grund hierfür aufzuzeigen, hat die «eingefaltete Symmetrie» dennoch eine formende Wirkung auf das Gitter und zeigt sich durch die kooperative Schwingung der Gitteratome, durch das, was die Physiker «Phonone» nennen. Eine noch komplexere Manifestation verborgener Symmetrie tritt dann auf, wenn das Elektronengas und die Gitterschwingungen sich miteinander verbinden und in großem Rahmen das Verhalten eines Supraleiters mit seiner Wellenfunktion von globalen Ausmaßen zeigen.

Im ersten Kapitel war es Paulis Ausschließungsprinzip, das den subtilen Tanz der von einem »akausalen Verbindungsprinzip» gesteuerten Elektronen erklärte. Symmetrie und Muster sind auch hier nicht ausdrücklich in irgendeinem Teil des Systems vorhanden, sondern treten durch dessen Gesamtverhalten zutage. Die Wirkungsweise der gebrochenen Symmetrien hat daher eine formative und eine konstitutive Seite; sie repräsentieren ein Potential, das die Objekte zu bestimmten Mustern und Bewegungen zusammenführt. Diese dynamischen, gebrochenen Symmetrien führen uns aus dem Bereich der statischen Strukturen mit eindeutiger Raumsymmetrie in eine Welt, in der sich Muster entfalten, die sich als ein Tanz in Raum und Zeit darstellen. In den folgenden Kapiteln werden wir diese gebrochenen Symmetrien, mit denen sich die neuesten Forschungen der modernen Physik beschäftigten, nutzen, um eine Analogie zu den «immanenten Kräften» der alten Chinesen zu entwickeln, die sich im *I Ging* als bedeutungsvolle Gruppierungen offenbaren.

Abstrakte Symmetrien

Zu Anfang dieses Jahrhunderts war es üblich, von den Elementarteilchen als den «Bausteinen der Materie» zu sprechen. Damals glaubte man, daß die Materie aus Atomen besteht, die von einem winzigen Kern gebildet werden, der von einer Wolke von Elektronen umgeben ist. Den Kern wiederum dachte man sich aus Protonen und Neutronen aufgebaut, so daß sich die gesamte Natur in drei Elementareinheiten zerlegen ließ – das Elektron, das Proton und das Neutron. Mit den Gesetzen der Quantentheorie konnte man Moleküle, Gase, Flüssigkeiten und feste Stoffe rekonstruieren, indem man diese Bestandteile miteinander kombinierte.

Als man jedoch die innere Struktur des Atomkerns genauer untersuchte, entdeckte man eine ganz neue Generation von Elementarteilchen. Es stellte sich heraus, daß Mesone für die starken Kräfte verantwortlich sind, die zwischen den Kernteilchen wirken. Diese Symmetrie, die bei gewissen Kernspaltungen zu erkennen war, führte Pauli zu dem Vorschlag eines masselosen, nichtgeladenen Neutrino. Als die Experimente immer verfeinerter wurden und die Beschleunigungen der Teilchen zu immer höheren Energien hochgetrieben wurden, stieg die Zahl von neu entdeckten Elementarteilchen von fünf oder zehn auf beinahe einhundert. Diese Vermehrung der Teilchen warf ein beträchtliches Problem auf: Wenn man annimmt, daß die Natur in ihren fundamentalen Strukturen einfach ist, warum stellen dann ihre «elementaren Bausteine» einen wahren Zoo verschiedener Teilchen dar? Irgend etwas an dieser Vorstellung von der «untersten Stufe der Realität» war ganz offensichtlich falsch.

Kurz vor seinem Tode erklärte Werner Heisenberg, der Begründer der Quantentheorie, das wahrhaft Grundlegende in der Natur seien nicht die Teilchen selbst, sondern die Symmetrien, die ihnen zugrunde liegen. Diese grundlegenden Symmetrien könnte man sich als die Archetypen aller Materie und als den Urgrund aller materiellen Existenz vorstellen. Die Elementarteilchen selbst wären einfach *materielle Verwirklichungen* dieser ihnen zugrunde liegenden Symmetrien.

Heisenberg meinte also, daß die letzte Realität nicht in Elektronen, Mesonen und Protonen zu finden sei, sondern daß sie jenseits davon liegt, in abstrakten Symmetrien, die in der materiellen Welt zum Ausdruck kommen und die als wissenschaftliche Nachkommen der Ideenlehre Platons gelten könnten. Obwohl die Vorstellung von einer «letzten Wirklichkeit» viele Fragen aufwirft, ist es sicher möglich, den Gedanken an diese abstrakten Symmetrien zu akzeptieren oder – besser noch – die Prinzipien, die ihnen zugrunde liegen. Es ist also so, daß diese Symmetrien zusätzlich zu ihrer *konstitutiven* und *deskriptiven* Rolle auch noch eine immanente und *formative* Rolle spielen, die für die äußeren Formen der Natur verantwortlich ist. Könnte es möglich sein, daß die archetypischen Symmetrien dieser Natur sich auch in den inneren Strukturen des Geistes ausdrücken?

Die Symmetrien der Elementarteilchen unterscheiden sich deutlich von den statischen Symmetrien, die eine Fensterrosette, eine Schneeflocke oder einen Seestern zeigen; denn sie existieren nicht in einzelnen Gegenständen, sondern in der Art, wie die Elementarteilchen zusammengefügt werden können und eines mathematisch in das andere umgewandelt werden kann. Hierdurch werden diese Symmetrien den gebrochenen und kollektiven Symmetrien des vorhergehenden Abschnittes ähnlich, denn sie sind nicht in einem Objekt deutlich zu erkennen, sondern existieren dank der zwischen ihnen vorhanden «Familienähnlichkeiten».

Diese neuen Symmetrien sind aber weit abstrakter als alles, womit wir uns bisher beschäftigt haben; sie können nämlich nicht unmittelbar mit den Eigenschaften von Raum und Zeit in Verbindung gebracht werden. Nehmen wir zum Beipsiel eine vertraute Eigenschaft, nämlich den Spin des Protons oder Elektrons, eine der Quanteneigenschaften, die die Symmetriemuster der Elementarteilchen ermöglichen. Auf den ersten Blick stellen wir uns eine kleine Kugel vor, die im Raum kreiselt. Es ist natürlich klar, daß eine solche vereinfachende Erklärung – eine kreiselnde Kugel – nicht auf Quantenteilchen angewendet werden kann; ja, man kann genaugenommen nicht einmal davon reden, daß ein Proton oder ein Elektron überhaupt irgendwelche Dimensionen hat. Alle mathematischen Übertragungen der Wellenfunktion eines Protons sehen vielmehr so aus, als seien sie irgendwie einer kreiselnden Bewegung analog. Das Proton kreiselt nicht – seine mathematische Wellenfunktion überträgt sein Verhalten einfach auf eine Weise, die der mathematischen Beschreibung einer kreiselnden Kugel entspricht.

Das abstrakte Wesen der Elementarteilchensymmetrien führt aber noch weiter: Zusammen mit der kreiselnden Bewegung des Protons gibt es einen anderen Quantenfaktor, der *Isospin* genannt wird. Das Proton kreiselt nicht nur – in einem mathematischen Sinne – ohne irgendwelche Ausdehnung im Raum, es hat sogar noch eine zweite Art Kreiselbewegung, die überhaupt nicht im Raum stattfindet, sondern in einem abstrakten Isoraum. Folglich hat das Proton nicht nur eine Kreiselbewegungen, ohne zu kreiseln – es hat sogar noch eine zweite Kreiselbewegung, die in einem Raum stattfindet, der überhaupt kein Raum ist!

Tatsächlich besitzen alle Symmetrien der Elementarteilchen dieses allgemeine, abstrakte Wesen. Sie beziehen sich nicht auf die normalen Funktionen von Reflexion, Rotation und Verschiebung in dem uns vertrauten Raum, sondern auf abstrakte Operationen, die in verschiedenen mathematisch definierten Räumen stattfinden. Hinzu kommt natürlich, daß die volle Symmetrie nicht in einem einzelnen Teilchen deutlich wird, sondern in der Gruppierung der Teilchen in ihrer Gesamtheit. Hiermit ist nicht gesagt, daß die Teilchen sich tatsächlich im Raum zusammenfinden, um ein Muster zu bilden; vielmehr ist es ihre eigene dynamische Aktivität, die, insgesamt gesehen, ein Muster von mathematischen Transformationen bildet. Auf dem Wege vom Seestern und der Schneeflocke zu Elementarteilchen, von statischen Strukturen mit einfachen Symmetrien im Raum zu komplexen dynamischen Mustern in einem vieldimensionalen Raum erhebt sich folgende Frage: Sind die abstrakten Symmetrien der Elementarteilchen vielleicht nichts weiter als Hilfsmittel der Beschreibung, künstliche Gebilde der Mathematik, die durch die menschliche Vorstellungskraft auf die Quantenmaterie pojiziert worden sind? Oder deuten diese Symmetrien auf ein konstitutives und formatives Potential hin? Sind sie vielleicht die Geister der fundamentalen Symmetrien Heisenbergs, die, wie er meinte, der gesamten Natur zugrunde liegen?

Es wurde zuvor angedeutet, daß eine objektive Intelligenz oder schöpferische Ordnungskraft in der Natur vorhanden ist. Es sieht heute so aus, als könnten die Symmetrien der Elementarpartikel ein Schlüssel zu diesem formativen Potential sein, zu einem Potential, das nicht primär in der materiellen Welt existiert, sich aber nichtsdestoweniger durch die Phänomene der Quantenmaterie erkennen läßt. Diese Behauptung sollte aber nicht dahingehend aufgefaßt werden, daß die gegenwärtigen supersymmetrischen und großartigen vereinheitlichten Theorien der Elementarteilchen mit den dazugehörenden Symmetrien notwendigerweise zutreffend sind; vielmehr weist das Vorhandensein einer großen Anzahl verschiedener Theorien in dieselbe Richtung – in die Richtung einer darunterliegenden Vereinigung in der Form von Symmetrien. Die Elementarteilchen sind daher den Bewegungen eines Tanzes oder den Klängen eines Musikstückes näher verwandt als «elementaren Bausteinen der Materie».

Zusammenfassend läßt sich also sagen, daß die Natur gewisse archetypische Muster und Symmetrien enthält, die nicht in irgendeinem klaren materiellen Sinne vorhanden, aber innerhalb der verschiedenen dynamischen Bewegungen der materiellen Welt enthalten sind. Nach dieser Auffassung stellt Materie keine «grundlegende Realität» dar, sondern ist vielmehr der Ausdruck von etwas anderem, das jenseits des Reichs der Materie liegt. In den folgenden Abschnitten werden wir die Welt des Geistes auf ähnliche Weise durchforschen und feststellen, daß die Aktivitäten des bewußten und des unbewußten Geistes Resultate von Ordnungen und Mustern archetypischer Art sind. Hierdurch wird klarwerden, daß es keinen letzten Unterschied zwischen dem Geistigen und dem Materiellen gibt, so daß die deutliche Entfaltung dieser tieferen Ordnungen sich in Synchronizitäten darstellt.

Das Unbewußte

Wir leben unser Leben anscheinend in aller Freiheit; es ist daher schwierig für uns, dem Gedanken näherzutreten, daß dem menschlichen Geist gewisse Muster und Strukturen vorgegeben sind. Wir treffen Entscheidungen, wechseln unsere Meinung, bestimmen unsere Handlungen, sind in Kunst und Wissenschaft schöpferisch tätig. Warum muß es denn überhaupt eine innere Struktur des Bewußtseins geben? Natürlich würde niemand bestreiten, daß die Sprache, die wir sprechen, über eine innere Struktur verfügt. Sie wird von Semantik und Syntax beherrscht. Dennoch steht es jedem von uns vollkommen frei – vorausgesetzt, er ist entsprechend talentiert –, völlig neue Theaterstücke, Romane und Gedichte zu schreiben. Auch ein Musikstück ist eine freie Schöpfung des menschlichen Geistes. Trotzdem wird alle Musik durch Strukturgesetze bestimmt, wie Modulation, Kontrapunkt, Spannung und Auflösung; ebenso kommen physikalische Eigenschaften wie Obertöne, Tonleitern und harmonische Sequenzen ins Spiel. Freiheit und Kreativität können daher Seite an Seite mit interner Strukturierung existieren. Ebenso ist es möglich, daß der Geist eine verborgene archetypische Struktur besitzt und gleichzeitig in kreativer Weise tätig ist. Ob diese inneren Strukturen selbst auf kreative Weise verändert werden können, ist eine weitergehende Frage.

Alle Künstler sind der Inspiration und der Einsicht verpflichtet, die in einem Bereich liegen, der sich ihrer direkten Einflußnahme entzieht. Als Wagner sich nach vielen Monaten angestrengten Komponierens entspannte, hörte er in seiner Phantasie die sich endlos wiederholenden Modulationen des Rheins, und die Eröffnungstakte von *Rheingold* waren geboren. Ähnlich erging es Coleridge, als er in einem durch Opium induzierten «Tiefschlaf» lag und ihm der Satz «Hier befahl der Kubla Khan, einen Palast zu bauen» in den Sinn kam, dem noch zwei- oder dreihundert weitere Zeilen folgten. Die wesentlichen Einsichten in die Quantenmechanik kamen Heisenberg nach Spaziergängen oder nach dem Schwimmen, wenn er sich von den intellektuellen Kontroversen an der Göttinger Universität erholte. In jedem dieser Fälle entzog sich die Inspiration der Kontrolle des Ich; Kreativität kann nicht durch einen bewußten Willensakt hervorgerufen werden.

Bei den Griechen war es Athene, die aus dem Kopf des Zeus geborene Göttin, die Inspirationen verlieh. Für «primitive» Stämme haben die Bäume, die Felsen und die Tiere Stimmen und sprechen in ihren Träumen Worte der Weisheit. Tatsächlich hatten Träume für viele frühe Volksstämme eine überragende Bedeutung. Träume erschienen als reine Schöpfungsakte, ihrem Wesen nach selbständig, die bedeutsame Botschaften für den Stamm enthielten. In einigen Gruppen stellte zum Beispiel ein besonderer Träumer im Namen seines Stammes seine Träume für eine Deutung zur Verfügung.

Für den Künstler und den Schamanen ist diese machtvolle Welt der Symbole und der Inspiration, die jenseits des bewußten Verstandes liegt, eine unbestreitbare Wirklichkeit. Im Abendland haben Generationen von Schriftstellern und Malern unser Verständnis für den unbewußten Bereich vertieft. Shakespeare zeigt in *Macbeth*, wie die Kraft geleugneter Schuld Wahrnehmungen und Handlungen zerrüttet. Dostojewski schildert in *Schuld und Sühne*, wie unterdrückte Wünsche in Träumen wieder auftauchen können. Doch erst Sigmund Freud ging daran, das Unbewußte systematisch zu erforschen. In dem Wunsch, die Ursache von Verhaltensabweichungen zu verstehen, die nicht durch Hirnverletzungen verursacht wurden, begann Freud die Symptome der Hysterie, der Depression, des Zwanges, der Angst und anderer Neurosen zu erforschen. Er war der Meinung, daß außergewöhnlich schmerzliche Erfahrungen in den frühen Jahren der Formung des Bewußtseins nicht immer unmittelbar erkannt, sondern häufig durch Verdrängung in das Unbewußte abgeschoben werden. Eine Gruppe von Verdrängungen kann deshalb in ihrer anfänglichen, primitiven Form bis in das Erwachsenenalter fortbestehen, immer noch mit ihrer ursprünglichen heftigen Energie besetzt. Wenn eine neue unangenehme Erfahrung als Auslöser wirkt, wird diese wiederum mit dem verdrängten Material assoziiert. Auf diese Weise bilden sich Komplexe, die bei ihren Opfern ein ungewöhnliches und unangemessenes Verhalten hervorrufen.

Durch sorgfältige Beobachtungen konnte Freud ein Bild der verschiedenen Mechanismen zusammenfügen, die im Unbewußten tätig sind, wie etwa Affektverlagerung, Abwehr, Verdrängung, Substitution, Übertragung und Assoziation. Er behauptete, daß durch die Methode der Psychoanalyse verdrängtes Material an die Oberfläche gebracht werden könne, wonach dann in der Konfrontation mit diesem Material die damit verbundenen Energien aufgelöst werden könnten. Mit dieser Methode hatte Freud bemerkenswerte Erfolge bei seinen ersten Therapiesitzungen, in denen er verschiedene Symptome der Hysterie heilte.[2]

Für Freud waren die Inhalte des Unbewußten überwiegend persönlicher Natur, denn sie bestanden aus in wichtigen Lebensabschnitten eines Menschen verdrängten Erinnerungen und Sehnsüchten. In dem Ausmaß, in dem jedes Kind durch ähnliche Entwicklungsstufen geht – in unserer westlichen Gesellschaft sind die Familien und ihre Beziehungen weitgehend ähnlich –, gibt es aus dieser Sicht auch kollektive Eigenschaften im Unbewußten. Viele Gesellschaften sind zum Beispiel auf den engen Familienverbund ausgerichtet, und Freud behauptet, daß jeder junge Mann in solchen Fällen eine Ödipusphase durchläuft, in der er die Mutter begehrt und dem Vater, der seinen Liebesgegenstand besitzt, den Tod wünscht. Es ist von daher nicht überraschend, wenn man Freud folgt, daß die Ödipussage eine solch universelle Bedeutung hat und daß damit verbundene Neurosen so weit verbreitet sind.

Dennoch legte Freud den größten Nachdruck auf die individuelle Natur von Verdrängungen, und es blieb seinem «geistigen Sohn», C. G. Jung, überlassen, das «kollektive Unbewußte» zu entdecken. Jung war der Auffassung, daß die Energien und Muster der Synchronizität nur innnerhalb der objektiven Schichten des Geistes gefunden werden können, tief unterhalb der Ebenen der persönlichen Verdrängungen. Und wirklich: Je tiefer wir in den Geist eindringen, um so mehr entdecken wir, daß der Unterschied zwischen Geist und Materie sich auflöst und das Wirken der objektiven Intelligenz zutage tritt.

Das kollektive Unbewußte

Die Muster und Energien des kollektiven Unbewußten beschäftigten Jung fast sein ganzes Leben lang. Der Ursprung dieses wichtigen Konzepts läßt sich auf zwei Ereignisse in der Frühzeit seiner Karriere zurückführen; das eine war ein Traum und das andere die Phantasie eines Patienten. Etwa im Jahre 1906 stellte Jung fest, daß einer seiner Patienten in Zürich, ein paranoider Schizophrener, die Sonne anblinzelte und gleichzeitig den Kopf von einer Seite zur anderen drehte. Der Patient erklärte Jung, daß die Sonne einen Penis besäße, der der Ursprung des Windes sei, und daß er diesen Penis in Bewegung versetzen könne, wenn er seinen Kopf von einer Seite zur anderen drehe. Diese Vorstellung klang sehr abstrus, aber Jung zeichnete sie auf – ein Umstand, der sich mehrere Jahre später als höchst bedeutsam erweisen sollte.

Um das Jahr 1909 war der Stern Jungs im Aufsteigen begriffen, und er reiste mit Freud und einem anderen Psychoanalytiker, Sandor Ferenczi, zu einer Vortragsreise in die Vereinigten Staaten. Die drei Männer beschlossen, sich während der Reise die Zeit dadurch zu vertreiben, daß sie gegenseitig ihre Träume analysierten. Jung berichtete über einen Traum, der in der dritten Etage seines Hauses begann. Die Räume dort schienen jedoch im achtzehnten Jahrhundert gebaut und mit Möbeln aus jener Zeit ausgestattet zu sein. Der Träumer forschte weiter und stellte fest, daß das Erdgeschoß so eingerichtet war, wie es im sechzehnten Jahrhundert üblich gewesen war, und daß sich unter dem Hause ein Keller befand, der aus römischen Ziegelsteinen gebaut war. Auf dem Kellerfußboden bemerkte Jung einen quadratischen Stein mit einem Ring darauf, und als er ihn anhob, blickte er in eine Höhle hinunter, die mit prähistorischer Töpferware und alten menschlichen Schädeln angefüllt war.

Freud interpretierte diesen Traum im Sinne persönlicher Verdrängungen: Er meinte, Jung habe den Wunsch, eine ihm nahestehende Person zu zerstören; dieser Wunsch sei aber tief in seinem Traumhaus vergraben. Der Schweizer Analytiker widersprach dieser Ansicht Freuds heftig, hielt sich aber zunächst mit seiner eigenen Interpretation zurück. Als er später über diesen Traum schrieb, vertrat er die Meinung, daß er die Geschichte des europäischen Bewußtseins aufzeige von ihren steinzeitlichen Ursprüngen über den Aufstieg des Römerreiches und die späte Renaissance bis zur Aufklärung im achtzehnten Jahrhundert. So wie das menschliche Gehirn anatomisch Überreste aus frühen evolutionären Phasen enthält, so enthält nach C. G. Jung auch der menschliche Geist primitive, verborgene Erinnerungen an seine ferne Vergangenheit.

Diese Ansichten wurden eindrucksvoll bestätigt, als Jung auf einen griechischen Bericht über ein altes Mithras-Ritual stieß, der von einer Röhre berichtete, die vom Antlitz der Sonne herabgelassen wurde und den Ursprung des Windes darstellt. Hier bestand eine auffallende Übereinstimmung zwischen einem zweitausend Jahre alten Mythos und der Phantasie eines Schweizer Patienten der Gegenwart. Wie konnte der Geist eines Schizophrenen ein Bild hervorbringen, das mit dem identisch war, an das einst die Anhänger des Mithras geglaubt hatten? Jung begann sich vertieft mit diesem Mythos und verwandten Ideen zu beschäftigen und entdeckte eine ganze Reihe von Übereinstimmungen. Zum Beispiel zeigen mittelalterliche Gemälde göttliche Strahlen, die von der Sonne ausgehen, und in einigen Legenden wird behauptet, daß der Heilige Geist die Jungfrau Maria auf ähnliche Weise geschwängert habe. Hinzu kommt, daß die Anwesenheit Gottes oft als ein göttlicher Wind wahrgenommen wird. Es sah also so aus, als sei ein gewisser Kern dieses Sonnenmythos in den vergangenen zweitausend Jahren geistiges Allgemeingut geworden.

In den folgenden Jahrzehnten sammelte Jung Manuskripte aus

dem Mittelalter, Texte der Gnostiker und klassische Werke aus China, Indien und Tibet. Er analysierte zahlreiche Träume und Tagträume seiner Patienten und reiste nach Afrika und Indien, um etwas über Träume, Sagen und Legenden in ihrem Ursprungsland zu erfahren. Immer wieder entdeckte er, daß ähnliche Träume, Bilder und Mythen in entfernten Teilen der Welt in sehr unterschiedlichen Kulturen und historischen Zeitabschnitten auftauchen. Das Ergebnis seiner Forschungen war dem vergleichbar, auf das man stößt, wenn man die Sprachen Westeuropas studiert und dabei entdeckt, daß sie – von kleinen Ausnahmen wie dem Baskischen abgesehen – alle einen gemeinsamen Ursprung im Lateinischen haben; wenn man diese Untersuchung noch weiter führt, wird man feststellen, daß die lateinische Sprache wiederum ihre Wurzeln in der frühen indo-europäischen Sprache hat.

So, wie die deutsche und die englische Sprache zu viele Ähnlichkeiten aufweisen, als daß man diese einem reinen Zufall zuschreiben könnte, und deshalb anzunehmen ist, daß sie einem gemeinsamen Ursprung entstammen, lassen Paulis Traum von der Weltuhr und die Vision, die einem mittelalterlichen Mönch begegnet, vermuten, daß sie im selben Urgrund wurzeln. Durch seine Reisen und seine Forschungen entdeckte Jung, daß die Bilder des Helden, der Zwillingsbrüder, der Sonne, des ewig Weiblichen, der Reise in die Unterwelt, der Schlange, des Mandala der Ganzheit und der Dynamik der Gegensätze immer wieder auftauchen und dieselbe ihnen zugrunde liegende Urform offenbaren, auch wenn sie jedesmal mit den Besonderheiten der örtlichen Kultur ausgestattet sind. Jungs Schlußfolgerung war zwingend – daß nämlich das Unbewußte eine *kollektive* Ebene hat, die allen Menschen gemeinsam ist. Jungs Traum im Jahre 1909 war eine bildliche Darstellung der kollektiven Schichten des Unbewußten gewesen.

Während das Freudsche Unbewußte persönliche Erfahrung und Wünsche enthält, die aus dem Bewußtsein verdrängt worden sind, besteht Jungs kollektives Unbewußtes aus Material, das *niemals zuvor* im Geist des Individuums zu Bewußtsein gekommen ist. Die tieferen Schichten des Geistes sind *objektiv*, da sie der gesamten Menschheit zu eigen sind und nicht das persönliche und subjektive Eigentum eines bestimmten Individuums darstellen. Sie sind unbewußt, nicht weil sie vergessen oder verdrängt worden wären, sondern sie existieren in einer verborgenen, verschlossenen Form, die normalerweise der aktiven Aufmerksamkeit nicht zugänglich ist. Die Inhalte des kollektiven oder objektiven Unbewußten ähneln ein wenig einer Botschaft, die von einem Spion an seinen Nachrichtendienst geschickt wird. Da die Botschaft verschlüsselt ist, kann sie nicht unmittelbar verstanden werden, sondern muß erst durch ein Entschlüsselungsverfahren verstehbar gemacht werden. Jung meint, daß die tiefsten Schichten des Unbewußten ähnlich wie der Nachrichtentext nicht unmittelbar begriffen werden können. Nur wenn bestimmte Aspekte des kollektiven Geistes im Gewand von Bildern und Symbolen unserer besonderen Kultur ins Bewußtsein projiziert werden, werden wir dieser universellen Inhalte des Geistes gewahr.

Die Entdeckung des kollektiven Unbewußten ist wahrscheinlich Jungs ureigenster Beitrag zur Psychologie; er bezeichnete sie sogar als seinen «persönlichen Mythos». Der Physiker Pauli war besonders beeindruckt von der Übereinstimmung, die dadurch zwischen der Physik und der Psychologie hergestellt worden war. Jahrhundertelang hatte sich die Physik mit dem objektiven Naturstudium befaßt; erst mit dem Auftauchen der Quantentheorie sah es jetzt so aus, als enthielte die Naturbeobachtung auch ein subjektives Element – die unvermeidliche Verbindung von Beobachter und beobachtetem Objekt. Nun hatte Jung aufgezeigt, daß die persönliche Natur des Geistes eine objektive, unpersönliche Schicht enthält. Pauli meinte, diese Polarität von «objektiv» und «subjektiv» sei besonders bedeutsam und weise darauf hin, daß zwischen Materie und Geist eine noch viel tiefere Einheit existiert.

Wird die Struktur der Materie in immer feineren Details untersucht, löst sie sich schließlich in der Unbestimmbarkeit der Quantenwelt auf. Unterhalb der alltäglichen Erscheinungsform der Materie, in der sich der Wissenschaftler wie ein unparteiischer Beobachter verhält, begegnen wir Quantenvorgängen, in denen der Beobachter und das beobachtete Objekt eng verbunden sind. Heisenberg und andere haben darauf hingewiesen, daß es unterhalb dieser Ebene keinen fundamentalen materiellen Grund mehr geben kann, sondern daß dort vielmehr grundlegende Symmetrien und Ordnungsprinzipien herrschen. Wenn die Schichten des Geistes untersucht werden, zeigt sich ein komplementäres Bild: Man erreicht in den oberen Schichten den subjektiven Bereich der persönlichen Verdrängungen; in tieferen Schichten jedoch liegen die objektiven Inhalte, die nicht mehr direkt beobachtet werden können, sondern in symbolischen Formen verborgen sind. So, wie wir das Elektron nicht direkt wahrnehmen können, sondern nur Rückschlüsse auf seine Existenz ziehen können (zum Beispiel aus seinen Spuren in einer Blasenkammer), so können die Inhalte des kollektiven Unbewußten nicht direkt an die Oberfläche des Bewußtseins gebracht werden; sie werden vielmehr abgeleitet aus ihren Spuren oder Schatten, die im Bewußtsein und im persönlichen Unbewußten in der Form von Mythen, Träumen, Phantasien, machtvollen Bildern und Kunstwerken auftauchen.

Wenn unterhalb der Quantenphänomene eine nichtmaterielle Ebene der Symmetrie oder Ordnung existiert, könnte es dann nicht genauso sein, daß unterhalb der Ebene des kollektiven Bewußten nicht nur einfach «Geiststoff» vorhanden ist, sondern etwas, das über den Geist hinausgeht, ein fundamentales dynamisches Ordnungsprinzip? Auf einer solchen Ebene würde die Unterscheidung von Geist und Materie nicht länger gelten; hier hätte das Reich der schöpferischen Ordnung und der objektiven Intelligenz seinen Platz.

Es muß aber nochmals betont werden, daß die Gesamtheit der Erfahrung nicht auf eine einzige grundlegende Ebene oder das Universum auf eine einzige Beschreibungsebene reduziert werden kann. Solch ein vereinfachender Reduktionismus kann niemals funktionieren; vielmehr sollten die oben angeführten Argumente pluralistisch verstanden werden, so daß keines von ihnen einen absoluten Rang beanspruchen kann. Denn was auf den ersten Blick wie ein fundamentaler Grund erscheint, mag sich bei näherer Überprüfung als eine Ebene herausstellen, die bedingt und begrenzt ist durch die Eigenheiten anderer Ebenen. Die Quantenebene der Materie zum Beispiel, die allen materiellen Phänomenen zugrunde zu liegen scheint, ist in Hinsicht auf ihre Definition und alle Messungen, die vorgenommen werden, von der klassischen Ebene abhängig. Wenn es auch so ist, daß die höheren Ebenen immer in Begriffen der niedrigeren analysiert werden können, ist auch wahr, daß die höheren Ebenen die niedrigeren konditionieren und unerwartete, neue Formen des Verhaltens enthalten können. Die Vielschichtigkeit von Materie und Geist erscheint deshalb wie die Bilder in parallel aufgestellten Spiegeln, die niemals nur auf eine einzige Art und Weise erfaßt werden können. So wie die tiefsten Ebenen der Materie unweigerlich mit höheren Ebenen verbunden sind, so kann es sich herausstellen, daß die tiefsten Bereiche des kollektiven Unbewußten bis zu einem gewissen Grade abhängig sind und bedingt werden durch das wache Bewußtsein. Im sechsten Kapitel werden wir diesen wechselseitigen Verbindungen der Ebenen nachgehen, und zwar in den Fällen expliziter, impliziter und superimpliziter Ordungen.

Materie, Geist oder Geist*

Die Physik des materiellen Universums kann man durch die Ordnung ihrer Muster, ihrer Symmetrien und ihrer Beziehungen verstehen. Manche Physiker haben sogar angeregt, daß man die Idee von Elementarteilchen als grundlegenden Bausteinen durch die Idee grundlegender Symmetrien ersetzen sollte. Wäre es möglich, daß «objektive Intelligenz» und «kreative Ordnung» die fruchtbaren Prinzipien sind, die diese zugrunde liegende Ordnung der Materie erkennbar werden lassen? In ähnlichem Sinne könnte der Ursprung des Geistes in den dynamischen Ordnungsprinzipien erkannt werden, die auf einer Ebene objektiver Intelligenz liegen, die weder Materie noch Geist ist, sondern die Quelle beider.

C. G. Jung meinte als erster, daß unterhalb der vertrauten Ebene des Bewußtseins und Freudscher Verdrängung eine objektive Geistesebene liegt. In einigen seiner Schriften hat er sogar angedeutet, daß dieses objektive Unbewußte mit den instinktiven Reaktionen des Tierreiches verschmolzen sein könnte. Diese Ordnung könnte

---

* Geist = *spirit* = Geist in spirituellem Sinne (Anm. d. Übers.)

daher gewissermaßen die Gesamtheit des Lebens umfassen und möglicherweise noch darüber hinausreichen, tief in die Materie selbst hinein. So wie im vorhergehenden Kapitel gezeigt wurde, daß die materiellen Strukturen nicht durch das statische Ineinandergreifen und Ausbalancieren von Elementen und Kräften aufrechterhalten wird, sondern durch eine ständige dynamische Erneuerung, so mag auch das kollektive Unbewußte sich selbst durch die Dynamik grundlegender Prinzipien einer schöpferischen Ordnung erhalten, die Jung Archetypen genannt hat. Genauso wie ein Wasserfall dadurch existiert, daß er sich dauernd verändert und in dieser Veränderung immer neu geboren wird, so mag auch der Grund des Geistes eine beständige, schöpferische Wiedergeburt auf der Ebene der Archetypen sein.

Die dynamischen Strukturen der Materie, daran sei erinnert, erhalten und entfalten sich aus dem ihnen eigenen Sinn im Gegensatz zu den statischen Strukturen, die nach dem Plan irgendeiner außen liegenden Kraft geschaffen werden. Ähnlich liegt das Wesen des kollektiven Unbewußten im Sinn seiner Archetypen, in den dynamischen Mustern und Symmetrien, die seine innere Struktur aufrechterhalten. Bedeutung oder Sinn ist deshalb der Kern sowohl der materiellen Strukturen als auch des kollektiven Unbewußten. Dieser Sinn findet sich im Herzen der «objektiven Intelligenz», jenes formativen, generativen Prinzips, das weder Materie noch Geist ist.

Die Archetypen, die die dynamische Grundlage des kollektiven Unbewußten bilden, lassen sich natürlich nicht unmittelbar in ihrer reinen Form erfassen, denn sie sind nicht von derselben Art wie Gedanken. Eine Analogie mag uns helfen, diesen Punkt zu verstehen: Das Gehirn enthält Nerven, die anzeigen, wenn der Körper sich bewegt; sie zeigen die Haltung der Arme und Beine, den Verdauungsvorgang und die Empfindungen des Herzens an, wenn es belastet wird. Das Gehirn hat allerdings keine Nerven, die uns mitteilen können, wie es selbst arbeitet. Ich empfange keinen Sinneseindruck der Erfüllung, wenn ich Shakespeare lese, oder des Schmerzes, wenn ich über meine Einkommensteuer nachdenke. Obwohl das Gehirn die Körperaktivitäten aufzeigen kann, kann es seine eigenen inneren Abläufe nicht verdeutlichen.

In ähnlicher Weise ist die Struktur des Geistes das Ergebnis des dynamischen Spiels der Archetypen, aber diese selbst werden niemals direkt sichtbar. Die Archetypen hinterlassen sozusagen ihre Fußabdrücke im Geist und werfen ihre Schatten über die Gedankenwelt. Wenn es auch nicht möglich ist, die Archetypen direkt zu beobachten, so können ihre Bewegungen durch geistige Bilder, durch Mythen und durch Ereignisse, die in das Bewußtsein aufsteigen, erspürt werden. Wenn wir etwas erfahren, hinter dem eine universelle Macht zu stehen scheint, dann ist dies ein guter Hinweis darauf, daß die Dynamik des kollektiven Unbewußten zu einer neuen Aktivität angeregt wurde und daß die Archetypen eine neue Konstellation eingehen. Ein Traum, dessen tiefe Eindrücke noch mehrere Stunden nach dem Aufwachen bewußt bleiben, zeigt an, daß die Archetypen wirksam geworden sind.

Populäre Darstellungen der Archetypen konzentrieren sich im allgemeinen auf mehr statische Erscheinungsweisen, zum Beispiel verschiedene Mandalas und bildliche Darstellungen der Ganzheit. Aber die Archetypen sind ihrem Wesen nach eher dynamisch und entfalten ihre Projektionen in der Zeit. Das ganze Muster eines individuellen Lebens kann zum Beispiel der Ausdruck eines einzigen Archetyps sein. Das stürmische Auf und Ab einer Ehe deutet auf die Konstellationen bestimmter Archetypen hin. C. G. Jung war sogar der Meinung, daß Archetypen sich über Hunderte oder Tausende von Jahren hinweg auswirken können und daß sie sich in einer Abfolge von historischen Geschehnissen innerhalb einer bestimmten Nation zeigen.

Über die Quantenebene der Materie ist so viel geschrieben worden, daß sie den meisten Lesern einigermaßen vertraut sein dürfte. Die Idee einer objektiven Geistesebene ist jedoch nicht annähernd so gründlich erforscht und in allgemeinverständlicher Form dargestellt worden. Jungs Traum von dem Haus zeigt, daß der menschliche Geist einer Zwiebel gleicht, die beim Schälen immer neue Schichten erkennen läßt – bis hinunter zu einem jungsteinzeitlichen Ursprung und vielleicht noch darüber hinaus. In gleicher Weise machte die Phantasie eines seiner Patienten deutlich, daß der Kern eines bestimmten Rituals nach zweitausend Jahren im Geist eines Menschen des zwanzigsten Jahrunderts wieder auftauchen kann. Wie kann es geschehen, daß Bilder und Erinnerungen verschlüsselt und über Tausende von Jahren geistiger Evolution hinweg gespeichert werden? Wenn die Grundlage des Geistes in der dynamischen Ordnung der Archetypen liegt – welche Entsprechung haben sie dann im physischen Gehirn und seiner Entwicklungsgeschichte?

Das Gehirn wird oft so dargestellt, als enthalte es eine Reihe von evolutionären Ebenen, beginnend mit dem primitiven reptilischen Gehirnstamm bis hin zu den höheren Primatenfunktionen der Großhirnrinde. Dazu gibt es wahrscheinlich noch eine Reihe von Überbleibseln der Evolution, die sich in den chemischen Bahnen der verschiedenen Neurotransmitter, Peptiden und anderen Chemikalien finden, die das Gehirn braucht. Nachdem man verwandte Strukturen und Funktionen bei Tieren untersucht hat, ist es möglich, Gebiete des menschlichen Gehirns mit besonderen Fähigkeiten zu identifizieren. Diese Übereinstimmung läßt sich in Fällen von Gehirnverletzungen und selektiven Narkosen bestätigen, wo die Funktionsweise auf höheren Ebenen unterdrückt oder ganz verlorengegangen ist.

Auf diese Weise sind bestimmte menschliche Reaktionen als «Überbleibsel der Reaktionen unserer primitiven Vorfahren» bezeichnet worden. Einige Autoren haben sogar vorgeschlagen, daß wir Seegeschöpfen ähneln, die sich zum ersten Mal auf das Festland gewagt haben – daß die menschliche Rasse zwar einen bedeutenden evolutionären Sprung nach vorn darstellt, aber nicht mehr zu der einen und noch nicht ganz zu der anderen Umgebung gehört.[3] Menschen können nach dieser Ansicht zwar große Kunstwerke schaffen und Fortschritte in der Wissenschaft und Mathematik erzielen, aber sie sind immer noch in der Gewalt älterer Bereiche ihres Gehirns. Man stelle einen sensiblen Dichter in die Mitte einer singenden, flaggenschwingenden Menschenmenge, und schon setzen sich die «tierischen» Bereiche seines Gehirns über sein zivilisiertes Verhalten hinweg.

Solche Argumente, die mehr Spekulationen als Tatsachen enthalten, wollen nahelegen, daß der unbewußte Geist aus einer primitiveren Schicht des Gehirns hervorgeht, die noch nicht in der Lage ist, höhere, bewußte Gedanken abzusondern. Die Aktivitäten dieser früheren Entwicklungsstrukturen sollen durch verschiedene physische Veränderungen innerhalb der Chemie des Körpers und des Gehirns einen direkten Einfluß auf die Geistestätigkeit haben. Zusätzlich sollen die Funktionen dieser niederen Ebenen einen direkten Einfluß auf die Gedanken haben. Das Alltagsbewußtsein wird nach dieser Auffassung ständig von Kräften bewegt, die es nicht selbst geschaffen hat, so daß es versuchen muß, sie, so gut es eben kann, in Form von Träumen, Phantasien, Trieben und irrationalen Emotionen zu erklären. Übermäßige Vaterlandsliebe wäre dann etwa die Reaktion der niedrigen Gehirnschichten auf ein gefühlsmäßig aufgeladenes Symbol, zum Beispiel eine wehende Flagge. Der Tätigkeitsstrom in den niederen Gehirnteilen überflutet dann die höheren Bereiche, wo er als Treue, Ehre, Wahrhaftigkeit und Nationalstolz rationalisiert wird.

Eine solche Ansicht leugnet, daß der Bewußtseinsgrund etwas unendlich Feines und Schöpferisches ist; sie will uns weismachen, daß der Geist auf bestimmten vererbten Gehirnstrukturen beruht, genauso wie die Körperstrukturen vererbt und innerhalb der DNS verschlüsselt sind. Die Archetypen und die Instinkte hätten sich danach durch zufällige Mutationen und natürliche Auslese zu dem heutigen kollektiven Unbewußten entwickelt.

Wenn es auch möglich sein mag, daß gewisse Instinkte und festgelegte Strukturen innerhalb des Gehirns und des Geistes evolutionäre Überbleibsel eines früheren Geistes sind, so ist es doch ein beträchtlicher Sprung des Glaubens, anzunehmen, daß ähnliche Veränderungen zwischen dem Römischen Kaiserreich, dem Mittelalter und dem Zeitalter der Aufklärung stattgefunden haben; denn Jung ist der Meinung, daß jedes Zeitalter dem kollektiven Unbewußten seine Ebenen und Strukturen hinzufügt. Jung hat sogar behauptet, daß ein Nordamerikaner eine besondere Schicht des kollektiven Unbewußten besitzt, durch die er sich von seinem europäischen Gegenüber durch die Hinzufügung von Bildern der ursprünglichen einheimischen Bevölkerung unterscheidet. Wie könnten solche neu hinzugekommenen Elemente auf einer mechanistischen Basis erklärt werden – etwa in der Form von Mutationen des zentralen Nervensystems, die durch die DNS weitergegeben werden? Es ist aber möglich, sich diesem Problem aus einer anderen Richtung zu nähern, wenn man überlegt, wie Geist, Gehirn und das kollektive Unbewußte zueinander in Beziehung stehen.

Die Verbindung zwischen dem Denken und dem physischen Gehirn ist unendlich subtiler als eine einfache Entsprechung zwischen dem Verhalten und einer groben physischen Struktur. Eric Kandel, einer der führenden Forscher auf dem Gebiet der neuralen Netzwerke, schreibt:

> Selbst bei einfachen sozialen Erfahrungen, zum Beispiel bei der Unterhaltung von zwei Menschen, ist die Tätigkeit der neuronalen Maschinerie im Gehirn einer Person in der Lage, direkte und langandauernde Wirkungen auf die veränderbaren synaptischen Verbindungen im Gehirn des anderen auszuüben.[4]

Das Gehirn ist nichts Statisches und Starres, das unser Verhalten bestimmt. Es ist vielmehr fließend, ein sich ständig veränderndes Instrument von äußerster Feinheit. Jede Erfahrung, jede Tätigkeit oder jeder Gedanke wird in das Gehirn zurückgeleitet, um dort synaptische Verbindungen zu verändern und einen Wechsel in den Netzverbindungen der Neuronen herzustellen. Kandel ist der Meinung, daß während einer Unterhaltung zwei äußerst komplexe und anpassungsfähige neurale Netzwerke miteinander agieren und sich austauschen. So wie man nicht zweimal in denselben Fluß steigen kann, so kann niemand denselben Gedanken zweimal denken, denn der Denkvorgang verändert den Denkenden. Genauso, wie es in der Quantentheorie eine unvermeidliche Beziehung zwischen dem Beobachter und dem beobachteten Objekt gibt, so gibt es innerhalb des Bewußtseins eine nicht zu umgehende Verbindung zwischen dem Denker und dem Gedachten. In Wahrheit *ist* der Denkende der Gedanke; der Gedanke bringt den Denkenden hervor, der wiederum den Gedanken neu erschafft. Es ist daher nicht so, daß das Gehirn das Denken hervorbringt: Es ist das Denken, das das Gehirn erschafft. Oder besser noch: Das Gehirn und seine Tätigkeiten sind untrennbar miteinander verbunden, und durch ihre ständige Aktivität werden sowohl das Gehirn als auch der Geist erschaffen und erhalten.

In Kandels Beispiel der Unterhaltung wird ein Bild von zwei neuralen Netzwerken entworfen, die einen «Tanz» miteinander ausführen, der beide verändert und erhält. Der Geist ist die Entfaltung des Denkens. Wieder einmal entdecken wir, daß der Sinn entscheidend ist, wenn man die Welt erfassen will. Es ist die Entfaltung dieses Sinns in der Zeit, die die gesamte Gebärde des geistigen Tanzes hervorbringt. Innerhalb dieser Gebärde werden Gehirn und Bewußtsein aufrechterhalten, genauso wie der Springbrunnen durch das Wasser existiert, das ständig durch ihn fließt.

Es ist also möglich, das Unbewußte ganz anders als in der herkömmlichen Sicht zu verstehen. Einerseits liegt sein Ursprung in den veränderlichen Pfaden und der Struktur der Netzwerke des Gehirns, die von Generation zu Generation genetisch vererbt werden. In diesem Sinne sind die Archetypen fixiert und reichen bis zu unseren animalischen Ursprüngen zurück. Nach den herkömmlichen biologischen Theorien können sie durch zufällige Mutationen verändert werden. Da aber die Aktivitäten des Gehirns durch ständiges Feedback wieder von ihm selbst aufgenommen werden und es damit seine eigene Struktur verändert, ist es auch möglich, daß bestimmte Aspekte des kollektiven Unbewußten durch die Gesellschaft geschaffen werden, in der wir leben. Riten, Symbole und Bilder hinterlassen ihre Spuren im Gehirn – nicht allein im wachen Bewußtsein, sondern auch in den primitiveren Schichten, wo Sinn erzeugt und verändert wird. So kann das kollektive Unbewußte durch die Gesellschaft modifiziert werden, und es wirkt seinerseits zurück auf diese Gesellschaft und bestimmt ihre innere Sozialstruktur. Nach dieser zweiten Ansicht sind die Gesellschaft und der kollektive Geist untrennbar.

Schließlich gibt es noch die Auffassung, daß die Struktur des materiellen Universums die Manifestation von irgend etwas Tieferem sei – der objektiven Intelligenz. Genauso ist es möglich sich vorzustellen, daß der Ursprung des Geistes in einer ähnlichen Ordnung liegt, die weder Materie noch Geist ist, aber Gesetzen gehorcht, auf die wir in einem anderen Kapitel dieses Buches hingewiesen haben. Auf dieser tiefsten Ebene wird das kollektive Unbewußte durch eine ständige dynamische Aktivität und durch das ständige Sichentfalten von Sinn und Mustern aufrechterhalten.

Obwohl solch eine Ebene von der Gesellschaft und von unserer evolutionären Vergangenheit nicht zu trennen ist, ist sie nichtsdestoweniger zu Veränderungen auf neuartige und schöpferische Weise fähig.

Keine einzige Ebene im Geist oder in der Materie kann als absolut grundlegend angesehen werden, da sie immer beeinflußt wird durch die Ebene darüber und darunter. Deshalb ist es auch dem bewußten Geist möglich, durch Wahrnehmung, durch Einsichten und durch Überlegungen auf das kollektive Unbewußte einzuwirken und es zu verändern. Die Inspiration steigt aus kollektiven Tiefen in den Geist eines Künstlers auf. Im Licht des Bewußtseins wird dieses Material geformt und bearbeitet. Umgewandelt in Marmor, in Farbe, Sprache oder Tanz wird es Handlung in der äußeren Welt. Aber diese in vollem Bewußtsein vorgenommene schöpferische Handlung kann auch auf das verborgene kollektive Unbewußte zurückwirken und es verändern oder erweitern. So befinden sich das Bewußtsein und das kollektive Unbewußte, hell und dunkel, in ständigem Austausch, und jedes verändert das andere.

Derartige Veränderungen müssen nicht nur auf der Ebene des Geistes stattfinden, sie können sich auch auf die Struktur der Materie auswirken. Da das Gehirn auf Veränderungen des Sinnes reagiert, besteht die Möglichkeit, daß seine innere Struktur schöpferisch verändert wird, und zwar durch das dynamische Wechselspiel der kollektiven und der unbewußten Geister. Man kann sogar noch weiter gehen und behaupten, daß Wechselwirkungen auf der schöpferischen Ebene der objektiven Intelligenz stattfinden, so daß bewußte Tätigkeit letztlich eine Auswirkung auf die evolutionäre Struktur des Gehirnes selbst haben kann. Auf dieser Ebene beginnt das persönliche Bewußtsein etwas zu berühren, das im wahrsten Sinne des Wortes kollektiv und universell ist. Wenn man sich in die Symbole der Bilder des kollektiven Unbewußten begibt, so ist es, als ob man einen Bereich betritt, der jenseits von Raum, Zeit und Materie liegt. Es ist, als ob man durch einen dunklen Gang in einer Felsbarriere in die Tiefe steigt und dort in einen untergründigen Ozean eintaucht, in dem jeder menschliche Geist seinen Ursprung hat. In diesem geheimnisvollen Reich können wir die Rhythmen des gesamten Universums und die schöpferische Kraft finden, aus der Materie und Geist hervorgegangen sind; der Urquell der Synchronizität ist aufgedeckt.

Zusammenfassung

Synchronizitäten sind durch die Einheit des Universellen mit dem Besonderen innerhalb von gleichzeitigen Ereignissen charakterisiert. Das Wesen des Universellen wird unter anderem durch die Naturwissenschaft entdeckt, die Muster, Symmetrien und mathematische Gesetze aufdeckt, welche eine Vielzahl von einzelnen Vorgängen miteinander verbinden. Obwohl die Naturwissenschaft normalerweise davon ausgeht, daß ihre Gesetze dem Wesen nach rein deskriptiv sind, ist es dennoch möglich, daß hinter den Erscheinungen der materiellen Welt eine schöpferische und formgebende Ordnung liegt, die als objektive Intelligenz bezeichnet wird.

Unter den Schichten des Bewußtseins und unter Freuds persönlichem Unbewußten liegt eine kollektive und universelle Geistesebene. Wie die Elementarteilchen durch einen Tanz aufrechterhalten werden, der über die Welt der Materie hinausgeht, so wird auch der Geist durch eine Dynamik erhalten, die jenseits von Geist und Materie liegt. Jenseits von Geist und Materie gibt es daher Muster und Symmetrien, die einen schöpferischen und belebenden Effekt haben. Während einer Synchronizität wird es für einen Augenblick möglich, diese Gebiete zu berühren, so daß in der Verbindung von gleichzeitigen Geschehnissen etwas wahrlich Universelles enthalten ist, das im Herzen aller Schöpfung liegt und die tiefsten Rhythmen der Existenz berührt.

In den folgenden Kapiteln werden wir die Dynamik dieses verborgenen Bereiches erforschen und Theorien kennenlernen, die von Rupert Sheldrake und David Bohm vorgeschlagen worden sind. Zusätzlich werden wir alternative Anschauungen der Natur, in denen Rhythmus und Synchronizität eine hervorragende Rolle spielen, durch die Träume und Orakel der Naskapi-Indianer in Labrador und der Shang des alten China kennenlernen.

5. Muster in den Knochen

Wir haben uns in den bisherigen Kapiteln schrittweise der Bedeutung der Synchronizität genähert und dabei eine Sicht des Universums entwickelt, die sich stark von der naturwissenschaftlichen Weltanschauung unterscheidet, die in den letzten fünfhundert Jahren in Blüte gestanden hat. Das Konzept der Synchronizität gleicht allerdings ein wenig einer Kerzenflamme im Gegensatz zum Licht der Sonne, so sehr hat die herkömmliche wissenschaftliche Anschauung der Natur inzwischen jeden Aspekt des Lebens im Abendland durchdrungen. Mit starken Wurzeln in früheren Vorstellungen des Determinismus, der Kausalität und der linearen Zeitentwicklung, führt sie zu dem Glauben, daß alle Schwierigkeiten durch einen Analysevorgang gelöst werden können, der eine Kontrolle oder Neuorganisation mit sich bringt. Die Natur und die Gesellschaft, so glaubt man, können begriffen werden, indem man schwierige Probleme auf einfachere Elemente zurückführt.

Das Ergebnis war eine Wissenschaft, die beträchtliche Fortschritte im Erklären, Vorhersagen und Kontrollieren der natürlichen Welt gemacht hat. Auf der anderen Seite können diese wissenschaftlichen Erklärungen sehr oft das Wesen tatsächlicher Erfahrung nicht beschreiben, denn sie sind nicht in der Lage, unsere subjektiven Reaktionen gegenüber der Natur zu erfassen. Trotz ihrer Macht zur Gestaltung der modernen Welt hat die Naturwissenschaft nur wenig darüber auszusagen, wie die Menschen ihr tägliches Leben führen, wie sie ihre Beziehungen anknüpfen, wie sie Liebe, Geburt und Tod erfahren, wie sie der Welt Werte verleihen und auf neue Situationen schöpferisch reagieren.

Mit den Triumphen der Naturwissenschaft ging eine Tendenz einher, das Wissen und die Erfahrung in Spezialgebiete zu zersplittern. Dadurch wird das Wissen in einem speziellen Gebiet starr und hat nur eine eingeschränkte Bedeutung für die Fragen anderer Bereiche. Durch die Einengung des Blickwinkels in einem Wissenszweig bringen die von diesem vorgeschlagenen Lösungen der Weltprobleme oftmals unvorhergesehene Schwierigkeiten mit sich, die dazu führen, daß alles nur noch schlimmer wird, als es ursprünglich war. Zum Beispiel haben die «Fortschritte» in der Landwirtschaft, der Nutzung der Kernenergie, der Kontrolle des Sozialverhaltens sowie die neuen Formen der Gesundheitsfürsorge und der Massenkommunikation heute Krisen mit weitreichenden Konsequenzen zur Folge. Angesichts dieser neuen Schwierigkeiten reagiert die Wissenschaft immer wieder aus ihren bruchstückhaften Wissenskategorien heraus und probiert neue Formen der Kontrolle aus. Auf diese Weise wird eine endlose Spirale von Krisen und Lösungen geschaffen.

Das Problem der Fragmentierung des Wissens und Verstehens erstreckt sich weit über die Naturwissenschaft hinaus in Gebiete wie die Ökonomie, die Soziologie, die Psychologie, die öffentliche Verwaltung, die menschlichen Beziehungen – kurz, mitten in das eigentliche Gewebe der Gesellschaft hinein. Es sieht beinahe so aus, als hätte der Mensch des zwanzigsten Jahrhunderts die Fähigkeit verloren, die größeren Muster der Natur zu erkennen und die weiten Zusammenhänge zu sehen, in denen die Ereignisse stattfinden. Ein besonders bezeichnender Problembereich ist die Frage des Lebenssinns und der persönlichen Werte, ein Bereich, den die Wissenschaft kaum zu messen, zu analysieren und zu quantifizieren weiß.

Im Gegensatz dazu beginnt Synchronizität mit der eigentlichen Tatsache des Sinnes im Leben und in der Natur. Ihre Stärke liegt darin, daß sie auch die subjektive Seite der Erfahrung umfaßt und die Möglichkeit bietet, den subjektiven Sinn der Erscheinungen mit objektiven Erklärungen zu verbinden. Durch eine Kombination der objektiven und subjektiven Elemente hat die Synchronizität sowohl dem Künstler als auch dem Wissenschaftler etwas zu sagen.

Hinzu kommt, daß es bei der Synchronizität um Muster geht, um Beziehungen zwischen unähnlichen Formen und Strukturen sowie um Verknüpfungen zwischen physikalischen Vorgängen und geistigen Zuständen. Die Idee der Synchronizität ist deshalb auch ein Gegengewicht zur Zersplitterung der Welterfahrung durch die Spezialisierung, denn sie bewegt sich immer in den weitesten Zusammenhängen und sucht ihre Muster jenseits von Grenzen und Kategorien. Zweifellos würde es zu einem beträchtlichen schöpferischen Aufschwung kommen, wenn der wissenschaftliche, analytische Ansatz mit den mehr holistischen, mustersuchenden und sinn- und wertorientierten Aspekten der Synchronizität vereinigt werden könnte.

Flächenland-Synchronizitäten

Wie könnte die objektive Seite einer «nicht-kausalen Wechselbeziehung» aussehen? Im vorigen Kapitel wurde die Meinung vertreten, daß Muster innerer und äußerer Erfahrung aus einer Ordnung entstehen könnten, die beiden gemeinsam ist. Synchronizitäten haben deshalb ihren Ursprung in einem Grunde, der jenseits bestimmter Wissenskategorien liegt und der sich allen Versuchen widersetzt, Grenzen zu ziehen oder geistige Trennlinien zwischen den besonderen Erfahrungsbereichen aufzustellen.

Mit anderen Worten: Synchronizitäten sind Manifestationen – im Geist und in der Materie – des unbekannten Grundes, der Geist und Materie zugrunde liegt. Wir entdecken sowohl im Bewußtsein als auch in der Struktur der Materie ähnliche Ordnungen. Ein einfaches Beispiel mag helfen, die Idee der Synchronizität noch weiter zu verdeutlichen; es sollte allerdings nicht als ein Bild des wahren Wesens der Dinge genommen werden, sondern vielmehr als eine Allegorie, die dazu dient, unsere Aufmerksamkeit in eine neue Richtung zu lenken.

Nehmen wir einmal an, es gäbe, ohne daß wir es ahnten, eine Rasse von zweidimensionalen Lebewesen, die ihr Leben auf einer flachen zweidimensionalen Ebene verbringen. Diese Bewohner von «Flächenland»* gehen ihren Beschäftigungen nach, lehren ihre Philosophie und haben sogar eine Physik entwickelt, durch die die verschiedenen Erscheinungen erklärt werden, die in ihrem

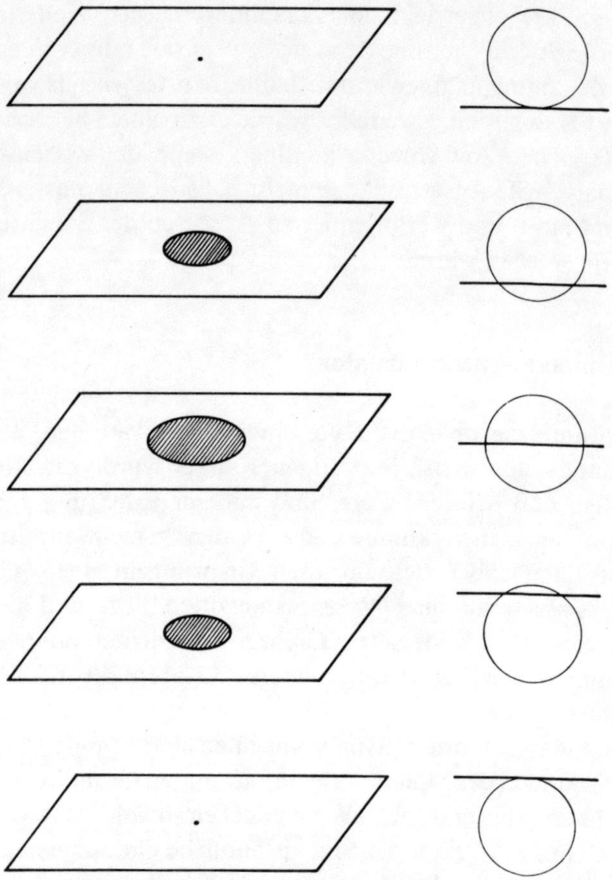

Ein durch das Flächenland fallender Ball bildet einen Kreis, der größer wird, sich zusammenzieht und dann wieder verschwindet.

* Der viktorianische Schulmeister Edwin Abbott Abbott hat der Metapher des «Flächenlandes» ein ganzes Buch gewidmet: *Flächenland*, Stuttgart (Klett-Cotta) 1982; siehe auch: Rudy Rucker: *Die Wunderwelt der Vierten Dimension*, Bern u. a. (Scherz) 1987. (Anm. d. Hrsg.)

zweidimensionalen Universum zu beobachten sind. Nehmen wir jetzt einmal an, daß Ereignisse aus unserer eigenen dreidimensionalen Welt in ihr flaches Universum einzudringen beginnen. Eines Tages fällt ein Schlagball durch ihre Flächenwelt hindurch. In dem Moment, wo er ihr zweidimensionales Universum berührt, wird zuerst ein einzelner Kontaktpunkt hergestellt. Dieser Punkt wächst sich mit der Bewegung des Balls zu einem Kreis aus, der eine Maximalgröße

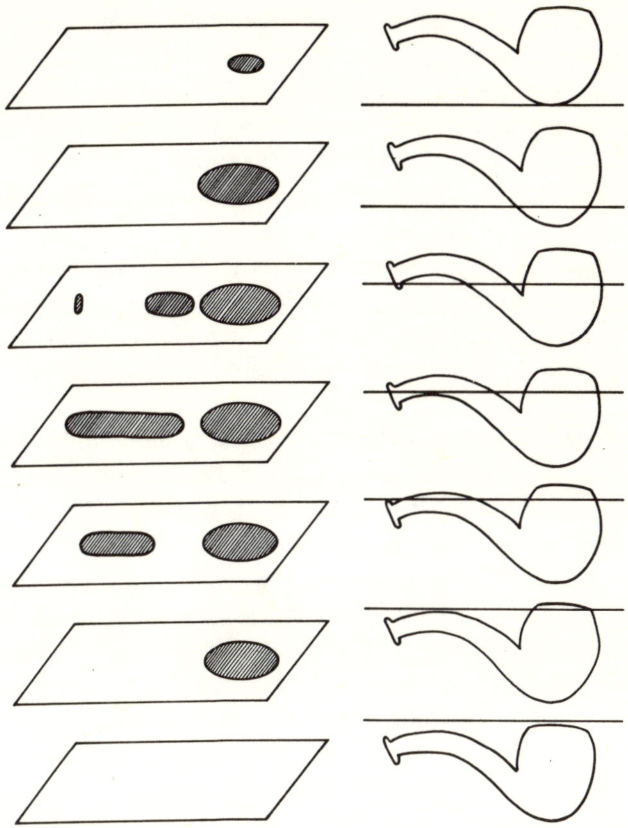

Eine Pfeife oder ein anderer komplexer Gegenstand, der durch das Flächenland fällt, erzeugt eine zusammenhängende Folge von Ereignissen, die im Raum getrennt sind. Ereignisse, die in unserer dreidimensionalen Welt normal erscheinen, können in der flachen, zweidimensionalen Welt wie Synchronizitäten wirken.

erreicht und sich dann wieder zu einem Punkt zusammenzieht und verschwindet. Der Ball hat ihre Welt wieder verlassen. Die Wissenschaftler des Flächenlandes versuchen gerade eifrig, sich dieses seltsame Phänomen zu erklären, als am folgenden Tag eine Pfeife langsam in ihre Welt eintritt. Sie glauben zunächst, dies sei eine Wiederholung der Erscheinung vom Vortage, denn zuerst taucht ein Punkt auf, der beginnt, sich zu einer Kreisfläche auszudehnen – der Boden des Pfeifenkopfes hat ihre Welt erreicht. Als nächstes kommt die Spitze des Pfeifenstieles. Eine Linie taucht auf, die sich in einiger Entfernung von dem sich ausdehnenden Kreis befindet; sie weitet sich aus, bildet eine Ellipse, die sich verformt, bis sie mit einer sich von dem ursprünglichen Kreis abspaltenden Ellipse zusammentrifft. Schließlich verschwindet diese längliche Form; es bleibt nur ein Kreis von gleichbleibender Größe, bis auch er plötzlich verschwindet.

Am nächsten Tage werden noch seltsamere Ereignisse von den Wissenschaftlern im Flächenland beobachtet: Eine Kaffeekanne, eine Trompete, eine Blumenvase und sogar eine winkende Hand durchqueren ihr Universum. Was fangen die Wissenschaftler des Flächenlandes mit all diesen Erscheinungen an? Sobald die Querschnitte der Pfeife auftauchen, sind die Wissenschaftler zur Stelle und versuchen mit ihren Meßgeräten zu bestimmen, welche Kraft zwischen dem sich ausdehnenden Kreis und der sich verformenden Ellipse wirkt. Es ist klar, daß diese beiden Ereignisse irgendwie miteinander in Beziehung stehen, obwohl sie im zweidimensionalen Flächenland getrennt voneinander stattfinden. Bald nehmen einige Wissenschaftler an, daß eine neue, bisher noch unentdeckte Kraft in der Natur die Bewegung der voneinander entfernten Ereignisse bewirkt habe; sie glauben nämlich, daß alle miteinander in Beziehung stehenden Ereignisse irgendwie kausal verknüpft sein müßten. Andere stellen Spekulationen darüber an, daß Synchronizitäten des Flächenlandes am Werk sein könnten, welche wechselseitige Beziehungen und Zusammenhänge beinhalten, in denen keine Kausalverbindungen wirksam sind; sie verstehen den Kreis und die Ellipse zum Beispiel als wahre akausale Verknüpfungen.

Einige Wissenschaftler jedoch kommen auf die Idee, daß ihr Universum vielleicht nicht die gesamte Realität enthält, sondern in

Wahrheit in eine größere, dreidimensionale Welt eingebettet ist. Die akausalen Wechselbeziehungen, die man zum Beispiel zwischen einer Serie von hin- und herschwingenden Kreisen beobachtete, könnten nichts anderes sein als die flächenländische Darstellung eines einzigen zugrundeliegenden Ereignisses – der Bewegung einer dreidimensionalen Hand. Was so aussieht wie die Wechselbeziehung zwischen verschiedenen Ereignissen, sind also einfach die Bewegungen von Strukturen innerhalb einer höherdimensionalen Welt, in die ihre eigene eingebettet ist.

Einer der mutigeren theoretischen Physiker macht sogar den Vorschlag, daß diese hypothetische dreidimensionale Welt selbst nur Teil weiterer Dimensionen von unvorstellbarer Komplexität sein könnte. Man könne erwarten, daß sich immer mehr Erscheinungen im Flächenland durch die Tatsachen erklären lassen, daß sie ihren Ursprung in dieser höherdimensionalen Welt haben. Was auf den ersten Blick beinahe wie ein die Naturgesetze überschreitender Zauber erschien, habe sich jetzt als die Projektion einer höherdimensionalen Ordnung in eine Welt, die nur zwei Dimensionen kennt, erwiesen.

Hier endet die Allegorie. Es wäre verführerisch, aber in diesem Stadium töricht zu sagen, daß auch wir Teil einer «höherdimensionalen Realität» sind und daß sich die Ordnung dieser Realität in dem zeigt, was wir als Synchronizitäten oder Wachstumsmuster, Harmonie und Form innerhalb unseres Universums erkennen. Dies könnte dahingehend weitergesponnen werden, daß «Geist» aus einigen dieser Dimensionen entsteht oder daß die diesem zugrundeliegende Realität, aus der Geist und Materie entstehen, ein multidimensionaler Grund mit seinen eigenen besonderen und äußerst subtilen Ordnungen ist. Der «Sinn» einer Synchronizität und das Muster ihrer inneren und äußeren Abläufe wären demnach eine Manifestation dieser zugrundeliegenden Ordnung. Aber das Flächenland-Beispiel können wir natürlich nicht derart ausweiten. Die ganze Vorstellung räumlicher Dimensionen würde zum Beispiel ihre Bedeutung verlieren, lange bevor man diesen Grund erreicht. Außerdem können wir den Geist nicht als eine «weitere Dimension» auf die Materie aufsetzen, denn die Beziehungen und die Bedeutung von Geist und Materie sind sehr viel subtiler. Schließlich beruht die ganze Analogie zu sehr auf unserer üblichen Betrachtungsweise der Natur; im besten Falle gibt sie einen Fingerzeig und lenkt unsere Aufmerksamkeit in eine bestimmte Richtung.

Weltanschauungen und Paradigmen

Warum haben wir dann überhaupt die Flächenland-Analogie angeführt? Der Grund ist, daß es uns sehr schwer fällt, uns ohne solch anschauliche, wenn auch sehr vereinfachte Beispiele eine Vorstellung von der Synchronizität zu machen. In den vergangenen fünfhundert Jahren hat sich der Westen einer wissenschaftlichen Weltsicht verschrieben, die je nachdem als mechanistisch, reduktionistisch oder analytisch bezeichnet worden ist. Seit Galilei hat die moderne Naturwissenschaft enorme Fortschritte in Hinsicht auf die Vorhersage als auch die Kontrolle von Ereignissen gemacht. Die Weltanschauung, die all das hervorbrachte, beschränkt sich allerdings nicht einfach auf die Physik und die Chemie, sondern hat tiefgehende Einflüsse auf die Psychologie, die Biologie, die Wirtschaftswissenschaft und die Soziologie gehabt. (Sie hat sogar das Entstehen dieser Wissenschaftszweige und ihrer Untergliederungen bewirkt.) Selbst Gebiete wie die Geschichtswissenschaft und die Geisteswissenschaften sind weitgehend von der umfassenden Weltanschauung beeinflußt worden, die zuerst in der Naturwissenschaft aufkam. Mit anderen Worten: Die Weltanschauung, die im Abendland vorherrscht, umfaßt inzwischen alle Lebensaspekte und beeinflußt nicht nur sehr weitgehend die Art der Weltsicht, sondern auch die Auffassung, die die Menschen von sich selbst und den Werten in ihrer Gesellschaft haben.

Der Wissenschaftshistoriker Thomas Kuhn bezeichnet eine solche Weltanschauung in ihrer Bedeutung für die Wissenschaft als «Paradigma». Ein Paradigma ist nicht einfach ein vorgegebener Wissenszweig, den man sich als solchen aneignet; es schließt vielmehr den umfassenden Bereich aller Fähigkeiten, Einstellungen und Vorgehensweisen ein, die ein Wissenschaftler während seiner Ausbildung und in seiner praktischen Arbeit aufnimmt. Ein solches Paradigma hat daher einen großen Einfluß darauf, wie jeder einzelne Wissenschaftler sich gegenüber der Natur verhält, wie er über sie denkt und wie er seine Ergebnisse und seine Einstellungen anderen vermittelt.

Das besondere wissenschaftliche Paradigma, das während der Renaissance aufkam und seitdem im Schwange war, hat inzwischen nicht nur den Bereich der reinen Wissenschaft, sondern auch alle Bereiche unseres Lebens durchdrungen. Diese Einstellung zur Natur und zu uns selbst ist viel mehr als eine wissenschaftliche Anschauungsweise; es handelt sich vielmehr um eine allgemein akzeptierte Geisteshaltung, eine Art, die Welt zu sehen, in ihr zu handeln und zu kommunizieren, die uns inzwischen vollkommen natürlich vorkommt. Tatsächlich ist es überhaupt nicht mehr möglich, diese Weltanschauung oder dieses Paradigma selbst zu sehen, sondern jeder Mensch sieht *durch* dieses Paradigma.

In dem Buch *Der Zauberer von Oz* des Schriftstellers Frank L. Baum sahen die Bewohner von «Smaragdstadt», daß alles um sie herum grün war, die Häuser, die Kleidung und die anderen Menschen. Der Grund für diese Einförmigkeit der Farbe entsprang nicht der Realität der Stadt selbst, sondern lag darin, daß jeder Bürger eine grüngetönte Brille trug. Da jeder seine Stadt durch ein Glas mit derselben Farbe sah, hatten sie eine allen gemeinsame Auffassung über die Farbe der Dinge. Grüne Brillen waren das Paradigma, durch das die Bürger von Smaragdstadt ihre Welt betrachteten. Die Wissenschaft ist das Paradigma, durch das wir unsere Welt betrachten.

Da diese Sicht der Natur, die beherrscht wird von Kausalität, Analyse und Reduktion, von linearer Zeitvorstellung und den von Einzelelementen ausgehenden Erklärungen, so weit verbreitet ist, ist es außerordentlich schwer, der vollen Bedeutung der Synchronizität gewahr zu werden, eines Phänomens, das eine völlig andere Weltsicht erfordert. Tatsächlich erschüttern Synchronizitäten oftmals die Grundlagen dieser wohlgeordneten, wissenschaftlichen Welt, so daß wir verwirrt und ohne Orientierung dastehen. In solchen Fällen können Synchronizitäten magisch und irrational erscheinen, wie die Joker im Kartenspiel der Natur.

Bisher sind wir davon ausgegangen, daß wir Synchronizitäten in unsere bisherige Denkweise integrieren können, ohne dabei das vorherrschende wissenschaftliche Gedankengebäude völlig aufgeben zu müssen. Um weiterzukommen, ist es nun aber nötig, diese traditionelle Weltsicht zumindest vorläufig aufzugeben und alternative Ansätze zu erforschen. In den folgenden Kapiteln werden wir einige Denkansätze mit Blick auf den Geist und die Materie untersuchen, die mehr oder weniger mit den Konventionen unserer gegenwärtigen Weltanschauung brechen. Dazu gehören Sheldrakes morphogenetische Felder, Bohms implizite Ordnungen und Jungs Vorstellungen vom Pleroma und vom Psychoiden. Jeder dieser Ansätze gründet noch in einer wissenschaftlichen Sichtweise; dennoch können sie dazu beitragen zu erhellen, was W. Pauli gemeint haben könnte, als er seinem Assistenten, H. B. G. Casimir, folgendes sagte:

> Es muß etwas Neues kommen. Ich glaube, ich weiß, was kommt. Ich weiß es genau. Aber ich sage es niemandem. Die könnten meinen, daß ich verrückt bin. Also beschäftige ich mich lieber mit einer fünfdimensionalen Relativitätstheorie, obwohl ich nicht ernsthaft daran glaube. Aber ich weiß, was kommt. Vielleicht erzähle ich es dir ein andermal.[1]

Auf jeden Fall erfordert es eine beträchtliche Kreativität, um eine einheitliche Sicht der Welt zu entwickeln, in der Kausalität und Akausalität nebeneinander oder derart als Dualitäten bestehen können, wie Jung und Pauli es in dem Schema im ersten Kapitel vorgeschlagen haben. Ein Ansatz ist nötig, der dem subjektiven Aspekt der Erfahrung dasselbe Gewicht verleiht wie ihrer objektiven Analyse und der es ermöglicht, dem Sinn eine wesentliche Rolle in der Wissenschaft einzuräumen. Es ist gerade die verführerische Kraft unserer gegenwärtigen Weltanschauung, die uns daran hindert, einen Sprung in das Unbekannte zu tun.

Deshalb wollen wir uns jetzt der Untersuchung von Weltsichten zuwenden, die uns vollkommen fremd sind und in denen Synchronizität eine zentrale Rolle spielt. Dies soll aber nicht bedeuten, daß die Wege des Naturverständnisses, die im folgenden beschrieben werden, den unseren in irgendeiner Weise vorzuziehen oder daß sie nauer wären als diese. Sie sollen dem Leser vielmehr einen Einblick in eine Konsensus-Realität vermitteln, die sich deutlich von der des Abendlandes unterschied, aber doch so stimmig war, daß sie eine ganze Kultur tragen und zusammenhalten konnte. Wenn wir die Weltanschauung der Naskapi-Indianer, der chinesischen Shang-Dynastie und diejenige, die im *I Ging* zum Ausdruck kommt, betrachten, dann mag uns deutlich werden, wie sehr sich unsere eigene Weltanschauung, unser Verständnis von uns selbst und unserer Gesellschaft ändern muß, damit wir Kausalität und Synchronizität miteinander in Einklang bringen können.

Naskapi: Die Träumer von Labrador

Die riesige Landfläche zwischen der Hudson Bay und der Labradorsee im Nordosten Kanadas ist so kahl und unwirtlich, daß sie nur einige tausend Menschen, darunter etwa dreihundert Naskapi-Indianer, ernähren kann. Vor der Ankunft des weißen Mannes hatten eingeborene Stämme in anderen Gebieten Nordamerikas voll entwickelte Gesellschaftsstrukturen, die Regierungen, Nachrichtenverbindungen, hochentwickelte rituelle Bräuche und Kunstwerke hervorgebracht haben. Die Naskapi aber wurden durch ihre Umwelt gezwungen, sich auf ihr inneres spirituelles Wesen zu konzentrieren. Diese kleine Gruppe von Jägern hat keine echte Regierung, keine sozialen Einrichtungen, keine organisierte Religion und nur wenige förmliche Zeremonien. Die Naskapi jagen allein oder in Familiengruppen, und wenn sie inzwischen auch Schußwaffen und Schneefahrzeuge benutzen, so haben sie doch erst, wie ein Anthropologe es ausgedrückt hat, die «Schneeschuh-Stufe» der Zivilisation erreicht.

Die Wildnis, die sie ernähren muß und auf die sie angewiesen sind, ist derart unwirtlich, daß hier gar nicht erst das Streben nach materiellem Reichtum und Beherrschung der Natur aufkommen kann. Das Überleben hängt von einer Weltanschauung ab, die die Harmonie des Menschen mit der lebendigen Natur in den Mittelpunkt stellt. Im Zentrum dieser Weltanschauung steht Manitu, das allen Dingen innewohnt und die einzelnen Jäger, Männer und

Frauen, mit den Rhythmen vertraut macht, von denen sie umgeben sind. Es ist schwer festzustellen, ob die Naskapi jemals den Gedanken eines «Großen Gottes» oder eines Höchsten Wesens entwickelt haben wie die anderen Stämme Nordamerikas. Möglicherweise wurde eine solche Vorstellung durch frühe Missionare in der Gegend verbreitet. (Manchmal wird eine derartige Vorstellung auch nur durch Anthropologen auf eine Kulur projiziert – ein Beispiel dafür, wie verführerisch eine Weltanschauung sein kann, die so natürlich erscheint, daß man sie für universell hält.) Auf jeden Fall scheint die Idee eines Höchsten Gottes wenig Bedeutung für die Naskapi zu haben; hier ist es Manitu, das eine wichtige Stellung einnimmt. Manitu ist das Wesen aller Dinge und wohnt in ihnen. Jede Tierart hat ihr eigenes Manitu, das ihr Sinn und Kraft gibt.

Jeder Naskapi besitzt Manitu. Es ist kein von der Schöpfung gesondertes Wesen, kein Herr der Schöpfung im Stile des Westens, der außerhalb der Natur steht und sie beobachtet und manipuliert. Manitu ist einfach ein Element im allumfassenden Muster der Natur, das angemessen reagieren und alles Leben und Wachstum respektieren muß. In jedem Jäger gibt es ein Zentrum oder einen Mittelpunkt, der unterschiedlich bezeichnet worden ist, zum Beispiel als «Großer Mann», als «Schatten», als «Seele», als «Fußabdruck» oder als «Mein Freund». «Mein Freund» wird mit dem Jäger geboren, lebt in seinem Herzen und wandelt nach dem Tode zwischen den Sternen und den Nordlichtern. «Mein Freund» hilft bei der Jagd; Trommelklänge, Tabakrauch und Gesang machen ihn glücklich; er spricht zu dem Jäger in seinen Träumen.[2]

Das Überleben der Naskapi hängt vom Karibu und vom Bären ab. Mensch und Tier sind so sehr miteinander verbunden, daß Jäger und gejagtes Wild jeweils das Schicksal des anderen bestimmen. Die Naskapi glauben zum Beispiel, daß ein Karibu nicht zu erlegen ist, wenn nicht der Geist, der die Herde kontrolliert, sein Einverständnis mit der Jagd erklärt. Ähnlich ist es mit dem Bären in seiner Höhle, den man respektvoll und gewunden ansprechen muß. Auch nach seiner Tötung wird er mit großem Respekt behandelt, und ein Fest wird zu seinen Ehren veranstaltet.

Im Mittelpunkt des Lebens der Naskapi steht der Große

Traum, in dem der Jäger auf die Pirsch geht, Freunde trifft und Karibuherden ausfindig macht. Nach einem solchen Traum wacht der Jäger oft sofort auf und beginnt damit, zu trommeln und zu singen, um den Traum zu verstärken und ihn seinen Nachbarn mitzuteilen. Man glaubt, daß der Traum auf diese Weise den Geistern der Tiere im Busch übermittelt wird. Ein Freund, Dr. Alan Ford, der mit den Naskapi gelebt und gejagt hat, erzählte mir einmal von dem amüsierten Staunen einer Jägergruppe, als er ihnen sagte, daß er sich nach dem Aufwachen nie an irgendwelche Großen Träume erinnere.

Wenn ein Jäger sich richtig verhält und die Tiere und seine Mitmenschen achtet, dann werden seine Träume immer besser und er wird ein großer Mann werden. Wenn er aber den Verhaltens-Kodex verletzt, dann können ihn seine Träume verlassen. Heutzutage, mit dem Vordringen der Zivilisation in den Lebensraum der Naskapi, sind die Großen Träume wohl nicht mehr so häufig wie zu der Zeit, als die ersten Anthropologen die Naskapi aufsuchten. Dennoch werden bestimmte ältere und sehr erfahrene Jäger als gute Träumer anerkannt, deren Rat eingeholt werden muß, bevor man auf die Jagd geht. In ihrer Traumwelt treffen die Naskapi alte Freunde, erkennen verschiedene Punkte auf ihrem Jagdpfad wieder und erfahren von den Bewegungen des Wildes.

Frank Speck hat eine typische Bärenjagd beschrieben: Ein Naskapi geht in eine Schwitzhütte, die mit heißen Steinen aufgeheizt wird. Der Jäger führt ein Fieber herbei, verbringt mehrere Nächte in der Hütte und träumt vom Bären und von der Jagd. Nachdem er dem Bären in seinen Träumen begegnet ist, ist die Jagd selbst beinahe nur noch eine Formalität.

Zusätzlich zu ihren Träumen verwenden die Naskapi noch verschiedene andere Weissagungen, deren wichtigste die Befragung eines Knochenorakels ist. Tiere sind heilig, sie verzehren die Kräuter der Natur, und einen Bären und ein Karibu zu essen bedeutet, Medizin einzunehmen. (Ein für die Region Labrador zuständiger Gesundheitsbeamter erzählte mir von der allgemeinen Abnahme der Gesundheit, die der Einfuhr von Fleisch und anderen Lebensmitteln in die Gegend folgte. Das Wild der Arktis hat besonders wenig gesättigte Fette, und trotz einer fast ausschließlichen

Fleischernährung kommen Herzerkrankungen bei den Indianern und Eskimos nicht häufig vor.) Diese Kraft oder Manitu ist auch in den Knochen der Tiere gegenwärtig und kann deshalb genutzt werden, um den Standort des Wildes zu erfahren. Der Jäger wirft einen Knochen in das Feuer und untersucht dann das Muster der Sprünge und dunklen Flecken, die er als Jagdpfade, Seen, Herden, Jäger und Fremde interpretiert.

Die Naskapi glauben auch, daß der Geist des Feuers in den Knochen eintritt, und wenn der Wahrsager über große Kräfte verfügt und sich in Harmonie mit den Geistern der Tiere befindet, dann wird die Weissagung erfolgreich sein. Einige Jäger benutzen nur die Knochen kleiner Tiere, denn sie glauben, daß die starken Elch- und Karibuknochen nur von den Jägern benutzt werden können, die über ein großes Manitu verfügen. Das Überleben des Naskapistammes hängt von der Fähigkeit eines jeden Jägers ab, die Muster und Wechsel in der Natur zu erkennen und mit ihnen zu leben. Durch das Knochenorakel und durch seine Träume hält der Jäger Kontakt mit dem in ihm lebenden Manitu und reagiert so auf Muster, die sich in der äußeren Welt in der Form des Wetters, der Wanderungen des Wildes, der Lebensgewohnheiten des Bären und der Streifzüge anderer Jäger zeigen.

Die Naskapi leben in einer Welt bedeutungsvoller Muster, in denen kein Unterschied zwischen dem existiert, was wir Geist und Materie genannt haben. Denn Manitu wirkt in allen Dingen und verursacht die Bewegungen und Strömungen der natürlichen Welt, die in den Träumen erscheinen. Diese Muster sind auch durch die Kunst der Knochenweissagung zu erkennen, die darauf beruht, daß das Manitu des Wahrsagers sich mit dem Manitu des Knochens und des Feuers verbindet. Die Frage, ob die Weissagung tatsächlich die Zukunft *voraussagt* und ob die Nächte, die in der Schwitzhütte verbracht werden, tatsächlich den Erfolg einer Bärenjagd *verursachen*, würde diesen Menschen völlig absurd vorkommen. Alles, was geschieht, ist Teil des einen universellen Musters, Manitu ist innen und außen; ein Wissen, das auf Kausalität und Analyse beruht, muß unwichtig erscheinen.

Einer der interessantesten Aspekte des Knochenorakels der Naskapi ist, daß auf der anderen Seite der Welt, in den fernab gelegenen Bergen Chinas, heute noch ein ähnliches Ritual praktiziert wird. Ein chinesischer Schamane nimmt einen Schaf- oder Ziegenknochen, verbrennt ihn oder schlägt auf ihn ein und interpretiert dann das Muster der Sprünge. Das Ritual beginnt mit einer Ansprache an den Knochen und mit der Aufforderung, auf eine bestimmte Frage zu antworten. Der Wahrsager spricht zu dem Knochen und sagt ihm, daß das «Universelle» so stark in ihm sei, daß er sehen und hören könne, weil das Schaf oder die Ziege nur von sauberem Gras lebt und reines Wasser trinkt. Der Schamane wird dann vielleicht dem Knochen etwas Reis opfern und seine Frage auf den Knochen schreiben. Dann verursacht er die Sprünge, nachdem er den Knochen aufgefordert hat, die Wahrheit zu sagen.

«Wird dieses Ehepaar Söhne und Enkelsöhne haben?» – «Wird ihre Ehe gut sein, schlecht oder mittelmäßig?» Ein junges Paar wartet auf das Urteil des Knochens über seine Zukunft, während der Schamane die Muster der Sprünge im Knochen untersucht. Wenn der Sprung zu einer Seite verläuft, ist das ein gutes Omen, wenn er sich aber in die andere Richtung bewegt, mögen die Dinge sich ungut entwickeln. Wie immer das Ergebnis aussieht, der Schamane vertraut darauf, daß das «Universelle» den Orakelknochen Macht verleiht – ein Echo vielleicht von Manitu, das in der ganzen Natur lebt und von den Schafen durch Fressen und Trinken aufgenommen worden ist.

Weissagungen mit Orakelknochen gibt es nicht nur bei den Naskapi in Labrador oder bei den Bergvölkern im modernen China; sie sind auch in vielen subarktischen Gebieten entdeckt worden und werden von den Dog-Rib-Indianern im Norden Kanadas genauso angewandt wie von den Tschukschen in Sibirien, um Veränderungen des Wetters, den Ausbruch von Krankheiten, Angriffe von Wölfen, Verlegungen des Lagers und Erfolge auf der Jagd vorauszusagen.

Die Shang vom Gelben Fluß

Der im zwanzigsten Jahrhundert lebende chinesische Schamane, der die Sprünge in einem Schafknochen interpretiert, ist Erbe eines Vermächtnisses, das über fünftausend Jahre alt ist und in die Morgendämmerung der chinesischen Zivilisation zurückreicht, in eine Zeit, in der die frühen Jäger- und Sammlervölker die ersten Anfänge der Landwirtschaft entdeckten und begannen, sich in kleinen Dörfern niederzulassen. Das Knochenorakel war besonders wichtig für die Lung-shan, ein jungsteinzeitliches Volk, das der Religion und den rituellen Handlungen in seinem Leben den wichtigsten Platz einräumte. Die Lung-shan waren schon weiter entwickelt als ihre Jäger- und Sammlervorfahren, denn sie begruben ihre Toten mit besonderer Sorgfalt; sie entwickelten auch eine raffinierte Kunst in der Herstellung von Töpferwaren und polierten Jadegegenstände.

Ein bedeutender Fortschritt in den Zivilisationen Chinas und eine volle Blüte des Knochenorakels begann mit dem Aufstieg der Shang-Völker in der Gegend des Gelben Flusses, ungefähr um 1700 v. Chr.[3] Wir werden feststellen, daß das Knochenorakel Grundlage für die Regierung und für die Religion der Shang war, wodurch sie eindeutig eine Zivilisation darstellten, die sich auf Synchronizität gründete. Unter der Herrschaft der Shang wuchsen die Städte, verbesserte sich die Landwirtschaft und wurde ein Getreidebevorratungssystem eingeführt. Es gab einen besonderen Handwerkerstand, der Töpferwaren, Jadeerzeugnisse und Bronzeprodukte von außergewöhnlicher Schönheit herstellte.[4] Die Regierung und die Bürokratie der Shang waren entwickelt genug, daß große Bauprojekte in Angriff genommen werden konnten, zum Beispiel die Mauer von Jinhuan, die von 10000 Arbeitern in ungefähr zwölfeinhalb Jahren gebaut wurde.

Für diese Menschen der Bronzezeit gab es keine scharfe Trennung zwischen Geist und Materie, zwischen Himmel und Erde, zwischen den Lebenden und den Toten. Das Weltall war eine Harmonie, das Universum war zyklisch, der Mensch hatte die Aufgabe, dieses Gleichgewicht durch richtiges Verhalten, durch Befolgung der rituellen Handlungen, durch die Jagd und durch den

Anbau von Feldfrüchten aufrechtzuerhalten. Obwohl es nicht möglich war, die letzte Ursache des Universums zu erkennen, hatten sie einen erhabenen Gott, Ti, neben niedrigeren Gottheiten, den Seelen wichtiger Vorfahren und sogar Wesen, deren besondere Sorge einem bestimmten Dorf oder einem bestimmten Haus galt. Religion war für die Shang nicht eine formelle Angelegenheit in der Zuständigkeit einer Priesterklasse, sondern ein Teil des täglichen Lebens, in dem jedermann kleine Opfergaben darbrachte und rituelle Handlungen befolgte.

Es lag jedoch nicht in der Macht der einfachen Menschen, mit den mächtigsten Vorfahren oder Göttern in Verbindung zu treten. So bildete sich die Stellung des Kaisers heraus, er wurde zum Mittler zwischen dem erhabensten Himmel und seinem Volk. Der Kaiser traf die wichtigsten Entscheidungen, gab Anordnungen, erklärte den Krieg, initiierte den Bau neuer Gebäude und war zuständig dafür, daß die Natur den Menschen mit ihren reichen Gaben beschenkte. All dies geschah aber nicht allein durch sein eigenes Bemühen, denn er war ein Übermittler der Harmonien des Universums. Gleichzeitig mit dem Wandel in der Gesellschaft und Religion, der dem Kaiser seine zentrale Stellung einräumte, entwickelte sich das Knochenorakel – zurückgehend auf den Gebrauch von Schulterknochen, in denen durch Erhitzung Sprünge verursacht wurden, bei den Lung-shan – weiter zu den großen Weissagungsritualen mit Hilfe von Schildkrötenpanzern, die in der späten Shang-Periode verwendet wurden.

Auf dem Höhepunkt der Shang-Zeit befragte der Kaiser das Schildkrötenorakel über alles, über Feldzüge, Wetter, Jagd, Bauvorhaben und Verwaltungsanordnungen bis hin zu Zahnschmerzen, Träumen, von Konkubinen geborenen Kindern, Bitten an einen Ahnherrn, Vorhersagen für Wochen, Tage und Nächte. Jeden Tag nahm der Shang-Kaiser an den Weissagungsriten teil, die mehrere Stunden dauerten. Es ist einmal ausgerechnet worden, daß ungefähr drei Millionen Mannstunden in der späten Shang-Periode damit verbracht wurden, mit dem Schildkrötenorakel zu arbeiten!

Die Weissagung begann mit der Vorbereitung des Schildkrötenpanzers. Für das kaiserliche Orakel benötigte man so viele dieser

Tiere, daß sie aus verschiedenen Gegenden Chinas importiert werden mußten. Hunderttausend beschriftete und polierte Panzer sind in einer einzigen Grube entdeckt worden. Zunächst wurde der Panzer gereinigt und sorgfältig poliert, bis er wie Jade glänzte. Dann wurde er mit einer Katalognummer, mit Angaben über seine Herkunft und die Art der Präparierung versehen. Schließlich wurden etliche Vertiefungen in den Panzer gebohrt, die ein Muster bildeten, das der Symmetrie des Panzers folgte. Dieser ganze Vorgang dauerte etwa neunzig Stunden.

Nach der Präparierung des Panzers konnte die tägliche Weissagung beginnen. Der Kaiser stand vor einem Altar aus Erde, auf dem eine Anzahl glänzender, polierter Panzer lagen. Er richtete zunächst eine «Aufforderung» an den jeweiligen Panzer. Er sagte zum Beispiel: «Morgen gibt es eine gute Jagd.» Dann wurde ein Feuerbrand oder ein Feuerhaken auf eine der Vertiefungen gelegt, bis ein lautes Krachen zu hören war und ein Sprung auf der anderen Seite des Panzers auftauchte. Dieser Vorgang wurde so lange wiederholt, bis ein Muster von Sprüngen entstanden war.

In vielen Fällen spielte die Anrufung des Namens eines wichtigen Ahnherrn eine Rolle, der bei der Aufforderung und Weissagung half. Wenn die erste Aussage eindeutig war, wurde ein Tier geopfert und ausgenommen; die Zeremonie wurde wiederholt, um die Bestätigung zu erhalten, daß die Ritualhandlung diesem bestimmten Ahnherrn gefiel. Wenn die Aussage sich jedoch als unklar erwies, dann mußte der ganze Vorgang wiederholt werden. In einigen Fällen war eine Folge von Weissagungen nötig, von denen jede einzelne eine Anwort auf eine Ja/Nein-Frage gab, um dadurch die beste Entscheidung für eine wichtige Handlung zu erhalten. Es mag zum Beispiel nötig gewesen sein, daß der Kaiser eine Reihe von Panzern befragte, um durch eine zweigeteilte Fragestellung festzustellen, welcher Ahnengott oder welcher Ahnherr besänftigt werden mußte.

Schließlich war die Weissagung nach mehreren Stunden beendet, und die Panzer wurden Schreibern ausgehändigt, die die Aussagen auf den Panzern eintrugen und später das Ergebnis oder die Bestätigung hinzufügten. Danach wurden die Panzer in einem riesigen Ablagesystem gelagert, wo die Archäologen sie dreieinhalbtausend Jahre später entdeckten.

Das Ausmaß der Riten und die Bedeutung, die dem Schildkrötenorakel beigemessen wurde, machen deutlich, daß diese Weissagung zum Mittelpunkt des Lebens der Shang geworden war. Wir haben gesehen, daß sich der Weissagungsvorgang in der Übergangszeit von den Lung-shan zu den späteren Shang zu einer hohen Kunstfertigkeit entwickelt hatte. Es reichte nicht mehr aus, das Schulterblatt eines Büffels ins Feuer zu werfen. Jetzt mußte das Instrument der Weissagung mit großem handwerklichen Können vorbereitet werden, und die Deutungen selbst wurden von komplexen Ritualhandlungen begleitet.

Die Synchronizität, die sich in dem Knochenorakel zeigt, hatte sich in der Shang-Zeit zu solch großer Bedeutung entwickelt, daß sie sich nicht mehr einfach auf die Bedeutung und die Erfahrung einer Einzelperson bezog, sondern auf die ganze Zivilisation. Die Verbindung des Kaisers mit dem Schildkrötenpanzer war für das ganze Shang-Volk ein zentraler, bedeutsamer Vorgang. Die Weissagungszeremonie verband die inneren Fragen der Shang, ausgedrückt durch ihren höchsten Repräsentanten, mit den äußeren Manifestationen auf dem Panzer und durch diese Einheit wiederum mit allen Harmonien des Himmels. Das Muster der Sprünge bildete zusammen mit seiner Auslegung eine akausale Parallelität zu den Ereignissen in der Natur und in der Gesellschaft. Der Mikrokosmos der Wahrsagung war ein Spiegel, in dem sich die Muster des Makrokosmos spiegelten, von den Bewegungen des Wildes und dem Reifen der Früchte bis hin zur Errichtung von Palästen und zum Tod des Kaisers. Im Knochenorakel begegneten sich Himmel und Erde, Mikrokosmos und Makrokosmos überschnitten sich, so daß die inneren und äußeren Welten ineinander enthalten waren und sich gegenseitig widerspiegeln konnten.

Es wäre den Shang niemals eingefallen zu sagen, daß der Kaiser durch den Akt der Weissagung irgendwie ein Ereignis «verursacht» hätte oder daß man eine kausale Verbindung zwischen den Mustern der Sprünge auf dem Schildkrötenpanzer und der Geburt eines Sohnes herstellen könnte. Das Orakel war ein Ausdruck für die Harmonien des Himmels und der Erde, so daß seine akausalen Parallelitäten für die Shang eine Manifestation der zugrunde liegenden Bewegungen des Universums waren. An dieser Stelle soll an die Geschichte des chinesischen Regenmachers erinnert werden, der den Regen nicht «verursachte», sondern sich selbst und sein Dorf in Harmonie mit den natürlichen Abläufen der Welt brachte, einschließlich des Regens.

Die Shang-Zivilisation beruhte daher auf einer Weltsicht umfassender Harmonie, in der es für völlig natürlich gehalten wurde, daß «zusammenhanglose» Ereignisse zusammen geschehen und dadurch Muster formen. Wesentlich für eine solche Auffassung war es, daß die Dinge, die für uns ohne Zusammenhang sind – wie Geist und Materie, Himmel und Erde, Gott und Menschheit, Innen und Außen –, für die Shang ohne Trennung und ohne Unterschied waren. Wie merkwürdig hätte für die Shang wohl unsere wissenschaftliche Analysebesessenheit ausgesehen oder unsere Suche nach Kausalketten, unsere Versuche, die Muster der Natur aufzulösen und in lineare Zeitskalen einzuordnen, unser Glaube, daß das Verständnis aus einer Erforschung der Elementarteilchen jedes einzelnen Systems herrührt?

Durch ihr Ritual, Sprünge auf dem Panzer einer Schildkröte zu lesen, konnten die Shang ihre vielfältige Kultur organisieren und aufrechterhalten. Auf keinen Fall kann diese Weltsicht einfach als Abirrung eines rückständigen und unbegreiflichen Volkes abgetan werden, denn die Shang werden als eine der wichtigsten frühen Zivilisationen der Welt angesehen. Ihre Kultur dauerte länger als die des britischen Weltreiches! Tatsächlich hat ihre synchronistische Weltsicht länger als die Wissenschaft der Nachrenaissance existiert!

Heute ist das Schildkrötenorakel ein Geschichtsbuch der Shang für uns, denn jede Einzelheit ihres täglichen Lebens ist auf diesen Panzern niedergelegt – das Wetter, die Jahreszeiten, die politischen Entscheidungen, die Geburten, die Hochzeiten, die Todesfälle, die Planung von Kriegszügen und die Verhandlungen mit außerhalb ihrer Grenzen lebenden Stämmen. Eine Inschrift verkündet sogar Einzelheiten über das Erscheinen einer Nova am Himmel. Die genaue Form der Inschriften erwies sich für die Gelehrten als eine Goldgrube, denn die dreitausend Zeichen, die auf den Panzern enthalten sind, bilden den Ursprung, aus dem sich die chinesischen Schriftzeichen entwickelt haben.

Irgendwann um 1030 v. Chr. (einige Gelehrte haben das Datum zwischen 1122 und 1018 v. Chr. gelegt) wurden die Shang von den aus dem Westen kommenden Shou unterworfen, und diese schrieben, wie alle Sieger, die Geschichte neu. Das Knochen- und Schildkrötenorakel überdauerte die Zeiten bis in unser Jahrhundert, aber es sollte nie wieder eine zentrale Bedeutung in einer größeren Zivilisation erlangen. Es wurde abgelöst durch eine ebenso alte, aber beweglichere Methode der Weissagung, die als das *I Ging* bekannt ist.

Das Buch der Wandlung

Mit dem *I Ging* erreichte die chinesische Sicht der Synchronizität ihre am weitesten fortgeschrittene philosophische Ausprägung.[7] Die beträchtlichen Sammlungen von Schriften, die sich um das *Buch der Wandlung* gruppieren, enthalten eine Theorie der Synchronizität und der Anordnung von Harmonien, die in bemerkenswerter Übereinstimmung mit den im vorliegenden Buch aufgestellten Behauptungen steht. Hinzu kommt, daß das *I Ging* einen grundlegenden Einfluß auf das Denken von C. G. Jung ausgeübt hat.

Man vergißt leicht, daß das *Buch der Wandlung* eine Kosmologie, eine Philosophie und eine Theologie enthält; hinzu kommen bemerkenswerte Einsichten in die Landwirtschaft, in die Psychologie und in eine gute Staatsverwaltung. Denn in den sechziger Jahren ist das *I Ging*, zusammen mit Miniröcken, *flower power*, LSD, makrobiotischer Ernährung und den Beatles nur ein weiterer Bestandteil der westlichen Kultur geworden. In den sechziger Jahren war das *I Ging*, was für den abergläubischen Viktorianer spiritistische Sitzungen, Ouija-Bretter, Teeblätter und Handliniendeutung gewesen waren. Es darf aber nicht vergessen werden, daß die Chinesen über mehrere tausend Jahre hinweg glaubten, daß das *I Ging* die Muster und die Dynamik des Universums enthalte, daß es der Mittler zwischen Himmel und Erde sei.

Bei der Befragung des *Buches der Wandlung* wirft der Fragende, der einen klaren und entspannten Geist haben muß, zunächst die heiligen Schafgarbenstengel (oder in späteren Versionen drei Münzen). Der älteste bekannte Text, das *Chou-i*, beschreibt den Vorgang, wie die Stengel willkürlich geteilt und beiseite gelegt werden, wobei die Zahlen in jedem Haufen so lange gezählt werden, bis eine Zahlenfolge erreicht ist, die gebrochene und ganze Linien ergibt:

> Die Gesamtzahl ist 50. Von diesen 50 werden 49 benutzt. Diese werden in zwei Teile geteilt, die die zwei Grundkräfte darstellen. Danach wird ein Teil ausgesondert, um die drei Kräfte darzustellen. Sie werden mit vier durchgezählt, um die vier Jahreszeiten zu repräsentieren. Der Rest wird an die Seite gelegt, um den Schaltmonat darzustellen. Es gibt zwei Schaltmonate in fünf Jahren, darum wird das Beiseitelegen wiederholt, und dies gibt uns das Ganze ... Daher sind vier Handlungen nötig, um eine Wandlung hervorzubringen; achtzehn Wandlungen ergeben ein Hexagramm.

Die willkürliche Aufteilung der Stengel ergibt eine Zahl, die entweder durch eine unterbrochene oder durch eine ganze Linie dargestellt wird. Der ganze Vorgang wird wiederholt, und eine zweite unterbrochene oder ganze Linie wird über die erste gesetzt; der Vorgang wird fortgesetzt, bis ein Hexagramm von sechs Linien entstanden ist. Schließlich wird das Buch selbst befragt, und in Übereinstimmung mit dem besonderen Hexagramm werden eine Entscheidung, ein symbolhaftes Bild und ein Kommentar zusammen mit besonderen Auslegungen des gesamten Hexagramms und jeder seiner einzelnen Linien studiert. Aus der Mythologie erfahren wir, daß das *I Ging* seinen Ursprung in Trigrammen hat (Dreierkombinationen von unterbrochenen und nicht-unterbrochenen Linien), die der legendäre Fu Hsi, der Erfinder der Kochkunst und der Landwirtschaft, entwickelt hatte. Ein anderer Mythos erzählt von einer Schildkröte, die aus dem Gelben Fluß auftauchte und Hexagramme auf ihrem Rücken trug, eine Geschichte, die an eine Verbindung zwischen dem *I Ging* und dem

Schildkrötenorakel der Shang denken läßt. Das *I Ging* selbst berichtet, daß die Hexagramme von König Wen, dem Unterwerfer der Shang, geschaffen wurden und daß die Kommentare von seinem Nachfolger, dem Herzog von Chou, verfaßt wurden. Andere Legenden behaupten, daß Konfuzius selbst das *Buch der Wandlung* um eigene Gedanken erweitert habe.

Es ist sicher, daß die Chinesen irgendeine Art Weissagung durch Pflanzenstengel schon seit den frühesten Zeiten ausgeübt haben. Schon im Jahre 3000 v. Chr. wurden Symbole und Trigramme auf Bronzegefäßen eingraviert, die mit den Zeichen übereinstimmen, welche die Hexagramme bezeichnen. Eine Inschrift lautet:

> Es war der achte Monat nach dem untergehenden Mond, *Wuyin*; der König hielt sich im Si-Pavillon in Pangjin auf und befahl persönlich seinem Schreiber Yu, ein Schafgarbenorakel vorzunehmen. Der König rief Yibo, um Yu mit Muschelgeld zu belohnen. Yu verneigte sich, berührte mit dem Kopf den Boden und stellte hiermit als Dank für die Großherzigkeit des Königs diese Urne für den verehrten Vater Ding her.[8]

Einige Archäologen in China glauben, daß das *I Ging* sich aus dem Knochenorakel entwickelt haben könnte, andere meinen, daß es ein älteres oder ein paralleles Weissagungssystem ist. Die schriftlichen Erläuterungen des *I Ging* wurden vor drei- bis viertausend Jahren verfaßt und mündlich überliefert; spätere Ergänzungen wurden in der Ch'in- sowie der Han-Dynastie hinzugefügt. Das Buch, das heute in Buchhandlungen zu erhalten ist, ist die Übersetzung eines vielschichtigen Textes; jede einzelne Schicht entstammt einem anderen historischen Zeitabschnitt. In verschiedenen Perioden wurde das *Buch der Wandlung* als eine Abhandlung über Magie, als ein Handbuch der Staatskunst, als eine Philosophie, als ein Weissagungssystem und als eine Theorie des Universums angesehen. Vor kurzem wurde eine auf Seide geschriebene Fassung des *I Ging* in einem Grab der Han-Dynastie gefunden, die etwa auf die Jahre 180–170 v. Chr. zurückgeht und andere Anordnungen der Hexagramme und einfachere Interpretationen enthält. Vielleicht war sie für die Benutzung durch einfache Menschen bestimmt, im Gegensatz zu den Priestern und den in der Weissagung Geübten.

Der auffallendste Aspekt des *I Ging* für den modernen Menschen ist, daß es auf einem binären Code zu beruhen scheint. Hexagramme werden aus unterbrochenen und ganzen Linien hergestellt; mit anderen Worten, sie werden aus binären Zahlen aufgebaut, die mit Ja/Nein, Yin/Yang, oder dem 0/1 des modernen Computers übereinstimmen. Im Jahre 1779 veröffentlichte der Philosoph und Mathematiker Leibniz sein *De Progressionis Dyadica*, in denen er das binäre Zahlensystem beschrieb. Ungefähr zwanzig Jahre später, als er mit einem Jesuitenmissionar in China im Briefwechsel stand, erfuhr er zu seiner Überraschung vom *I Ging* und erkannte, daß dessen Hexagramme als binäre Darstellungen der Zahlen 0 bis 63 interpretiert werden können.

Bei genauerer Prüfung zeigt sich jedoch, daß die Numerologie des *I Ging* viel feiner ist, als daß ein einfacher binärer Code sie ausdrücken könnte. Für jede Zeile gibt es zum Beispiel eine Zahl – 6, 7, 8 oder 9 –, die eine bestimmte mystische und kosmologische Bedeutung hat (die Zahlen 1, 2, 3, 4 wurden während der Tang-Dynastie benutzt). Diese weisen darauf hin, ob die Linie unterbrochen oder nicht unterbrochen ist, ob sie wandelbar oder statisch ist. Wenn eine «wandelbare» Linie auftaucht, so kann sie ihre Bedeutung ändern, von einer unterbrochenen in eine nichtunterbrochene Linie oder umgekehrt, und dadurch eine Umformung von einem Hexagramm in ein anderes bewirken.

Die Linien selbst werden zunächst in Trigrammen angeordnet. Da jede Linie zwei mögliche Eigenschaften hat, unterbrochen oder nicht unterbrochen, gibt es insgesamt acht Trigramme, die alle möglichen dreifachen Wechselwirkungen von Yin und Yang aufzeigen. Drei Yang-Linien werden zum Beispiel *Ch'ien*: der Vater, der Himmel. Drei Yin-Linien heißen *K'un*: die Erde, die Mutter. Wenn K'un verändert wird, indem eine «männliche» Yang-Linie auf den «dritten Platz», von unten nach oben gezählt, gerückt wird, dann entsteht *Ken*: das Wasser, der älteste Sohn. Wenn eine «weibliche» Linie auf den dritten Platz von *Ch'ien* tritt, ergibt das *Tui*: der See, die jüngste Tochter.

Ch'ien der Himmel	Sun der Wind
Tui der See	K'an das Wasser
Li das Feuer	Ken der Berg
Chen der Donner	K'un die Erde

Die Linien der Trigramme werden, wie die Linien beim Schildkrötenorakel, von unten nach oben gelesen, im Gegensatz zu der üblichen Leserichtung der chinesischen Schrift; sie enthüllen die Bewegungen und Gegensätze zwischen den Kräften des Yin und Yang, die in der Natur, im Staat und in der Familie zum Ausdruck kommen. Yin und Yang gehen auf das Tao zurück: Sie stellen die Grundkräfte oder Prinzipien der Natur dar, die sich ausgleichen und relativ zueinander bewegen. In den uralten Trigrammen des *I Ging* zeigen sie ein Bild von acht Grundsituationen.

Der nächste Entwicklungsschritt des *I Ging* war die Zusammenfügung der acht Trigramme zu Hexagrammen, wodurch 64 (8 x 8 = 64) Hexagramme entstanden. Indem man ein Trigramm (oder eine Situation der Natur) über das andere setzt, werden 64 verschiedene Zustände geschaffen. Zum Beispiel entsteht das Hexagramm *Ken*, das Stillehalten, wenn man *Ken*, den Berg, verdoppelt. Wenn man aber *Sun*, den Wind, über *Ken* setzt, ist das Ergebnis *Chien*, der allmähliche Fortschritt. Zu jedem Hexagramm gehört ein besonderes Bild der Natur, das durch den Gegensatz oder den Ausgleich der Kräfte in den Trigrammen entsteht. Somit kann aus den Hexagrammen die gesamte Spannung und Harmonie ihrer verschiedenen Linien ersehen werden.

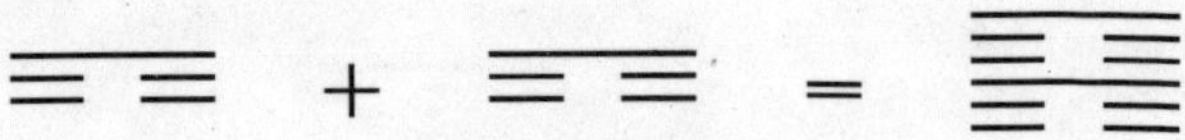

der Berg — der Berg — das Stillehalten

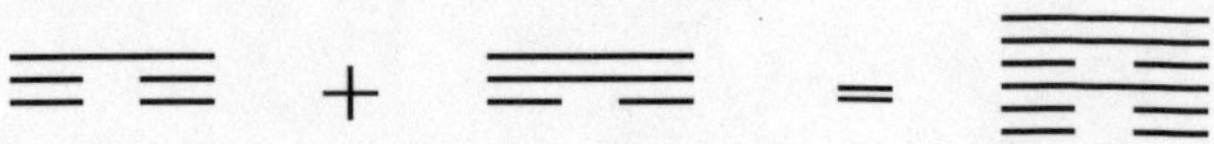

der Berg — der Wind — der allmähliche Fortschritt

Nach der Meinung von Dr. J. Hsu vom Royal Ontario Museum in Toronto (das eine der größten Orakelknochen- und Schildkrötenpanzer-Sammlungen der Welt beherbergt) mußten die Interpretationen des *I Ging* mit zunehmender Komplexität der chinesischen Gesellschaft immer subtiler werden, um auch weniger eindeutige Situationen berücksichtigen zu können. Daher wurde die «wandelbare» oder sich umformende Linie eingeführt. Je nachdem, welche Zahl durch die Teilung der Schafgarbenstengel entsteht, kann eine Yin- oder Yang-Linie sich in einem Stadium des Übergangs befinden, indem sie sich auf die ihr entgegengesetzte Polarität zubewegt, wobei die unterbrochene Linie eine nichtunterbrochene Linie wird und umgekehrt. Eine wandelbare Yin-Linie an erster Stelle wird deshalb *Ta Kuo*, das Übermaß, in *Kuai*, der Durchbruch, verwandeln. Wenn dies der Fall ist, werden die beiden Hexagramme nacheinander gedeutet und der Fragende erkennt, daß eine bestimmte Situation sich in einem Übergangszustand befindet. In diesem Sinne kann das *I Ging* die innere

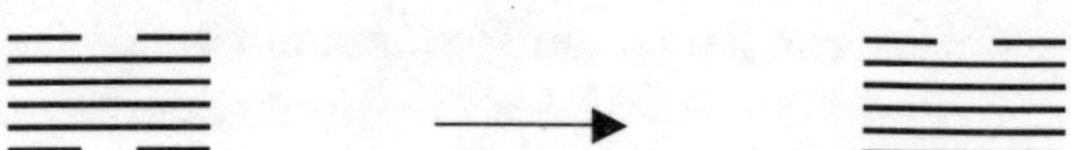

wird zu

Ta Kuo
das Übermaß

Kuai
der Durchbruch

Dynamik eines Vorganges in der Gesellschaft oder der Natur enthüllen.
In einem Hexagramm und in seiner Anordnung in Yang- und Yin-Linien befindet sich verdichtet eine ganze Kosmologie, eine Soziologie, eine Psychologie und ein Bild dessen, wie die Archetypen der Natur sich in einen Gleichgewichtszustand begeben, sich gegenüberstehen, einen schnellen Wechsel durchführen oder eine zeitweilige Stabilität erreichen. Durch Beobachtung der Gesellschaft und der Natur und durch das Studium der Hexagramme waren viele Generationen chinesischer Denker in der Lage, dem *Buch der Wandlung* ihre Kommentare hinzuzufügen. Selbst Konfuzius soll gesagt haben: «Wenn ich mein Leben verlängern könnte, würde ich fünfzig Jahre dem Studium des Orakels widmen, und dann könnte ich es vermeiden, große Fehler zu begehen.»

Zu Beginn dieses Jahrhunderts wurde Richard Wilhelm durch den Meister Lao Nai-hsüan in das *I Ging* eingeführt. Mit einer Unterbrechung durch den Ersten Weltkrieg fertigte er eine Übersetzung ins Deutsche an und war davon überzeugt, daß er eines der wichtigsten Bücher der Weltliteratur übersetzt hatte. Für Wilhelm enthielt das *I Ging* die Ursprünge des Taoismus und des Konfuzianismus ebenso wie den Keim der chinesischen Naturwissenschaft. Durch ihn lernte C.G. Jung die tiefe Bedeutung des *Buches der Wandlung* kennen. Er fand darin eine Bestätigung seiner eigenen Theorien und Verbindungen mit den gnostischen Traditionen Europas und den Philosophien Indiens. Er bezeichnete das *I Ging* als einen «archimedischen Punkt», von dem aus die Geisteshaltung des Abendlandes bis in ihre Grundlagen erschüttert werden könnte. «Wie ein Stück der Natur wartet es, bis es entdeckt wird.» In kritischen Phasen seines eigenen Lebens zog Jung das *Buch der Wandlung* zu Rate, und er ermutigte manche seiner Patienten, ebenfalls mit dem Buch zu arbeiten. Hinsichtlich der letztendlichen Bedeutung dieses Werkes war er jedoch vorsichtig: «Je weniger man über die Theorie des *I Ging* nachdenkt, desto besser schläft man.»[9]

Die Theorie des *I Ging*, wie sie in dem Buch selbst enthalten ist, weist eine auffallende Ähnlichkeit mit den Gedanken über die

Synchronizität auf, denen in diesem Buch nachgegangen wird. Um ihre volle Bedeutung richtig einzuschätzen, ist es wichtig, daran zu erinnern, daß die Chinesen ihre Welt nicht mit Hilfe von Kausalbegriffen, sondern durch Gruppierung, Koinzidenz und Entsprechung strukturieren. Ein chinesisches Geschichtsbuch versucht zum Beispiel nicht – Jungs Kollegin, Dr. von Franz, hat darauf hingewiesen –, kausale Verbindungen zwischen historischen Ereignissen aufzuspüren; es zeichnet vielmehr die Gruppierungen und Ereignisse auf, die während einer bestimmten Herrschaft stattfanden:

> Die Frage lautet nicht, wie es dazu gekommen ist oder welcher Faktor diesen Effekt hervorgerufen hat, sondern was im selben Augenblick in sinnvoller Weise zusammen geschehen mag. Die Chinesen fragen immer: Was neigt dazu, in der Zeit zusammenzupassen?[10]

In der Kosmologie des *I Ging* wird die Menschheit als Mittler zwischen Himmel und Erde angesehen. Die Menschen existieren in beiden Sphären, und durch das *I Ging* kann eine Beziehung zwischen diesen beiden Welten hergestellt werden. Alles, was auf der Erdenwelt stattfindet, ist eine Entfaltung von Mustern, die in der höheren Welt, welche für die normalen Sinne des Menschen unerreichbar ist, vorhanden sind. All diese Muster und Wandlungen existieren ohne zeitliche Begrenzung miteinander, so daß die Abläufe in der Natur und der Gesellschaft nur zeitweilige Bilder des Ewigen darstellen. Die alten Weisen besaßen eine unmittelbare Schau dieser höheren Welt und legten ihre Einsichten im *Buch der Wandlung* nieder. Diese Symmetriemuster haben ihren tieferen Grund in einem zeitlosen Zustand und entfalten sich innerhalb der Zeit und innerhalb der Realität unserer Wahrnehmung.

Wenn das *I Ging* geworfen wird, entsteht oder entwickelt sich ein Bild des bestimmten zeitlichen Augenblicks, das den Fragenden, die Frage und die ganze Umgebung einschließt. So, wie in der Quantenphysik der Beobachtende oder Fragende in die allgemeine Beschreibung der Realität eingeschlossen ist, so ist der Fragende untrennbar mit der Weissagung verbunden. Der Mikrokosmos dieses bedeutungsvollen Augenblicks wird durch ein bestimmtes Hexagramm dargestellt, in dem sich das Gleichgewicht und der Gegensatz der verschiedenen Naturkräfte, das Yin und das Yang, spiegeln. Der Augenblick der Weissagung und das dadurch erhaltene Hexagramm sind gewissermaßen ein Abbild des Keimes, aus dem die Zukunft entsteht. Auch wenn das *I Ging* den Fragenden mit der ewigen Welt in Berührung bringt, meint Helmut Wilhelm, der Sohn des Übersetzers des Buches, daß man keine besondere Ausbildung oder besondere Weisheit benötige, um seine Aussagen zu verstehen, sondern nur eine sehr große Redlichkeit und die Bereitschaft, die «Dinge so zu sehen, wie sie sind».

Durch die Lektüre und die Interpretation des *Buches der Wandlung* erfährt der Fragende deshalb die Bedeutung eines bestimmten zeitlichen Augenblicks, des Keimes, aus dem künftige Ereignisse hervorgehen werden. Indem er im Lichte der Weissagung richtig handelt, wird er die harmonischen Bewegungen der Natur unterstützen. Wir haben es hier also mit reiner Synchronizität zu tun, da die Hexagramme des *I Ging*, wenn auch durch Zufall geboren, sinnvolle Bilder des Universums sind und wie Wegweiser wirken, die die Richtung zu einer weiteren Entwicklung aufzeigen.

Weissagung mit Hilfe des *I Ging* setzt natürlich nicht ein deterministisches Universum voraus, dessen Zukunft durch die zufällige Bewegung einer Handvoll Pflanzenstengel «vorausgesagt» werden kann. Das *Buch der Wandlung* sucht vielmehr den Kern der Erscheinungen und die Konsequenzen eines bestimmten Augenblickes offenzulegen und leitet den Fragenden dazu an, Verantwortung für seine Handlungen und Entscheidungen zu übernehmen. Hier wird das Bild jener Gabelungspunkte (Bifurkationen) heraufbeschworen – das sind Gebiete von extremer Instabilität –, aus denen Prigogines dissipative Strukturen entstehen. Es sind Kerne in Raum und Zeit, in denen künftige Strukturen bereits angelegt sind. An einem solchen Punkt der Möglichkeit und Veränderung kann sich ein System in eine von mehreren möglichen Richtungen bewegen, von denen jede sich zu einer neuen Struktur entfalten würde. Der Fragende steht an einem solchen

Punkt in der Zeit und deckt durch den Weissagungsakt die verschiedenen Kräfte und Muster auf, die am Wirken sind.

Weissagung, Weltbilder und Sprache

Welche Bedeutung haben das Schildkrötenpanzer-Orakel der Shang und die Schafgarbenweissagung des *I Ging* heute für uns im Abendland? Das *Buch der Wandlung* hatte sicherlich eine tiefe Bedeutung für seinen Übersetzer, Richard Wilhelm, ebenso wie für C. G. Jung. Es ist auch richtig, daß viele Menschen in Nordamerika und Europa, denen die chinesische Philosophie und die chinesischen Sitten weitgehend unbekannt sind, das *I Ging* dennoch als einen Weg der Weisheit und als Leitfaden für ihr tägliches Leben benutzen. Die Kernfrage lautet: In welchem Umfang sind chinesische Weissagungsmethoden der in unserer modernen Welt vorherrschenden Weltanschauung angemessen?

Um diese Frage zu verstehen, müssen wir erkennen, daß das *I Ging*, die Orakel der Shang und die Knochenweissagung der Naskapi alle mit bestimmten, von starker Überzeugung getragenen Weltanschauungen verbunden sind. Solch eine Weltanschauung reicht viel tiefer als ein bestimmter Wissenszweig oder ein wissenschaftliches Paradigma, denn sie durchdringt die Gesamtheit des Lebens und veranlaßt jeden einzelnen Menschen, sich auf eine ganz bestimmte Art und Weise mit der Welt auseinanderzusetzen. Sie entscheidet über die Organisation der Gesellschaft ebenso wie über die besondere Vorstellung, die jedes Individuum von sich selbst hat. All dies geschieht aber weitgehend stillschweigend und unbewußt, und dadurch beeinflußt eine Weltanschauung sogar die Art und Weise, wie die Menschen ihre Welt wahrnehmen. Daher spiegelt auch die gesprochene Sprache diese Weltanschauung wider.

Man kann hier an das berühmte Beispiel erinnern, daß die Eskimos eine große Anzahl verschiedener Begriffe für den Schnee haben. Schnee hat eine enorme Bedeutung im Leben der Einwohner der nordamerikanischen Arktis und Grönlands, die in der Lage sein müssen, ganz besonders feine Unterschiede in ihrer Umgebung wahrzunehmen – Unterschiede, die uns wahrscheinlich unwichtig schienen. Die Genauigkeit der Unterscheidung spiegelt sich daher in der Anzahl der unterschiedlichen Namen wider, die die Eskimos zur Beschreibung der verschiedenen Schneearten benutzen.

Diese Beziehung zwischen der Differenzierung in der Wahrnehmung und der Sprache wirkt aber in zwei Richtungen: Gerade der große Reichtum an Begriffen veranlaßt den einzelnen, auf feine Unterscheidungen zu achten. Auf ähnliche Weise bewirkt unser einziges Wort «Schnee», daß all unsere verschiedenen Wahrnehmungen der weißen Winterpracht in einem einzigen Begriff zusammengefaßt und dadurch undeutlich werden. Natürlich wird ein Maler lernen, viele verschiedene Formen des Schnees zu unterscheiden und ihr Aussehen und ihre Wirkung auf der Leinwand wiederzugeben. Aber es würde ihm wahrscheinlich sehr schwer fallen, seine genauen Gefühle zu diesen Wahrnehmungen in Worte zu fassen, und er müßte auf eine Vielzahl von Analogien und Metaphern zurückgreifen, um seinen Eindruck in Worten zu vermitteln.

In der ersten Hälfte unseres Jahrhunderts behauptete der Sprachforscher Benjamin Lee Whorf, daß die Sprache in enger Beziehung zu Wahrnehmung und Erkenntnis steht und daß in jeder Sprache auch Ansichten der Natur und der Gesellschaft enthalten sind. Whorfs Idee, daß die Struktur einer Sprache den Sprechenden von vornherein dazu geneigt mache, in bestimmter Weise zu denken und zu handeln, verursachte einen beträchtlichen Meinungsstreit unter den Sprachforschern. In unserem Buch *Science, Order and Creativity* vertreten David Bohm und ich die Auffassung, daß der ganze Bereich der Wahrnehmung und der Kommunikation als ein unteilbares Ganzes angesehen werden muß.[11] Sprache, die gesamte Kommunikationstätigkeit, die Wahrnehmung durch die Sinne und durch den Geist – sie alle wirken auf besonders subtilen Wegen aufeinander ein. So können sich eine Weltanschauung und eine Sprache gegenseitig verstärken, so daß jeder, der diese Sprache spricht, ganz unbewußt dazu veranlaßt wird, die Welt in einem ganz bestimmten Licht zu sehen.

Eine derartig dynamische Verbindung geht über eine reine

Theorie oder einen Wissensbereich hinaus; sie breitet sich über die ganze Kultur aus, durchdringt jeden Aspekt des Lebens, einschließlich der gesellschaftlichen Struktur mit ihren Sitten und Gebräuchen, Glaubensvorstellungen und Aktivitäten und sogar die Beziehungen zwischen Einzelpersonen. Dies ist natürlich auch der Grund, warum es für den Westen so schwierig ist, die östliche Anschauung des Universums, die vor allem auf Synchronizität basiert, zu verstehen. Schon vor der Zeit der Shang muß sich in China eine umfassende Sicht der Ganzheit der Dinge – mit einer besonderen Betonung von Verbindungen und Harmonien – entwickelt haben, welche die gesellschaftlichen Einrichtungen, die Sprache und alle Aspekte des täglichen Lebens durchdrang. Es wäre deshalb für den Chinesen der frühen Zeit genauso schwierig gewesen, die Idee der Sychronizität in Frage zu stellen, wie es heute für den Durchschnittsmenschen im Westen schwierig ist, die Vorstellung einer linearen Zeitfolge und des historischen Ablaufs von Ereignissen in Frage zu stellen.

Es ist natürlich richtig, daß China in diesem Jahrhundert wirtschaftliche und kulturelle Revolutionen erlebt hat und sich heute immer mehr an den Ideen des Westens orientiert. Aber erst in den kommenden Jahrzehnten wird sich zeigen, wie tiefgreifend diese Veränderungen wirklich gewesen sind und ob nicht eine viel ältere Weltanschauung, die noch tief mit der Sprache und den Gebräuchen dieses Volkes verbunden sein muß, einen Einfluß auf die Zukunft ausüben wird.

Auf jeden Fall bleiben die subtileren Elemente der Naturauffassung der Chinesen und auch der Naskapi uns Menschen des Abendlandes fremd. Nur diejenigen, die sich der Mühe unterzogen haben, die Gebräuche, die Philosophien und die Sprache dieser Völker zu studieren, können hoffen, eine unmittelbare Erfahrung mit den tieferen Schichten ihrer Weltanschauung zu machen. Dennoch behaupten einige, vielleicht aufgrund ihrer Intuition, ein unmittelbares Wissen vom *I Ging* zu haben. Zum Beispiel war C. G. Jung vielleicht in der Lage zu erfassen, was die chinesischen Weisen entdeckt und in ihrem Buch niedergeschrieben haben. Indem er die oberflächlichen Schichten der östlichen und westlichen Kultur umging und sich unmittelbar den Archetypen zuwandte, von denen er glaubte, daß sie eine universelle, allen Menschen gemeinsame Komponente enthalten, ist er vielleicht unmittelbar zu tieferen Wahrheiten vorgestoßen.

Wie begegnen die Menschen heute dem *I Ging* oder dem Knochenorakel, und was fangen sie mit einer Gesellschaft an, die sich völlig auf Synchronizität gründet? Nach abendländischer Weltanschauung drängen sich sofort verschiedene Fragen auf: Funktioniert das *I Ging* tatsächlich? Sagt es die Zukunft richtig voraus? Wie kann die Handhabung von Schafgarbenstengeln mit den komplexen Geschehnissen in der Gesellschaft oder im Leben eines einzelnen in Beziehung stehen?

Die gängige Antwort auf diese Frage lautet, daß die jedem Hexagramm entsprechenden Deutungen eine Art Bildschirm darstellen, auf den der Fragende verschiedene Anliegen, Überzeugungen und Fragen projiziert. Genau wie die mannigfaltigen Brechungen und Reflektionen einer Kristallkugel oder die willkürlichen Muster der Teeblätter in einer Tasse von den Menschen der viktorianischen Zeit als der komplexe, gemusterte Hintergrund benutzt wurden, in den man Vorstellungen, Gefühle und Intuitionen hineinlesen konnte, so bietet die subtile Sprache des *I Ging* ähnlich dem Muster der Sprünge in einem Knochen einen Bildschirm, auf dem der Fragesteller seine Belange wiedererkennt. Es ist sicher richtig, daß die hochsymbolische Sprache des *I Ging* und das reichhaltige System der Bilder, auf das es zurückgreift, für viele Interpretationen offen sind und sich deshalb besonders gut für ein «Hineinlesen» von Phantasien eignen. Hinzu kommt, daß die Situationen, die im *I Ging* beschrieben werden, ihrem Wesen nach im allgemeinen archetypisch sind. Es ist deshalb sehr wahrscheinlich, daß der Fragende eine starke Resonanz zwischen seinem gegenwärtigen Zustand und der vom Hexagramm dargestellten Situation und dem gegebenen Rat empfinden wird.

Eine andere abendländische «Erklärung» wäre zu behaupten, daß die Handlung des Hexagrammwerfens oder das Zersplittern des Knochens unbewußt durch das, was der Fragende zu erfahren wünscht, beeinflußt wird. Durch unbewußte Manipulationen der Schafgarbenstengel oder des Orakelknochens wird der Hintergrund zufälliger Ereignisse daher auf ein bestimmtes Ziel gelenkt.

Auf diese Weise öffnen sich sowohl die Handlung des Stengelwerfens als auch die folgende Deutung den feinen Einflüsterungen, die von dem bewußten Geist nicht entdeckt werden. Indem es die Deutung des Orakels beeinflußt, wirkt das *I Ging* deshalb als ein Medium, durch das das Unbewußte manifest gemacht werden kann. Andere Erklärungen für die Wirkungsweise der chinesischen Weissagungen könnten von Vorstellungen wie Präkognition sowie der Möglichkeit ausgehen, daß die Zukunft tatsächlich vorhergesagt werden kann oder daß die Kräfte und Wünsche des Unbewußten tatsächlich eine Auswirkung auf äußere Geschehnisse haben können.

Weiterhin wird darauf hingewiesen, daß das *I Ging* die Quintessenz der weisen Ratschläge von Tausenden von Jahren enthält, die auf der Beobachtung des Ausgangs vieler archetypischer Situationen beruhen und daher als ein Führer von enormer Lebenserfahrung angesehen werden können. Letztlich dürfen wir auch nicht außer acht lassen, daß viele Menschen einen Sinn in ihrem Leben suchen und von einer Religion, von einer Person oder von einem Buch angezogen werden, die behaupten, ihnen eine Antwort geben zu können. Einige, die sich zunächst vielleicht nur aus Neugierde mit dem *I Ging* beschäftigt haben, verlassen sich allmählich vielleicht immer mehr auf dieses Buch und richten ihr Leben entsprechend ein. Der Glaube dieser Menschen, daß das *I Ging* funktioniert, würde deshalb die Situation einer sich selbst erfüllenden Prophezeiung herbeiführen.

All diese verschiedenen Erklärungsversuche, so befriedigend sie für uns auch sein mögen, wären für die alten chinesischen Weisen nicht besonders überzeugend oder auch nur relevant gewesen. Zweifellos hätten sie darauf hingewiesen, daß unsere Versuche, das Herz des *I Ging* «festzunageln», am wesentlichen Kern des Buches vorbeigingen. Ihre schulterzuckende Gleichgültigkeit gegenüber unseren Bemühungen hätten uns vielleicht veranlaßt, wieder einmal darüber zu reflektieren, wie weit der Graben ist, der die eine Weltanschauung von der anderen trennt. Das *I Ging* ist ein eigenes Universum und ist nicht leicht mit der Denkweise des Westens zu erfassen.

Die Chinesen und die Naskapi verlangen keine Erklärung für

das Wirken der Synchronizität und für die Muster und Harmonien, die sie in ihrer Umgebung sehen. Wollte man auf eine Erklärung dringen, würden sie vielleicht ähnlich reagieren wie wir, wenn wir gefragt werden, warum die Zeit von der Gegenwart in die Zukunft fließt: «Aber so läuft es in der Welt eben einfach!» Unsere Weltanschauung der vergangenen fünfhundert Jahre ist tatsächlich so mächtig, daß sie, nicht unähnlich dem Sonnenlicht, das die Sterne bei Tag unsichtbar werden läßt, die feinen Muster und Bedeutungen, die in der Natur, in der Gesellschaft und im Leben des einzelnen entdeckt werden könnten, verdunkelt. Viele hundert Jahre lang wurde die Zivilisation der Shang durch das Schildkrötenorakel geleitet. Danach bot das *I Ging* seine eigene Weisheit an. Weltsicht, Zivilisation und synchronistische Weissagungen waren in einer Weise untrennbar miteinander verbunden, die unseren heutigen «kausalen» und «temporalen» Denkansätzen fremd erscheinen. Es mag jedoch sein, daß wir am Ende des zwanzigsten Jahrhunderts die Art und Weise, in der wir uns selbst, die Natur und die Gesellschaft sehen, sehr tiefgreifend ändern müssen, um die Ideen der Synchronizität aufnehmen zu können.

Zusammenfassung

Welche Bedeutung können die Synchronizität und die Weissagungen der Naskapi, der Shang und der Chinesen der klassischen Zeit für das Abendland haben? Es wäre natürlich sinnlos, Computer und Radioteleskope gegen Schildkrötenpanzer und Schafgarbenstengel einzutauschen. Es ist in Wahrheit nicht einmal möglich, bewußt die Entscheidung zu treffen, eine Weltanschauung zu ändern; denn diese ist stillschweigend und weitgehend unbewußt innerhalb der ganzen Gesellschaft vorhanden. Wir können uns jedoch zumindest mit der Möglichkeit beschäftigen, daß ganz andere Weltanschauungen tatsächlich in anderen Gesellschaften funktionieren. Wenn wir versuchen, eine Anzahl solch unterschiedlicher Denkansätze in unserem Geist zusammenzufassen, können neue, schöpferische Einsichten entstehen.

Obwohl die Naturwissenschaft eine erschreckende Macht hat,

Vorhersagen zu treffen und Kontrolle auszuüben, ist es dennoch offensichtlich, daß die ihr eigentümliche Zergliederung der Natur nicht länger in der Lage ist, mit all den großen Problemen fertig zu werden, denen sich die Welt heute gegenübersieht. Die Synchronizität mit ihrer Sensibilität für Harmonie und für die Unteilbarkeit des Bewußtseins, für Menschlichkeit und für die Natur eröffnet uns jedoch zumindest die Möglichkeit eines neuen Denkansatzes. Dies bedeutet aber nicht, daß wir eine Auswahl treffen und Synchronizität «annehmen» oder daß wir einige wissenschaftliche Ansätze durch synchronistische Ansätze «ersetzen» können. Es könnte vielmehr möglich sein, in eine gänzlich neue Richtung kreativ voranzuschreiten, wenn wir uns dieser Fragen ständig bewußt sind.

6. Geist, Materie und Information

Eine Synchronizität ist ein Ursprung, ein schöpferischer Augenblick, in dem sich das Ordnungsmuster im Leben eines Menschen, wie es sich in die Zukunft erstreckt, zeigt. Aber Synchronizitäten können auch wie Joker im Kartenspiel der Natur wirken, denn ihre unerwartete Verknüpfung von Ereignissen kann das Vertrauen eines Menschen auf ein rationales Weltbild zutiefst erschüttern. Sie haben genauso viel mit Sinn- und Wertvorstellungen und inneren Erfahrungen zu tun wie mit äußeren Geschehnissen. Wolfgang Pauli war überwältigt von dieser Dualität des Objektiven und des Subjektiven in der Natur; er war der Ansicht, daß Jungs kollektives Unbewußtes eine objektive Schicht des Geistes freigelegt habe, genauso wie die Quantenphysik den subjektiven Beobachter in ihre Beschreibung der Realität eingeführt habe.

Wenn man Geist und Materie nicht als zwei Aspekte eines einzigen Ganzen behandelt, dann wird es schwierig sein, im Verständnis des Wesens der Synchronizität voranzukommen. Die im ersten Kapitel dieses Buches gestellte, herausfordernde Frage, wie Materie und Geist aus einer einzigen organischen Einheit entstehen können, ist noch nicht beantwortet. Für die Shang und die Naskapi war das ganze Universum mit Sinn erfüllt, so daß keine Diskontinuität zwischen Geist und Materie, zwischen Mensch und Natur zu erkennen war. Sie glaubten, daß alle Ereignisse dahinfließen, sich aus einem zeitlosen Muster von Synchronizität entwickeln und nicht als eine Abfolge von Kausalverbindungen in einer linearen Zeit entstehen.

In den vorangegangenen Kapiteln sahen wir an einer Reihe von Beispielen, wie man vertraute Vorstellungen von der Kausalität abwandeln könnte, um die Natur auf organischere Weise zu sehen. Es muß aber noch überzeugend dargetan werden, wie diese neue Weltsicht das Bewußtsein mit umfassen kann. Es ist die Absicht dieses Kapitels, neue Ordnungsvorstellungen zu entwickeln, die sowohl das Phänomen des Geistes als auch das der Materie beinhalten können.

Einheit oder Dualität

Im siebzehnten Jahrhundert, als die subtileren Eigenschaften der Materie noch unbekannt waren, war es üblich, die offensichtliche «Grobheit» der materiellen Welt den feinen Aspekten des Geistes gegenüberzustellen. Selbst bei den raffiniertesten Maschinen war zu erkennen, daß sie mit einem System von Zahnrädern, Hebeln, Federn, Reglern und Gegengewichten arbeiteten, die sich alle mechanisch bewegten und ihre Bewegungen ständig wiederholten. Eine Schweizer Uhr oder ein mechanischer Roboter mögen den höchsten Stand der Technik darstellen; dennoch sind ihre deterministischen Prinzipien offensichtlich und können durch einige wenige einfache Gesetze und Grundsätze erklärt werden. Im Gegensatz dazu bewegt sich der Geist mit außerordentlicher Subtilität und Geschwindigkeit, so daß seine Arbeitsweise offenbar einer ganz anderen Ordnung angehört als die der Materie.

Für den Philosophen Descartes verhielten sich Geist und Materie so unterschiedlich und erforderten einander derart unversöhnlich gegenüberstehende Beschreibungen, daß er daraus folgerte, sie wären völlig verschiedene Substanzen. Dieser Unterschied wurde später noch mehr betont, als sich herausstellte, daß alle Materie mit Hilfe der Gesetze Newtons, die ihrem Wesen nach deterministisch sind, beschrieben werden konnte. Wenn zum Beispiel eine Armbewegung sich ändert (ihr Bewegungsmoment ändert), dann ist dies nur möglich durch das Wirken einer physischen Kraft (zum Beispiel durch die Energie der Muskeln oder ein von außen kommendes Ziehen an der Hand). Wenn aber alle Bewegungen des Körpers das Ergebnis physikalischer Kräfte sind, die Newtons Gesetzen folgen, wie kann der Geist dann überhaupt den Körper irgendwie beeinflussen? Wenn nämlich der Geist eine materielle Kraft ausüben könnte, dann müßte er ebenfalls von den deterministischen Gesetzen Newtons beherrscht werden, und dann gibt es keine Freiheit des Willens und keine subtilere Anwendung dieser Kraft.

Die einzige Erklärung der Kartesianer für diesen Widerspruch war die Ansicht, daß Geist und Körper wie zwei Uhren vollkommen gleichzeitig ablaufen. Obwohl keine kausale Wechselwirkung zwischen den Uhren stattfindet, schlägt dennoch die eine Uhr, wenn die Zeiger der anderen auf die volle Stunde zeigen. Der kartesianische Dualismus war ironischerweise gezwungen, eine Art Synchronizität zu erfinden: Um nämlich die Dualität von Geist und Materie aufrechterhalten zu können, beharrten die Kartesianer darauf, daß eine innere Erfahrung das Ergebnis eines akausalen Zusammentreffens mit äußeren, materiellen Ereignissen sei.

Nachdem viele Generationen von Philosophen über diesen Dualismus in der kartesianischen Auffassung heiße Debatten geführt haben, ist er auch heute noch in der einen oder anderen Form in uns präsent. Auch wenn unser Verständnis des Geistes heute tiefer und unser Wissen von der Materie sehr viel differenzierter sind, hält man diese beiden dennoch für irgendwie unversöhnliche Substanzen, deren Wechselwirkungen weiterhin unfaßbar sind. Oder es wird als Alternative behauptet, daß der Geist eigentlich überhaupt nicht existiert, sondern daß nur komplexe neurochemische Vorgänge ablaufen, die das menschliche Verhalten bestimmen.

Der kartesianische Dualismus steht jedoch in völligem Widerspruch zur unmittelbaren Erfahrung. Ein Mensch fühlt sich durstig und langt nach einem Glas Wasser. Ein Finger wird versengt, und man spürt Schmerzen. Diese Beispiele sind klar und einleuchtend; noch viel eindrucksvoller sind die unzähligen Umstände, in denen jeder Mensch Geist und Körper als ein ungeteiltes Ganzes erfährt. Im Alltagsleben ist es nicht nötig, von der Existenz zweier verschiedener Substanzen auszugehen, um das menschliche Handeln zu verstehen. Auch wenn Felsen und Steine sich sehr vom

Geist unterscheiden, ist der menschliche Körper doch ebenfalls aus Materie aufgebaut, und nur wenige Leser würden behaupten, daß sie in ihren Lebenserfahrungen eine eindeutige kartesianische Trennung erleben.

Es ist aber außerordentlich schwierig, über diese Tatsache der unmittelbaren Empfindung und Erfahrung hinauszugehen und aus ihr eine rationale, wissenschaftliche Darstellung der Einheit von Geist und Körper zu entwickeln. Genau an diesem Punkt hält die Philosophie oft inne und ist nicht in der Lage, einen kreativen Schritt nach vorn zu tun. Möglicherweise ist es die verborgene Kraft einer ganz bestimmten Weltanschauung, welche viele Jahrhunderte im Schwange war, die heute neue Einsichten verhindert. Wenn aber dieses besondere Problem ungelöst bleibt, dann gibt es kaum eine Möglichkeit, die Synchronizität in eine rationale Weltanschauung zu integrieren.

Manche Denker haben dadurch einen Ausweg aus diesem Dilemma gesucht, daß sie eine echte Verknüpfung zwischen Materie und Geist postulierten. Es ist aber kaum möglich, auf diesem Wege weiterzukommen, wenn man von einer Verbindung zwischen etwas Freiem, Schöpferischem und etwas Mechanischem und Determiniertem ausgeht.

Eine Lösung könnte darin liegen, den Geist analog einem Autofahrer zu sehen, der außerhalb der Mechanismen des Motors wirkt und einfach dessen Leistung bestimmt. So wird angenommen, daß der Geist eine höhere Kraft sei, die irgendwie in die mechanischen Abläufe des Körpers eingreifen und sie bestimmen könne. Der Nobelpreisträger und Neurophysiologe Sir John Eccles hat einen konkreten Hirnbereich angenommen, in dem diese Wechselwirkung stattfinden soll. Dieser sogenannte Liaison-Bereich des Gehirns fungiert nach Eccles als eine Schnittstelle zwischen den beiden Substanzen des materiellen Gehirnes und des körperlosen Geistes. Dadurch ist der Geist in der Lage, die Handlungen des Körpers zu leiten und zu überwachen.

Einige Denker haben angeregt, daß die Quantenmechanik ein Schlupfloch bieten könne, durch das der Geist auf das materielle Universum einwirke. Solange jeder Aspekt der Materie, einschließlich des Körpers und seines Nervensystems, von kausalen, deterministischen Gesetzen beherrscht wird, ist es sehr schwer zu erkennen, woher der Geist seine Freiheit zum Handeln nimmt. Die undeterministischen Zufallsereignisse auf der Quantenebene könnten ein Bereich sein, in dem der Geist zu wirken vermag. Wenn Quantenabläufe vom reinen Zufall bestimmt sind, könnte der Geist sie dann nicht auf subtile Weise in der einen oder anderen Richtung beeinflussen und sich so auf die mikroskopischen Vorgänge im Gehirn und im Nervensystem auswirken? Da das Gehirn so außerordentlich komplex ist, könnte eine Aufschaukelung minimaler Effekte dazu führen, daß sich die Tätigkeiten des Geistes schließlich erkennbar manifestieren. Tatsächlich besitzt das Nervensystem ja gewissermaßen eine Quantennatur, denn das Auge ist in der Lage, ein einzelnes Lichtphoton zu registrieren, und die Nase kann die Anwesenheit einzelner Moleküle wahrnehmen.

Der Physiker Eugen Wigner hat eine Abwandlung dieses Ansatzes benutzt, um eine Lösung des Messungsproblems vorzuschlagen, welches einen der größten Streitpunkte in der Quantentheorie darstellt. Die Einzelheiten dieses Problems gehören nicht in dieses Buch, aber in seinem Kern geht es darum, eine Erklärung dafür zu finden, weshalb im Rahmen einer nicht-deterministischen und am Wahrscheinlichkeitsmaßstab orientierten Theorie experimentelle Messungen zu exakten Ergebnissen führen. Nach Wigners Meinung werden diese präzisen Ergebnisse durch das Bewußtsein des menschlichen Beobachters hervorgerufen, der auf das Quantensystem einwirkt. Der Geist soll auf der Quantenebene den «Zusammenbruch der Wellenfunktion» des Systems bewirken, so daß es in einen klar abgegrenzten Zustand übergeht. Auch in dieser Erklärung steht der Geist immer noch außerhalb der materiellen Welt als die überlegenere Substanz, die bestimmte materielle Abläufe lenkt und beeinflußt.

Ein anderer Denkansatz führt zu der Meinung, daß es gar nicht notwendig sei, ein Reich des Geistes anzunehmen, denn die Wissenschaft sei in der Lage, menschliches Verhalten auf der Grundlage elektrochemischer Reaktionen des Gehirns zu erklären. Wissenschaftler weisen darauf hin, daß die Nacktkiemerschnecke, ein einfaches Tier mit einem überaus einfachen Nervensystem, trotzdem verschiedene Verhaltensweisen zeigt. Diese Schnecke hat eine Art Gedächtnis, sie erkennt einfache Reizmuster wieder und kann so sensibilisiert und eingewöhnt werden, daß sie eine gewisse Lern- und Anpassungsfähigkeit entwickelt.

Wissenschaftler wie Eric Kandel von der Columbia Universität haben die einzelnen Nervenstränge und synaptischen Verbindungen der Nacktkiemerschnecke studiert und konnten verschiedene Verhaltensweisen mit elektrochemischen Reaktionen im Netzwerk der Nerven erklären. Sie behaupten, daß so die einfachsten Elemente des Verhaltens durch materielle Abläufe erklärt werden können. Auch wenn es ein gewaltiger Schritt vom Nacktkiemer zum Menschen ist, vertreten dennoch viele Neurophysiologen die Auffassung, dies sei lediglich eine Frage des Komplexitätsgrades des Nervensystems. Mit anderen Worten: Menschliches Verhalten kann in eine komplexe Abfolge einfacher Elemente zerlegt werden, von denen jedes im Prinzip mit einem elektrochemischen Vorgang im Gehirn assoziiert werden kann. Man braucht keinen Geist als *Deus ex machina*, um menschliches Verhalten zu erklären.

Wie aber sieht es mit der Erfahrung des Bewußtseins selbst aus? Einige Wissenschaftler sprechen davon, daß das Bewußtsein eine Begleiterscheinung des Gehirns sei, und lehnen jede Berufung auf einen körperlosen Geist ab. Eine einfache Analogie kann zeigen, was gemeint ist: Die ersten Computer hatten mehrere Reihen aufleuchtender Kontrollampen, die aus- und angingen, wenn ein bestimmter Teil der Maschine Daten bearbeitete. Während der Computer also an einem Problem arbeitete, erschien auf der Kontrollkonsole ein komplizierter Lichtertanz. Es wurde gescherzt, daß dies das «Denken» des Computers sei, so als ob die tanzenden Lichtmuster der Geist des Computers wären und die tatsächlichen Abläufe in dem Gerät steuerten. Es war natürlich klar, daß dieses Aufleuchten für eine einwandfreie Arbeitsweise der Maschine völlig belanglos war; es war nichts weiter als eine praktische Anzeige, eine Begleiterscheinung der inneren elektronischen Vorgänge des Computers.

So, wie die Bauchspeicheldrüse eine Flüssigkeit absondert, die für die Verdauung der Nahrung wichtig ist, so sondert nach dieser Ansicht das physische Nervensystem das Bewußtsein ab, um die

Arbeitsweise des Gehirns anzuzeigen. Diese Anzeige hat deutliche evolutionäre Vorteile, denn sie läßt den gegenwärtigen Zustand der verschiedenen Aktivitäten und Strategien des Gehirns erkennen und unterstützt ihre Veränderung. Aber, so wird behauptet, sie steuert das physische Gehirn genausowenig, wie die Lampen am Computer seine inneren Arbeitsabläufe steuern. Einen weiteren Beweis für die Richtigkeit dieses Denkansatzes sieht man in der nächsten (fünften) Generation der Computerentwicklung, in der eine Anzeige von Zielen und Strategien in die Maschinen eingebaut wird, die sie bei der Abänderung ihrer eigenen Problemlösungsfähigkeiten unterstützen soll.

All diese verschiedenen Versuche, die Komplexität des Bewußtseins und des menschlichen Verhaltens zu begreifen, bewahren in gewisser Weise Züge der kartesianischen Dualität; denn Geist und Materie werden als zwei verschiedene Ordnungen angesehen. Diese Qualität scheint daher zu rühren, daß man Geist und Materie als *Substanzen* ansieht, wobei die Materie die Substanz ist, die man in der Hand halten kann, und der Geist die unsichtbare und unfaßbare Substanz. Natürlich hat sich unsere Vorstellung von der Materie seit den Zeiten von Descartes radikal verändert, denn es zeigte sich, daß die Welt außer Steinen und Kanonenkugeln auch noch unsichtbare Energiefelder und Elementarteilchen enthält, von denen man nicht behaupten kann, daß sie Bahnen oder sogar Eigenschaften besäßen, die ohne einen Beobachter unzweideutig bestimmt werden können. Tatsächlich ist es nicht mehr länger möglich, die moderne Welt in solch vereinfachende Kategorien einzuteilen. Vielmehr wäre es wohl angemessener, die gesamte *Ordnung der Materie* und die *Ordnung des Geistes* zu untersuchen und herauszufinden, ob diese beiden Ordnungen tatsächlich miteinander unvereinbar und deswegen dualistisch sind oder ob sie nicht vielmehr innerhalb eines gemeinsamen Ordnungsspektrums liegen.

Wenn man Geist und Materie so verstehen kann, daß sie aus einer gemeinsamen Ordnung entstehen, dann führt es nicht mehr weiter, sie sich als verschiedene Substanzen vorzustellen; dann sind sie vielmehr untrennbare Manifestationen des einen ungeteilten Ganzen.

Die subtilen Ordnungen der Materie

Die Geschichte der Naturwissenschaft kann als ein Fortschreiten der Entdeckung immer feinerer Schichten in der Natur verstanden werden. Anders ausgedrückt: Das wissenschaftliche Verständnis des Stoffes, aus dem die Natur besteht, ist ständig erweitert worden und hat immer neue und komplexere Formen erfaßt. Wenn auch oft behauptet wird, daß die Naturwissenschaft alle Erfahrungen auf eine materialistische Erklärung reduziert, ist es in Wahrheit angebrachter zu sagen, daß die Wissenschaft gezwungen worden ist, ihren Horizont immer mehr zu erweitern, um die Frage beantworten zu können, was Materie eigentlich ist. In diesem Jahrhundert scheint die tiefste Ebene der Natur die Raum-Zeit und die unendliche Energie des Quantenfeldes zu sein. Es gibt aber keinen Grund anzunehmen, daß dort der Urgrund der Realität liegt und daß es nicht noch unzählige noch subtilere Ebenen zu entdecken gibt. Es ist tatsächlich möglich, daß die Naturwissenschaft entdecken wird, daß die Ebene des Geistes und die der Materie aus einem gemeinsamen Ursprung entstehen; die Geschichte der Wissenschaft besteht ja gerade darin, anscheinend unvereinbare Aspekte der Erfahrung miteinander in Einklang zu bringen.

Im Mittelalter glaubte man, daß der Himmel einer völlig anderen Ordnung als die Erde angehöre; während Steine und Äpfel auf den Boden fielen, war es deutlich, daß der Himmel sich radikal anders verhielt, denn man hatte nie davon gehört, daß – mit der kleinen Ausnahme der Sternschnuppen – der Himmel jemals heruntergefallen wäre. Außerdem hatte Aristoteles gelehrt, daß feste Körper sich nur unter dem Einfluß einer Kraft bewegen und daß der Körper zum Stillstand kommt, wenn diese Kraft fehlt. Aber die Sonne, der Mond und die Planeten bewegten sich deutlich sichtbar, anscheinend ohne jede Anstrengung in alle Ewigkeit weiter. Da die Ordnungen des Himmels und der Erde so unterschiedlich schienen, war die Schlußfolgerung vernünftig, daß sie von völlig verschiedenen Substanzen seien.

Wieder war es Newton mit seinen Bewegungsgesetzen und mit seinem allgemeinen Gravitationsprinzip, der aufzeigte, daß die Ordnung des Himmels (insbesondere die Bewegung des Mondes und der Planeten) keine Besonderheit darstellt. Denn der Mond fällt ja wirklich, genauso wie ein Apfel. Seine Trägheitstendenz, sich in einer geraden Bahn zu bewegen, hat jedoch eine Zentrifugalkraft zur Folge, die ein Fallen nach außen (von der Erde weg) verursacht, wodurch der Fall nach innen (auf die Erde zu) unter dem Einfluß der Schwerkraft genau ausbalanciert wird. So wird der Mond auf einer ewigen Umlaufbahn gehalten. Außerdem hatten Wissenschaftler die Unrichtigkeit der Bewegungstheorie des Aristoteles entdeckt; denn alle Körper bewegen sich in einer geraden Linie (oder bleiben im Ruhezustand), wenn sie nicht einer Kraft ausgesetzt sind. Auch auf der Erde würde in Bewegung befindliche Materie sich unablässig bewegen, wenn es nicht die entgegengesetzten Kräfte des Luftwiderstandes und der Reibung gäbe. Durch die Einführung neuer Ideen, wie der Schwerkraft und der Trägheit, war es also möglich, den Begriff der Materie genauso auf den Himmel wie auf die Erde anzuwenden.

Im achtzehnten und neunzehnten Jahrhundert machte man im Verständnis des Wesens der Energie Fortschritte und entdeckte, daß Hitze, Elektrizität, chemische Reaktionen und sogar die Verteilung von Arbeit in einer Maschine miteinander durch eine Substanz in Beziehung stehen – die *Energie.* Hierdurch konnten verschiedene Formen von Geschehnissen in der Natur mit Hilfe der *einen* Ordnung der Energie beschrieben werden. Diese Ordnung unterscheidet sich sehr deutlich von der der Materie, denn Energie ist etwas, das man nicht anfassen kann. Während des neunzehnten Jahrhunderts wurde aber auch diese Unterscheidung unscharf. Die Hamilton-Jacobi-Theorie der Bewegung zum Beispiel stellt materielle Körper und ihre Bahnen weniger substantiell dar und besagt, daß sie aus komplexen Formen von Wellenbewegungen bestehen. Hinzu kam, daß J. C. Maxwell den Begriff des Energiefeldes einführte, das die Phänomene des Lichtes, des Magnetismus und der Elektrizität in einem einzigen elektromagnetischen Feld vereinigte. Schließlich machte Einstein zu Beginn des zwanzigsten Jahrhunderts deutlich, daß Materie und Energie völlig gleichwertig sind, und die Quantentheorie bewies, daß Materie und Energie die Doppelnatur als Teilchen und als Welle gemeinsam ist.

Die Ordnung der Welt hatte sich somit verändert und wurde immer mehr zu einem Spektrum mit der mechanischen Bewegung solider Körper auf der einen Seite und kontinuierlichen Feldern und Welle/Teilchen-Dualitäten auf der anderen Seite. Eine ähnliche Bereicherung des Verständnisses der Naturordnungen ergab sich aus dem Aufstieg der organischen Chemie. Zuvor glaubte man, daß es einen wesentlichen Unterschied zwischen der Ordnung des Lebens und der der unbelebten Materie geben müsse, da sich beide Bereiche so unterschiedlich verhielten. Das Leben zum Beispiel wird durch Bewegung und Wachstum charakterisiert, und seine Organisation ist wesentlich komplexer und feiner als die raffinierteste Maschine. Andererseits glaubte man, daß die Materie im wesentlichen deterministisch und mechanisch sei. Andererseits war es so, daß ein Lebewesen nach seinem Tode auf seine einfachen, unbelebten Bestandteile reduziert werden konnte. Deshalb sah es so aus, als ob das Phänomen des Lebens eine bestimmte «Lebenskraft» enthielte, die in die Materie eintritt und sie dazu bringt, sich zu komplexen, belebten Formen zu gruppieren. So glaubte man, daß die Natur sowohl die Ordnungen der unbelebten Materie als auch die unsichtbare Ordnung ihrer Lebenskraft enthält.

Als die Wissenschaftler aber anfingen, das einzigartige Bindungspotential des Kohlenstoffatoms zu begreifen, wurde ihnen klar, daß dieses Atom in eine Vielzahl komplexer und subtiler Reaktionen mit Sauerstoff und Wasserstoff und in geringerem Maße auch mit Stickstoff, Chlor, Schwefel und einer Reihe anderer Elemente eintreten kann. Hierdurch können Ansammlungen von Ringen, langen Ketten und anderen komplexen Formen gebildet werden. Hinzu kommt, daß diese komplexen Moleküle sich bereitwillig in extrem subtile Reaktionen miteinander begeben, die den Austausch sehr kleiner Energiemengen mit sich bringen. So kann innerhalb eines organischen Systems eine sehr große Anzahl von chemischen Reaktionen miteinander verbunden werden, so daß ein riesiges Netzwerk von Rückkoppelungsschleifen, strukturaufbauenden und energietragenden Vorgängen entsteht.

Die komplexe Chemie der auf Kohlenstoff basierenden Reaktionen in Verbindung mit den Einsichten der Biologie konnte eine große Zahl der vielfältigen Naturvorgänge erklären. Durch eine erneute Erweiterung der Idee von einer materiellen Ordnung war es wiederum möglich, einen ganz neuen Bereich von Erscheinungen in diese Ordnung einzubeziehen, die bisher für unvereinbar damit gehalten worden war. Man brauchte keine «Lebenskraft» mehr, um die Ordnung des Lebens zu erklären, sondern es zeigte sich, daß das ganze Phänomen begriffen werden kann, indem man annimmt, daß die Materie einen neuen Bereich von komplexen und subtilen Ordnungen enthält.

Nun war es möglich, die Evolution der Wissenschaft in einem vollständig neuen Licht zu sehen. Statt daß die Natur und der Himmel zu «bloßer Materie» *reduziert* worden waren, hatte sich in Wahrheit genau das Gegenteil abgespielt. Die ganze Vorstellung von der materiellen Welt hatte sich ständig auf Bereiche größerer und immer größerer Komplexität und Subtilität ausgedehnt; das ging so weit, daß es heute möglich ist, darüber nachzudenken, ob diese subtile Ordnung sich nicht über immer tiefere, grenzenlose Bereiche erstrecken könnte. Die Ordnung der Materie hat sich also von den Billardkugeln und den fallenden Äpfeln aus der Welt eines Newton weit entfernt. Statt daß die Natur auf das Materielle *reduziert* worden ist, ist die Idee des Materiellen in unbegrenzte immaterielle Bereiche ausgedehnt worden.

Die mechanische Ordnung des Geistes

Genauso, wie man entdeckte, daß die Materie zunehmend subtile Ebenen des Verhaltens enthält, so scheinen auch mit dem Geist mechanische Wirkungsordnungen verbunden zu sein. Zum Beispiel nahm man früher an, daß die Lösung von Problemen, die Beschäftigung mit Mathematik und das Schachspiel zu den fortgeschrittensten Tätigkeiten gehören, zu denen der menschliche Geist fähig ist. Heute aber können diese Tätigkeiten ganz leidlich von elektronischen Computern ausgeübt werden. Bedeutet dies, wie manche Menschen meinen, daß die Computer tatsächlich intelligent und «dem Geist ähnlich» werden, oder deutet es darauf hin, daß gewisse Funktionen des Geistes in

Sequenzen zerlegt werden können, die im wesentlichen mechanisch sind?

Einem Computer ist es durch seine eingebaute Fähigkeit, gewisse Datenmuster zu erkennen, verschiedene Abwandlungen einer bestimmten Situation zu berechnen, einen Lösungsraum zu suchen und einfache Strategien zu erarbeiten, möglich, anscheinend schwierige Probleme zu lösen. Außerdem kann der Computer durch die Kombination großer Mengen von Regeln und Fakten in einem riesigen Netzwerk von «Wissen» wie ein «Expertensystem» arbeiten und Fachleute auf bestimmten Gebieten der Medizin, Computerentwicklung, Elektronik, Aufspürung von Lagerstätten und Mathematik übertreffen. Andererseits haben Psychologen entdeckt, daß gewisse Aspekte menschlicher Leistungsfähigkeit tatsächlich in Folgen recht mechanischer Schritte zerlegt werden können, die rasch und weitgehend unbewußt ausgeführt werden. So scheint es, daß bestimmte Aktivitäten des Geistes eine weitgehend mechanische Ordnung besitzen.

Es ist aber nicht nötig, Analogien mit einem Computer aufzustellen, um dies zu erkennen. Man braucht sich nur das eigene Verhalten und die eigenen inneren Denkvorgänge klarzumachen. Wenn das Denken einerseits auch weit ausgreifen, sich in höchst subtilen Meditationen ergehen und durch einen intuitiven oder kreativen Sprung in ganz neue Gebiete eindringen kann, so stimmt es doch auch, daß viele Denkmuster sich wiederholend und mechanisch sind. Wenn Sie Ihr eigenes Leben oder das Ihrer Freunde an Ihrem geistigen Auge vorüberziehen lassen, wird deutlich, daß mit gewissen Aspekten ein Verhalten verbunden ist, das sich auf mechanische Weise immer wiederholt zu haben scheint. Ein Mann kann eine lange Reihe gescheiterter Beziehungen mit etwa dem gleichen Frauentyp erlebt haben, eine Frau kann ständig in Konflikt mit einer Autoritätsperson geraten. Es mag auch neurotische Bereiche im Leben eines Menschen geben, in denen ein sich wiederholendes, mechanisches Verhalten jedesmal durch denselben Reiz ausgelöst wird. Während dieser neurotischen Anfälle kann man beobachten, wie das Denken wie ein aufgezogenes Spielzeug in ganz bestimmten Bahnen abläuft. Manchmal reicht ein einziges Wort aus, um starke Emotionen auszulösen und einen zwanghaften Gedanken- oder Redestrom hervorzurufen.

Nicht nur Sprache und Gedanken können in einer sich wiederholenden, mechanischen Ordnung ablaufen, sondern auch Emotionen; starke Gefühle und Reaktionen werden oft durch ein einfaches Symbol ausgelöst werden. Zeigt dem Patrioten eine Flagge, und er wird hurra rufen und dafür kämpfen. Wenn der Leser ein wenig nachdenkt, wird er feststellen, daß der Geist in vielen Dingen nicht frei und schöpferisch ist, sondern bestimmten Abläufen in einer mechanischen Ordnung folgt, die sich nicht allzusehr von der eines Computers oder der einer hochentwickelten Maschine unterscheidet. Es muß jedoch betont werden, daß diese mechanische Ordnung nur *ein* Aspekt des Gesamtverhaltens ist; selbst neurotisches Verhalten kann nicht vollkommen durch eine Computer-Analogie erklärt werden. Denn die Wiederholungsreaktion auf einen Reiz und die verschiedenen Arten, in denen ein Verhalten konditioniert oder ausgelöst werden kann, hängen alle davon ab, daß man einen Zusammenhang erkennt.

Diese Zusammenhänge sind aber ihrerseits wiederum sehr subtile Dinge, die von kleinen Nuancen der Beobachtung und von der Fähigkeit abhängen, eine Vielzahl von Erscheinungsformen der Umgebung aufzunehmen und zu integrieren. Damit man zum Beispiel ein bestimmtes Wort (oder eine Gebärde) als Beleidigung wertet, muß es im richtigen Zusammenhang wahrgenommen werden. In einem Spiel zwischen Kindern oder Verliebten oder bei der Erzählung einer Anekdote wird ein bestimmtes Wort nicht als Beleidigung aufgefaßt; wenn man es aber mit geballten Fäusten und einem höhnischen Gesichtsausdruck ausspricht, dann kann es eine Reihe von feindlichen Reaktionen auslösen.

Der Kontext ist also genauso wichtig wie die Gebärde selbst, denn es ist nicht so sehr das Wort oder das verzerrte Gesicht, die die Botschaft übermitteln, sondern vielmehr der ganze Zusammenhang, in den sie gestellt werden. Ein Zusammenhang ergibt eine Bedeutung, einen Sinn, egal ob es die Ansprache eines Präsidenten oder das Klingeln von Glöckchen in Pawlows Laboratorium ist, und diese Zusammenhänge richtig einzuschätzen erfordert eine Intelligenz nicht-mechanischer Ordnung.

Es sollte also klar sein, daß der Geist zwar tatsächlich gewisse mechanische Funktionsordnungen enthält, daß diese alle aber aus einem viel tieferen nicht-mechanischen Grund entstehen. Die Ordnung des Geistes ist deshalb besonders subtil und kann niemals auf die einer Maschine reduziert werden. Es stimmt aber auch, daß die Ordnung der Natur weit über die mechanischen Ordnungen der Newtonschen Materie hinausreicht und Energiefelder und die gesamte Ordnung der Quantentheorie umfaßt. Deshalb stellt sich die Frage: Hat die Materie einen unbegrenzten Bereich von Ordnungen, welche schließlich mit den Ordnungen des Geistes verschmelzen?

Morphogenetische Felder

Im dritten Kapitel wurden einige kooperative Strukturen beschrieben, deren Ordnung sich von der einer Maschine stark unterscheidet. Zweifellos sind mächtige Ordnungsprinzipien am Werk, wenn die einzelnen Zellen einer Schleimpilzkolonie sich plötzlich zusammenfinden, um einen einzigen, einheitlichen Organismus zu bilden. Wenn die Elektronen in einem Metall mit ihrem kollektiven Tanz beginnen, um ein Plasma zu bilden, oder sich mit dem integrierten Fluß eines Supraleiters bewegen, dann vollzieht sich etwas, das weit über einen statistischen Ausgleich nach dem «Gesetz der großen Zahl» von mechanistischen Einzelwesen hinausgeht.

Im Falle der Entwicklung des menschlichen Embryos geschieht etwas noch viel Subtileres, denn die genaue Koordinierung all der daran beteiligten Vorgänge ist von einer geradezu unvorstellbaren Komplexität. Zellen wandern, teilen sich auf, sterben ab oder differenzieren sich genau im richtigen Augenblick; Organe koordinieren ihr Wachstum und ihre Absonderungen; verschiedene Synthesen und metabolische Prozesse beginnen und enden im Einklang mit anderen Vorgängen, die in abgelegenen Teilen des Organismus stattfinden. Der Sehnerv muß sich zum Beispiel im Embryo so entwickeln, daß die zwei Enden eines komplexen Nervenbündels genaue Verbindungen zwischen den hundert Millionen Rezeptoren im Auge und den verschiedenen Bereichen des Sehzentrums in der Großhirnrinde herstellen.

S. J. Snyder von der Johns Hopkins Universität hat diese Vorgänge in einem Leitartikel der Zeitschrift *Science* wie folgt dargestellt:

> Eine der wichtigsten ungelösten Fragen in der Biologie lautet: Wie kommt es, daß die einzelnen Teile des Körpers sich genau dort entwickeln, wo sie sind, und wie nehmen sie ihre charakteristische Erscheinung und Funktion an? Was befiehlt einer Gruppe von Zellen in einem Embryo, einen Arm auszubilden? Warum entwickeln sich einige Zellgruppen zu einer Leber, andere wiederum zu den Nebennieren und andere zu Keimdrüsen?
>
> Das Gehirn ist ein Einzelorgan, das in vieler Hinsicht eine größere Komplexität aufweist als der gesamte Rest des Körpers. In der Entwicklung des Embryos müssen sich Tausende von einzelnen Nervenbahnen auf verschlungenen Wegen vorwärts schlängeln, bis sie ihre endgültigen Standorte im ausgewachsenen Körper erreichen.[1]

Die Erklärung der Entwicklung des Embryos stellt sicher eine überwältigende Herausforderung für die Biologen dar, die erklären müssen, wie der Fötus in der Lage ist, sich genau in der richtigen Reihenfolge zu entwickeln, um zu einem einzigartigen menschlichen Wesen zu werden. Die gängige Erklärung lautet, daß die genetischen Lebensmuster innerhalb der DNS jeder Zelle enthalten sind. Durch verschiedene chemische Auslöser wird die Synthese von Proteinen, die als Enzymkatalysatoren oder Bausteine wirken, in genau den richtigen Momenten ab- oder angeschaltet.

So werden der Stoffwechsel und das Wachstum der Zelle kontrolliert. Zellabsonderungen und andere chemische «Boten» halten einen ständigen Informationsfluß über den Stand der Entwicklung des Embryos aufrecht, um eine vollkommene Koordination seines Wachstums sicherzustellen.

Einzelne Sequenzen des genetischen Codes sind tatsächlich entschlüsselt und im Laboratorium künstlich hergestellt worden. So konnten kleine Abschnitte des Codes in Hefepilze oder Bakterien eingepflanzt werden, wodurch es zur Herstellung bestimmter Proteine kam. Außerdem wurden verschiedene molekulare «Schalter» entdeckt, welche die Zellvorgänge ab- und anschalten. Von vielen chemischen Verbindungen weiß man, daß sie Informationen zwischen den Zellen hin- und her-tragen und die Funktionen verschiedener Organe koordinieren. Aber trotz all dieser Fortschritte muß noch eine beträchtliche Strecke Weges zurückgelegt werden – sowohl in der Theorie als auch in experimentellen Untersuchungen –, bevor eine komplette Theorie der Zellfunktion aufgestellt werden kann, ganz zu schweigen von der Entwicklung des Embryos. Kurz gesagt: Es ist immer noch nur eine *Hypothese* und keine feststehende Theorie, daß die Funktionsweise jedes Lebewesens vollständig durch die Wirkungsweise der DNS und durch den Zellstoffwechsel erklärt werden kann. Allerdings wird diese Hypothese von den meisten Biologen völlig akzeptiert, und man glaubt, daß die verschiedenen Lücken in der Theorie ausgefüllt werden können, wenn man nur intensiv genug weiterforscht. Man nimmt auch an, daß irgendwann einmal das ganze Phänomen des Wachstums mit diesen Mechanismen erklärt werden kann.

Nicht alle Biologen sind jedoch von dieser Hypothese überzeugt, und gelegentlich haben einige Außenseiter behauptet, daß das genetische Bild zu einfach sei, um eine erschöpfende Erklärung des Lebens zu geben, auch wenn es sicher wichtige Aspekte davon enthalte. Neben dem Problem, die Entwicklung des Individuums zu erklären, besteht zudem die Herausforderung der Erklärung der Evolution. Das übliche Argument, daß neue Arten durch Veränderungen im genetischen Material entstehen, ist sicher ein Teil der Wahrheit, aber es liefert nicht immer zufriedenstellende Erklärungen.

Wie entwickelt sich zum Beispiel eine völlig neue Art? Wie entwickeln sich komplexe Organe wie zum Beispiel das Auge? Können zufällige Mutationen den Entwicklungssprung vom Reptil zum Vogel erklären? Die Entwicklung des Fluges zum Beispiel erforderte die *koordinierte* Entwicklung einer großen Anzahl von Faktoren, von denen jeder einzelne für sich allein genommen nicht besonders arterhaltend gewesen wäre.

Kann eine Theorie, die sich auf die zufälligen Mutationen der DNS gründet, die reiche Vielfalt von Formen in der Natur und die Geschwindigkeit erklären, mit der neue Arten auftauchen? Ohne Darwin und seine Theorie der natürlichen Auslese über Bord werfen zu wollen: Wäre es vielleicht möglich, daß die Information aus der Umgebung eine aktive Rolle bei der Herausbildung der Mutation von Formen spielt?

Der hervorragende Biologe C. H. Waddington war nie völlig zufrieden mit der üblichen Erklärung der genetischen Entwicklung und benutzte das Bild eines sich entwickelnden Organismus, der sich durch eine «epigenetische Landschaft» bewegt.* So wie ein Reisender, der von den Bergen zu einem Fischerdorf hinabsteigt, Hügel, Felsen und plötzliche Steilkanten umgeht, so entwickelt sich der Organismus in der Zeit, indem er den für ihn günstigsten Weg in einer Landschaft aussucht, die durch seine Entwicklungsgeschichte vorgegeben ist. Waddington machte jedoch keine allzu genauen Angaben über die Art der damit verbundenen Vorgänge. Er betonte nur, daß das Wachstum ein Element der Ganzheit enthalte, das Ausdruck der allumfassenden epigenetischen Landschaft sei; es sei deshalb nicht völlig durch die DNS auf hierarchische Weise festgelegt. Waddington nähert sich mit seinen Vorstellungen offensichtlich einer Entwicklungsvorstellung an, die darauf hinausläuft, daß lebende Materie irgendwie auf ein Informationsfeld reagiert, welches eine formgebende Kraft auf die Zellvorgänge ausübt.

Vor nicht allzu langer Zeit sind diese Gedanken von dem Biologen Rupert Sheldrake viel weiter entwickelt worden, dessen Theorie der morphogenetischen Felder einen heftigen Meinungsstreit ausgelöst hat.[2] Sheldrake ist der Meinung, daß solche Informa-

---

* «Epigenetisch» = Adjektiv zu Epigenese: Die Theorie in der Biologie, daß die Samenzelle ohne Struktur ist und der Embryo sich durch die Einwirkung der Umgebung auf das Protoplasma zu einem neuen Lebewesen entwickelt. (Anm. d. Übers.)

tionsfelder tatsächlich existieren und nicht nur die Strukturen lebender Organismen, sondern auch die unbelebter Materie beeinflussen. Nach Sheldrake besitzt alle Materie ein mit ihr verbundenes Gedächtnisfeld, das eine aktive Rolle bei der Formgebung von Strukturen und verschiedenen Vorgängen spielt. Nimmt man Sheldrakes Idee ernst, dann würde sie unsere Vorstellungen vom Wesen der Materie deutlich erweitern, indem eine neue Ebene hinzukäme, nämlich die Ebene aktiver Information.

Das Erstaunlichste an diesem Vorschlag ist, daß die morphogenetischen Felder, wie sie genannt werden, nicht nur auf die Entwicklung von Embryonen und andere biologische Systeme, sondern auf die gesamte Materie einwirken. Die Theorie ist deshalb auch auf die Kristallisation neuer künstlicher Substanzen und auf die Synthese von Molekülen aus den sie bildenden Atomen angewandt worden. Nach der herkömmlichen Ansicht bilden sich Moleküle, wenn sich Atome im Raum einander nähern. Eine Reihe von Kräften der Quantenmechanik, deren Stärke und Richtung von den verschiedenen Orientierungen und Mustern abhängen, die gebildet werden, wirkt auf diese Atome ein. In dem Falle eines ziemlich einfachen Moleküls wie dem O_2 – der Sauerstoffart, die wir einatmen und die aus zwei Sauerstoffatomen besteht – wird die Situation oft durch das Bild des Wagens auf einer Achterbahn dargestellt: Die Berge und Täler der Achterbahn stellen die Energiekräfte der verschiedenen Stellungen der Atome dar, und der Ort des Wagens zeigt den tatsächlichen Zustand des Systems zu einem bestimmten Zeitpunkt. Die stabilste Form ist sicherlich die mit dem geringsten Energieaufwand verbundene, dargestellt durch den Wagen, der auf dem Grund des tiefsten Tals zum Stillstand kommt. Wenn sich zum Beispiel zwei Sauerstoffatome verbinden, dann wird das so dargestellt, als ob der Wagen bergab zu seiner endgültigen Gleichgewichtsstellung rollt.

Bei komplexeren Molekülen gibt es eine Vielzahl von Bergen und Tälern; die Darstellung ähnelt immer mehr einer Landschaft mit vielen Dimensionen, die aus Bergen, Tälern, Felsen und Ebenen besteht. Der Weg, den der Wagen der Achterbahn einschlägt, wird nun wirklich sehr kompliziert. In einigen Fällen bleibt er vielleicht in einem engen Tal stecken, das durch einen Hügel von einem noch tieferen Tal getrennt ist, welches einen stabileren Endpunkt darstellen würde. Nach den Gesetzen der Quantentheorie wird er aber nach ausreichend langer Zeit und nach genügend Energieanstößen aus der Umgebung schließlich den Weg in das tiefste Tal finden.

Sheldrake behauptet, daß diese graduelle, vom Zufall bestimmte Suche nach der stabilsten Molekularstruktur nicht effizient und nicht vorhersagbar sei und außerdem zuviel Zeit koste. Die Prozesse in der Natur laufen jedoch meist reibungslos ab und sind leicht wiederholbar. Er schließt daraus, daß der Achterbahnwagen tatsächlich *gelenkt* oder während seiner Fahrt über die gesamte Landschaft *informiert wird.* Unter dem Einfluß eines morphogenetischen Feldes werden die zusammenströmenden Atome in die richtige Richtung gelenkt, so daß auf effiziente Weise Moleküle gebildet werden. Auch wenn die tatsächliche Triebkraft immer noch der quantenmechanische Drang ist, den Energieaufwand durch Bewegung in das tiefste Tal zu minimieren, erhält der tatsächliche Vorgang seine Form durch Information, die in den Feldern selbst vorhanden ist.

Auf diese Weise entwickeln sich Moleküle, Kristalle, Pflanzen und Tiere entsprechend der ihnen gemäßen Form. Ohne diese Felder gäbe es einfach zu viele Alternativen und Zufälligkeiten für die Natur, als daß sie jene «Einheit in der Vielfalt» zeigen könnte, die in den Strukturen der Materie und der Lebewesen zu erkennen ist.

Wenn ein neues Molekül zum ersten Mal gebildet wird oder wenn ein neuartiger Kristall heranwächst, müssen sie sich Schritt für Schritt auf einem unbekannten Weg durch die Täler und Senken ihrer jeweiligen Energielandschaft vorantasten. Dieser Vorgang läßt aber ein morphogenetisches Feld entstehen, das wie ein Gedächtnis der beteiligten materiellen Vorgänge ist. Wenn der gleiche Prozeß erneut abläuft, wird er dadurch erleichtert, so sagt Sheldrake, daß er bereits durch Information aus dem morphogenetischen Feld gesteuert wird. Mit immer mehr Wiederholungen desselben Vorgangs nimmt die Stärke des Feldes zu und wirkt aktiver auf den Ablauf des Prozesses ein. Das Ganze erinnert ein wenig an Skiläufer, die einen Berg hinabfahren. Der erste Läufer muß einen geeigneten Pfad zwischen Bäumen und kleinen Hügeln finden. Die nachfolgenden Läufer werden von seinen Spuren geleitet, können ein wenig schneller fahren und Abwege vermeiden. In jedem Fall ist es die nach unten ziehende Schwerkraft, welche die Energie für den Skilauf bietet, gleichzeitig aber ist es auch die Information in den vorhandenen Spuren, die den Skiläufer befähigt, den besten Weg bergab zu finden. Auf ähnliche Weise bestimmen quantenmechanische Kräfte den Gesamtvorgang der Bildung von Molekülen, während die Information in den morphogenetischen Feldern diesen Vorgang in die erfolgreichste Richtung steuert.

Bei einem komplexeren Geschehen, dem Wachstum einer Zelle oder der Entwicklung eines Embryos, ist nach Sheldrakes Hypothese eine ganze Hierarchie von morphogenetischen Feldern am Werk, um alle beteiligten Vorgänge zu steuern. Morphogenetische Felder steuern nicht nur die Bildung der Strukturen, sondern auch ihr tatsächliches Verhalten, denn auch die Reflexe und nach Mustern ablaufenden Reaktionen der Tiere sollen von solchen Feldern geleitet werden.

Dies ist sicher eine kühne Hypothese, aber welche Beweise gibt es für diese hypothetischen Gedächtnisfelder? Es zeigt sich, daß die meisten angeführten Argumente noch recht bruchstückhaft oder bloße Neuinterpretationen früherer Experimente sind. Wenig originelle Forschungsarbeit ist bisher auf diesem Gebiet betrieben worden, so daß das Gewicht der Beweise nicht besonders zwingend ist. Ein Beispiel ist die Bildung neuer Kristalle. Nach Sheldrakes Theorie wäre es sehr schwierig für eine neue Substanz, die zum erstenmal synthetisiert wird, zu kristallisieren, solange nicht morphogenetische Felder aufgebaut worden sind, die die Anordnung der Atome zu einem Atomgitter lenken. Es ließ sich tatsächlich zeigen, daß in einem solchen Fall alle weiteren Kristallisationsvorgänge leichter ablaufen als der erste. Welche Erklärung hat die herkömmliche Wissenschaft dafür? Allgemein wird so argumentiert, daß winzige Mikrokristalle, die von dem ersten Experiment übriggeblieben sind und im Laboratorium herumschweben, die Lösung verunreinigen und als Kerne wirken, um die sich die zweite Generation der Kristalle bilden kann. So wird jeder neue Kristallisationsakt ein wenig leichter, indem die unbeabsichtigte Verunreinigung zunimmt. Aber was ist im Spiel, wenn das erste Experiment in Oxford und das zweite in Chicago abläuft? In diesem Falle wirkt die Erklärung doch ziemlich merkwürdig: Die Wissenschaftler vertreten nämlich die Meinung, daß Mikrokristalle in den Bärten und Anzügen von Wissenschaftlern herumgetragen werden, die aus Oxford kommen und auf diese Weise die Kerne für weitere Kristallisationen in andere Laboratorien verschleppen!

Als weiterer bruckstückhafter Beweis werden z. B. Beobachtungen des Verhaltens von Schafen angeführt. In vielen Gebieten Großbritanniens wird ein Gitter von Metallrollen vor die Einfahrt zu Weideflächen gelegt; der landwirtschaftliche Verkehr kann darüberfahren, die Schafe aber bleiben auf dem Feld, da die Tiere nicht gern auf die Rollen treten. Kürzlich hat man allerdings einige Schafe beobachtet, die sich hinlegten, über das Gitter rollten und auf diese Weise aus ihrem Feld ausbrachen. Kurz danach wurden ähnliche Beobachtungen in anderen Teilen des Landes gemacht. Ist hier etwa ein neues morphogenetisches Feld für das Verhalten von Schafen entstanden? Oder hat es diese seltsame Art des Verhaltens schon immer gegeben, ohne daß sie bisher beobachtet wurde? Oder waren einige ungezogene Schafe ausgebrochen, um ihren gefangenen Artgenossen im ganzen Land von der neuen Methode zu berichten?

Das Problem mit dieser Art von Beispielen ist, daß sie schwer in akzeptierbarer wissenschaftlicher Weise präsentiert werden können. So hat das wissenschaftliche Establishment auch nicht gerade begeistert auf Sheldrakes Ideen reagiert. Die Reaktionen liegen in einem Spektrum zwischen Indifferenz und offener Feindschaft. Es hat bisher einfach nicht genug ernsthaftes Interesse dafür gegeben, Sheldrakes Hypothese einer strengen theoretischen und experimentellen Prüfung zu unterziehen. Auch ich muß zugeben, daß ich die Beweise für Sheldrakes Hypothese nicht besonders überzeugend finde; hinzu kommt, daß ich Schwierigkeiten habe, gewisse Aspekte seiner Theorie, so, wie sie gegenwärtig formuliert sind, zu akzeptieren. Neue Ideen sind jedoch wie zarte Pflanzen; sie haben es verdient, daß man sie eine Zeitlang hütet und pflegt und ihnen Gelegenheit gibt, ihr volles

Potential zu entfalten – man sollte sie nicht vorschnell ausreißen und fortwerfen.

Sheldrake weist jedenfalls auf einen sehr wichtigen Punkt hin: Die Abläufe in der Natur, so meint er, sind weit subtiler, als man es sich gegenwärtig vorstellt, und enthalten einen Aspekt, der dem, was wir normalerweise «Geist» nennen, sehr nahekommt. Materie und Geist, so scheint es, sind nicht mehr unterschiedliche und voneinander getrennte Substanzen, sondern können durchaus Teil eines umfassenderen Spektrums sein. Auch wenn der Leser Einzelheiten der Hypothese Sheldrakes von den morphogenetischen Feldern ablehnt, sollte er zumindest über diesen Gedanken einer subtilen, geistähnlichen Ebene im Entwicklungsprozeß der Natur ernsthaft nachdenken.

Die morphogenetischen Felder stellen eine Art Gedächtnis dar, das im Hinblick auf materielle Strukturen und Verhaltensmuster wie ein formgebendes Muster wirkt. In diesem Sinne sind sie verwandt mit C. G. Jungs Archetypen, die man sich als formgebende Felder des kollektiven Unbewußten vorstellen kann. So wie die gesamte evolutionäre Entwicklungsgeschichte eines Organismus in seiner Hierarchie morphogenetischer Felder enthalten sein soll, soll die Geschichte eines Volkes und sogar der ganzen Menschheit in den Archetypen enthalten sein. Ist es daher möglich, daß die Archetypen und die morphogenetischen Felder einen gemeinsamen universellen Aspekt besitzen, daß sie formative Informationsfelder sind, die innerhalb der Abläufe der Materie, des Denkens und des Verhaltens eine aktive Rolle spielen?

Der Gedanke eines Informationsfeldes, das eine aktive Rolle bei materiellen Vorgängen spielt, kann mit dem Entstehen eines Bildes auf einem Fernsehschirm verglichen werden. Das ankommende Signal enthält eine große Menge an Informationen, seine Energie aber ist verglichen mit der des Fernsehgerätes selbst minimal. Wegen der inneren Komplexität des Gerätes aber kann diese minimale Informationsenergie die elektronischen Vorgänge innerhalb des Stromkreises formen und eine Reihenfolge von Bildern auf dem Fernsehschirm erzeugen. Ähnlich kann die formative Information innerhalb der Materie wirken, vorausgesetzt, daß die innere Struktur der Materie von ausreichender Komplexität ist.

Sheldrakes Gedanke könnte weiterentwickelt werden, indem man darauf hinweist, daß selbst die einfachsten Formen der Materie eine innere Struktur von großer Komplexität besitzen und, damit verbunden, ein Feld oder eine subtilere Ebene, die Informationen über die gesamte Umgebung enthält. Atome und Moleküle bewegen sich unter dem Eindruck normaler quantenmechanischer Kräfte; sie können aber auch auf eine Information reagieren, die in diesen Feldern aktiv gegenwärtig ist. Das hieße, daß in jedem Bereich des Raumes oder in jedem Teilchen der Materie Information eingefaltet ist, die sich potentiell auf das ganze Universum bezieht. Die Evolution würde demnach durch innere Molekularprozesse, hervorgerufen durch die zufälligen Mutationen der DNS, und ebenso durch die aktive Information des gesamten Umfeldes vorangetrieben. Hierdurch könnte der sich entwikkelnde Organismus eine Wirkung auf seine Umgebung ausüben und diese Umgebung ihrerseits zurückwirken auf die sich entwikkelnde Art und sie darin unterstützen, geeigneteren Wegen für ihr Wachstum zu folgen.

Eine derartige Hypothese würde allerdings eine innere Struktur der Materie voraussetzen, die zunehmend subtiler und komplexer wird, je mehr mikroskopische Ebenen entdeckt werden, so daß schließlich die Komplexität des ganzen Universums mit in die einfachste Ebene der Materie eingeschlossen ist. Das würde bedeuten, daß Prozeß und Veränderung nicht in einer blinden oder zusammenhanglosen Weise stattfinden, sondern durch das umfassende Wesen des Ganzen bestimmt werden. Ein solches Bild ähnelt dem der Hamilton-Jacobi-Theorie, die davon ausgeht, daß alle Materie aus einer komplexen Überschneidung von Wellenbewegungen aufgebaut ist, so daß der Weg eines einzelnen Teilchens das Ergebnis aller Wellenabläufe in ihrer Gesamtheit ist.

Die Idee eines aktiven Informationsfeldes, das sich in den verschiedenen Strukturen und Abläufen der Natur zeigt, und einer Materie, die endlose Ebenen der Subtilität enthält, läßt vermuten, daß die gesamte Ordnung der Natur viel komplexer ist als je angenommen wurde. Es ist auch denkbar, daß diese Felder aktiver Information wie bei C. G. Jungs Archetypen sowohl im Bewußtsein als auch in der Materie tätig sind, so daß die Struktur des Geistes immer komplexer wird, je tiefer er erforscht wird. Es mag sich auch herausstellen, daß Bewußtsein und Materie aus einer gemeinsamen Ordnung hervorgehen, in der die Prozesse der Materie und das Wirken der Information nur zwei Seiten einer einzigen Realität sind. Solche Felder aktiver, formativer Information wären daher viel allgemeiner als die Felder Sheldrakes. Es wären nicht einfach Felder einer gewohnheitsmäßigen Reaktion, sondern sie näherten sich einer Art Intelligenz, die aus einer zugrunde liegenden schöpferischen Quelle hervortritt. Gewisse Aspekte der Natur würden durch die relativ gewohnheitsmäßige, sich wiederholende, mechanische Natur dieser formativen Felder beherrscht, andere Aspekte könnten dynamischer und fähig sein, neuartig und kreativ zu reagieren.

Diese Ideen sind natürlich höchst spekulativ und können auf verschiedene Weise weiterentwickelt werden. Sie bieten gewissermaßen ein anderes Bild oder eine Metapher dafür, wie Geist und Materie sich auf allen Ebenen der Natur gegenseitig durchdringen. Sie wollen zeigen, daß es möglich ist, sich ein Universum vorzustellen, in dem das Physische und das Psychische nicht länger durch eine hohe Schranke getrennt sind und in dem Synchronizität eine der Kausalität komplementäre Rolle spielt.

Aktive Information und die implizite Ordnung

Der Gedanke, daß Information eine aktive oder formative Wirkung auf die Materie ausüben kann, ist von David Bohm näher untersucht worden. Seine kausale Interpretation der Quantentheorie bietet eine detaillierte Beschreibung dessen, was tatsächlich während der Quantenvorgänge geschehen könnte – bei Vorgängen wie dem Zerfall eines radioaktiven Kerns –, wobei gleichzeitig die herkömmlichen Interpretationsprobleme vermieden werden. Seine Theorie umfaßt neue Annahmen über das Wesen der Materie, und obwohl sie mathematische Ergebnisse liefert, die mit denen der herkömmlichen Quantenmechanik identisch sind, ist sie noch nicht ernsthaft von der Fachwelt geprüft worden.

Die Theorie geht in ihren Anfängen davon aus, daß die Elementarteilchen in Wahrheit keine Wellen/Teilchen-Natur haben, sondern Partikel mit einer beträchtlichen inneren Komplexität sind. In der weiterentwickelten Form der Theorie stellten diese Teilchen wiederum nur eine Schwankung innerhalb eines Quantenfeldes dar. Zusätzlich zu der normalen elektromagnetischen Kraft, die auf das Elementarteilchen als Ergebnis seiner elektrischen Ladung (und der schwachen und starken Kernkräfte) einwirkt, fordert Bohm in seiner Theorie ein neues *Quantenpotential*. Dieses Quantenpotential ist von völlig neuer Art, denn im Gegensatz zu den anderen Naturkräften ist es in seiner Form subtil und nimmt in seiner Wirkung trotz zunehmender Entfernung nicht ab. Deswegen können sogar Objekte, die vom Quantenpartikel weit entfernt sind, noch eine tiefgreifende Wirkung darauf haben.

Hinzu kommt, daß die Wirkungsweise des Quantenpotentials nicht die Form einer mechanischen Schub- oder Zugkraft annimmt, wie eine gewöhnliche Kraft, sondern mehr wie eine Führungswelle wirkt. In diesem Sinne hat das Quantenpotential etwas gemeinsam mit der Art, wie ein morphogenetisches Feld auf einen sich entwickelnden Organismus einwirkt. Oder – um eine Analogie zu benutzen – es wirkt wie ein Radarsignal, das von einem Schiff auf See aufgefangen wird. Die Energie in diesem Signal ist minimal im Vergleich zu der Energiemenge, die das Schiff vorantreibt; die Information des Signales über Häfen, Nebel, Eisberge und andere Schiffe hat aber eine formative Wirkung auf den Kurs des Schiffes. Bei einem automatischen System könnte dieses Radarsignal zum Beispiel von einem Computer verarbeitet werden und so eine aktive Rolle bei der Steuerung des Schiffes spielen.

In einem ähnlichen Sinne enthält das Quantenpotential Informationen über das Umfeld des Quantenteilchens und *informiert* und beeinflußt so seine Bewegung. Da die Information innerhalb des Potentials sehr detailliert ist, ist die sich daraus ergebende Bahn so extrem komplex, daß sie als völlig chaotisch und nicht vorherbestimmt erscheint. Der Grund für den Indeterminismus der Quantenvorgänge liegt daher in der komplexen Natur des Quantenpotentials. Hinzu kommt, daß es generell nicht möglich ist, ein Quantensystem und sein Umfeld analytisch aufzuteilen, da die Wirkung dieses Quantenpotentials mit zunehmender Entfernung nicht abnimmt. Das System muß vielmehr als ein Ganzes behandelt werden, das durch aktive Information im Quantenpotential geleitet und geformt wird.

Bohms kausale Interpretation besagt, daß die Materie Ordnungen besitzt, die denen des Geistes näherstehen als einfachen mechanischen Ordnungen. Der Information wird eine aktive, formative Rolle zuerkannt, so daß ein einzelnes Elementarteilchen durch das Quantenpotential mit dem gesamten Universum verbunden ist. Dies bedeutet auch, daß das Elementarteilchen eine komplexe innere Struktur haben muß, um in der Lage zu sein, auf Informationen innerhalb des Quantenpotentials zu reagieren.[3]

Diese neuartigen Merkmale sind noch deutlicher in der fortgeschritteneren Quantenfeldversion dieser Theorie zu erkennen. Hier werden die Elementarteilchen zur Manifestation eines Quantenfeldes. Dies erinnert wieder an die Hamilton-Jacobi-Theorie, in der die Materie und all ihre Bewegungen durch ihnen zugrunde liegende Wellenbewegungen erzeugt werden. In der Hamilton-Jacobi-Theorie ergibt eine Anhäufung von kleinen Wellen in einem engen Raumbereich den Anschein eines materiellen Teilchens. All diese kleinen Wellen entfalten sich ständig aus der allgemeinen Wellenbewegung ihres Hintergrundes wie eine große Wasserwelle, die durch die Gesamtbewegung des Ozeans erzeugt wird. So bringt ein ständiger Vorgang des Sich-Einfaltens und des Sich-Entfaltens ein Objekt hervor, das alle Eigenschaften eines mechanischen Teilchens besitzt, welches sich auf einer vorherbestimmten Bahn durch den Raum bewegt.

In einem in etwa analogen Sinne entstehen die Elementarteilchen aus einem umfassenden Quantenfeld. Nach der kausalen Interpretation wird das Einfalten und das Entfalten dieses Feldes durch ein Supraquantenpotential gelenkt oder *informiert.* So spielt die Information wieder eine aktive Rolle, indem sie nicht nur Quantenprozesse auslöst, sondern auch die Elmentarteilchen selbst hervorbringt. Aktive Information ist verantwortlich für die Weise, auf die sich Quantenvorgänge aus dem Quantenfeld des Universums entfalten. Aus diesem Grunde ist es klar, daß die innere Struktur der Elementarpartikeln von unbegrenzter Komplexität sein kann, denn sie sind letzten Endes ein Ausdruck des gesamten Universums.

Es gibt keinen Grund anzunehmen, daß diese Strukturen auf der Ebene des Supraquantenpotentials enden und sich nicht auf weitere Ebenen der Subtilität erstrecken. Wenn dies so ist, dann würde eine Ebene, die in einem bestimmten Zusammenhang als Form eines materiellen Prozesses aufgefaßt würde, in einem weiteren Zusammenhang als Ebene aktiver Information verstanden werden. Diese Informationsebene würde ihre formative Aktivität wiederum aus benachbarten Ebenen subtiler materieller Vorgänge gewinnen. Auf diese Weise kann sich eine Hierarchie von überlappenden Ebenen, ja sogar von Rückkoppelungsschleifen, endlos ausdehnen. Diese Überlegungen lassen vermuten, daß die gegenwärtig bekannten Quantenprozesse nicht die letzten Ebenen der Materie darstellen und daß künftige Experimente noch viel subtilere Formen des Verhaltens innerhalb der Natur enthüllen werden.

Diese Gedanken lassen sich in allgemeinerer Form mit Hilfe von Bohms Konzept der *impliziten* oder eingefalteten Ordnung darstellen. In der Quantenfeldversion der kausalen Interpretation wird ein Elementarteilchen als die Manifestation eines ihm zugrunde liegenden Quantenfeldes angesehen. Dieses Teilchen stellt daher die Einfaltung des Feldes in einen örtlich abgrenzbaren Bereich dar; gleichermaßen ist die Vernichtung des Teilchens die Entfaltung zurück in das Feld. So kann man sich die komplexen Reaktionen von Elementarteilchen als Einfaltungen und Ausfaltungen innerhalb eines dynamischen Hintergrundes vorstellen. Bohm nimmt an, daß diese implizite Ordnung mit dem Vorgang des Einfaltens und Ausfaltens charakteristisch für die gesamte Realität ist. Tatsächlich reicht die implizite Ordnung über die besonderen Annahmen und Details der kausalen Interpretation hinaus und beschreibt nicht allein die innere Struktur der Materie, sondern auch die des Geistes und der Gesellschaft. Selbst wenn wir es vorziehen, Bohms kausale Interpretation von vornherein abzulehnen, sollten wir über die Idee einer eingefalteten oder impliziten Ordnung ernsthaft nachdenken.

Die alltägliche Welt von festen Körpern, die unzweideutig im

Raume verankert sind, und von Abfolgen in einer linearen Zeit entspricht dem, was wir die explizite oder entfaltete Ordnung nennen können. Aber diese explizite Ordnung können wir jetzt als die Manifestation einer Entfaltung aus einer tieferen impliziten Ordnung heraus erkennen. Eine Analogie mag dazu dienen, diesen Punkt zu illustrieren: Der Springbrunnen auf einem italienischen Marktplatz behält seine Form durch das Wasser, das ständig durch ihn hindurchfließt. So ist eine explizite Form Ausdruck des ständigen Flusses des Ein- und Entfaltens. Ähnlich ist es mit dem Strudel in einem Fluß: Er ist ein Ausdruck des gesamten Wasserflusses, und seine Struktur wird ständig durch die Dynamik des Flusses als Ganzem getragen. In einem tieferen Sinn sind die Ordnungen der Materie, des Raumes und der Zeit explizite Manifestationen der ihnen zugrunde liegenden impliziten Ordnung.

Die explizite Ordnung entspricht der Naturanschauung von Newton, in der die Wege der festen Körper durch örtliche Wechselwirkungen bestimmt werden und in der die meisten Grenzen ziemlich klar zu unterscheiden sind. Tatsächlich könnte man sich die explizite Ordnung als eine Erweiterung der Ordnung der kartesianischen Koordinaten vorstellen, die in der ersten Hälfte des siebzehnten Jahrhunderts eingeführt wurden. In dieser expliziten Ordnung stehen die Körper sich äußerlich getrennt gegenüber und interagieren durch lokale Kräfte. Im Gegensatz dazu falten sich die Strukturen in der impliziten Ordnung gegenseitig ein, so daß eine Struktur für die andere gleichzeitig innerlich und äußerlich sein kann. Da sich alle Formen aus demselben Grund entfalten, ist es nicht nötig, die Anwesenheit von Kräften zwischen ihnen zu fordern, denn ihre gesamte Dynamik ist eine Funktion der impliziten Ordnung, welche sich zu expliziten Formen entfaltet.

In der Physik Newtons setzt sich der Weg eines fallenden Apfels oder eines rollenden Balles aus einer kontinuierlichen Folge von Einzelschritten zusammen; es ist eine kartesianische Ordnung, beruhend auf den örtlichen Kräften und den kartesianischen Vorstellungen von Zeit und Raum. In der impliziten Ordnung entsteht das Teilchen selbst als eine explizite Form, die sich aus einer tieferen impliziten Ordnung entfaltet, bleibt bestehen und faltet sich schließlich zurück in die implizite Ordnung und so fort. Aufeinanderfolgende Entfaltungen und Einfaltungen ergeben zusammen den Eindruck eines expliziten Teilchens, das sich durch den Raum bewegt. Ebenso entstehen der Zusammenstoß und die Überschneidung von Teilchen aus der impliziten Ordnung. Es ist deutlich, daß diese Art der Beschreibung für die Quantenwelt viel angebrachter ist als die kartesianische Ordnung der starren Formen. Das Bild des Teilchens als expliziter Ausdruck eines darunterliegenden Grundes erinnert an die im dritten Kapitel erwähnten Solitone. Diese klar umgrenzten Formen kollidieren und interagieren miteinander wie unabhängige Körper; auf einer tieferen Ebene aber sind sie einfach der Ausdruck eines zugrunde liegenden, nichtlinearen Feldes.

Als Analogie zu dieser Entfaltung expliziter Formen aus einem komplexeren darunterliegenden Grund kann man das menschliche Sehvermögen nehmen. Es ist wohlbekannt, daß die Illusion einer fortlaufenden Bewegung in einem Film durch die rasche Abfolge unbewegter Bilder hervorgerufen wird. Noch bemerkenswerter ist die Tatsache, daß die gesamte visuelle Wahrnehmung des Menschen aus Informationen aufgebaut wird, die in den sehr kurzen Unterbrechungen zwischen den rapiden Bewegungen des menschlichen Auges gesammelt werden, wenn es einen Gegenstand betrachtet. Was wie eine solide, explizite Form aussieht, ist in Wirklichkeit aus einer extrem schnellen Abfolge von «Schnappschüssen» verschiedener Teile des Gegenstandes durch das Auge aufgebaut. Wenn dieses Durcheinander einzelner Bilder in das Nervensystem eingeht, wird es über die verschiedenen Bereiche des Sehzentrums entfaltet und wieder zurückgefaltet. Das statische Gemälde an der Wand einer Kunstgalerie ist in Wahrheit die explizite Manifestation einer komplexen impliziten Ordnung innerhalb des Geistes; es wird im Geist produziert, indem viele verschiedene Bilder eingefaltet und dann wieder als einheitliche Wahrnehmung ins Bewußtsein entfaltet werden. Folglich sind nicht nur die expliziten Teile der Welt das Ergebnis einer Entfaltung aus einer tieferen impliziten Ordnung, sondern auch die Sinneseindrücke, die wir von diesen Gegenständen haben, entfalten sich nach derselben Ordnung.

David Bohm hat auch die Idee eines Hologramms benutzt, um

sein Konzept der Einfaltung einer impliziten Ordnung zu illustrieren. In der normalen Fotografie wird Licht von jedem Teil des Objektes auf einen entsprechenden Bereich der fotografischen Platte gelenkt. So entspricht die Form des Bildes explizit der Form des Gegenstandes mit der Folge, daß jeder kleine Ausschnitt der Fotografie nur Information über ein kleines Teil des Gegenstandes enthält. In der Holografie gelangt demgegenüber Licht von jedem Teil des Objektes auf die gesamte fotografische Platte. So enthält jeder kleine Bereich der holografischen Aufnahme Informationen über das gesamte Objekt. In der Holografie ist also die Beziehung zwischen Objekt und Platte die Beziehung zwischen etwas Explizitem und etwas Implizitem. Das Bild des Objekts wird wieder aufgebaut, indem man die Information aus dieser impliziten Ordnung entfaltet.

Die Vorstellung der impliziten Ordnung ist auch für die Beschreibung der Gesellschaft angemessen. Eine Ansammlung von Menschen besteht zum Beispiel aus Einzelpersonen, von denen jede eigene Beweggründe und Überzeugungen hat. Nichtsdestoweniger besitzt eine Menschenmenge in gewissen Situationen – bei einem Fußballspiel, bei einem Staatsbegräbnis, bei einer Demonstration oder einer Parade – auch ein Kollektivverhalten, genauso wie die Elektronen in einem Plasma oder die Zellen in einer Schleimpilz«schnecke». In solch einem Fall ist das Verhalten der Menge in jedes Individuum eingefaltet, und andererseits ist dieses Individuum in der gesamten Menge entfaltet. Auf subtilere Weise sind eine Gesellschaft und ihre Mitglieder durch eine implizite Ordnung des Einfaltens und Entfaltens miteinander verbunden. Die Art, wie visuelle Wahrnehmung beim Menschen zustande kommt, deutet darauf hin, daß die implizite Ordnung die natürliche Ordnung des Geistes sein könnte. Der Neurophysiologe Karl Pribram hat unter dem Einfluß der Gedanken Bohms ein Modell impliziter Ordnung für das Gedächtnis entworfen. Genauso wie die Information im Hologramm in jeden kleinen Bereich der Platte eingefaltet und über die ganze Platte verteilt wird, sind Erinnerungen nicht in besonderen Zellen oder Bereichen des Gehirns speziell angesiedelt, sondern sind verteilt. Pribram meint, daß Sinneseindrücke in weiten Bereichen des Gehirns eingefaltet werden und sie, wenn sie zurückgerufen werden, zu spezifischen Erinnerungen entfalten.

Das Bewußtsein im allgemeinen steht der impliziten Ordnung sehr viel näher als der mechanischen Ordnung der Aufeinanderfolge. Der «Strom des Bewußtseins», den William James beschrieben hat, wird nicht als eine kausale Folge von Ideen erlebt, bei der die eine der anderen wie die Eisenbahnwaggons im zweiten Kapitel folgen; ein Gedanke scheint vielmehr aus dem anderen zu fließen. Ein Gedanke formt sich im Bewußtsein und kann durch viele verschiedene Assoziationen und Gefühle angereichert werden. Er kann sich dann in einen anderen verwandten Gedanken auflösen, oder der Geist kann sich plötzlich auf etwas stürzen, was auf den ersten Blick ohne Beziehung zu diesem Gedanken steht, aber bei genauer Nachprüfung dennoch eine subtile Verbindung zu ihm hat. Die Ordnung der Gedankenbewegung ist daher viel enger mit den impliziten/expliziten Einfaltungen verwandt als mit irgendeiner mechanischen Abfolge. Dies ist besonders klar bei Träumen zu erkennen, wo die Kontrolle durch «Logik» oder «Vernunft» nicht so deutlich ist. In den Träumen kann sich ein Bild entfalten, über den Traum dahingleiten und dabei eine Vielzahl anderer Bilder enthüllen, die in ihm eingefaltet sind. So wie zu den Vorgängen der impliziten Ordnung die Vorstellung eines Raumes gehört, in dem Gegenstände in Relation zueinander gleichzeitig innerhalb und außerhalb sind, so sind die Bilder eines Traumes alle ineinander enthalten und stehen in einem ständigen Prozeß der Umwandlung und Entfaltung.

In diesem Sinne sind unsere Gedanken daher die expliziten Formen, die durch die zugrunde liegenden Bewegungen der impliziten Ordnungen des Geistes hervorgebracht werden. Wie der Strudel in einem Fluß oder das Soliton in einem nichtlinearen Feld besitzen Gedanken keine absolute, unabhängige Existenz aus sich selbst, sondern werden ständig durch ihnen zugrunde liegende Vorgänge ihres Urgrundes getragen. Letztlich verschmilzt die Bewegung des Geistes mit der der Materie, so daß beide nicht als zwei unterschiedliche Aspekte der Natur angesehen werden sollten. In ähnlicher Weise könnte sich auch der Geist des einzelnen Menschen aus dem einen Urgrund herausbilden. Er zeigt eine relativ stabile Form, eine Identität sozusagen, innerhalb des darunterliegenden Urgrundes. Es sieht also so aus, als ob die Geister der einzelnen Menschen einen gemeinsamen oder kollektiven Ursprung haben, der etwas mit dem Ursprung der Materie gemeinsam hat. Geist kann daher auf Geist einwirken, so wie Geist und Materie einen Einfluß aufeinander haben. Dies sollte allerdings nicht als eine Art kausaler *Interaktion* aufgefaßt werden, denn die Geister einzelner Personen sind genausowenig grundlegend voneinander getrennt wie Geist und Materie. Sie stellen einfach die expliziten Formen dar, die aus einer gemeinsamen schöpferischen Ordnung zum Vorschein kommen.

Sogar die Idee der Zeit kann ähnlich entwickelt werden, denn die implizite Ordnung ist in der Lage, bestimmte unterschiedliche, explizite Formen hervorzubringen und zu erhalten. Es ist deshalb möglich, daß innerhalb der Ordnung des Geistes relativ mechanische Ordnungen von Wiederholung aufrechterhalten werden. Während zum Beispiel das Gedächtnis innerhalb des Gehirns in einer irgendwie verteilten oder impliziten Form gespeichert zu sein scheint, wirkt es auch als Quelle von expliziten Formen. Gedanken, die aus einem festgefügten Gedächtnis heraus wirken, neigen dazu, ihrem Wesen nach mechanischer zu sein und durch relativ feststehende, explizite Formen der Erinnerung ausgelöst zu werden. So können relativ stabile, explizite Formen, die mit der eigenen Persönlichkeit und all ihren Erinnerungen identifiziert werden, im Bewußtsein festgehalten werden.

Mechanische Vorgänge sind aber ihrer Natur nach zyklisch und wiederholen sich – im Gegensatz zu der beinahe endlosen Subtilität innerhalb der impliziten Ordnung. Folglich ist die relativ mechanische Ordnung innerhalb des Geistes eine Ordnung der Wiederholung und der ständigen Wiederkehr, mit einer Basis in einem breiteren Strom kontinuierlichen Flusses. Die Verbindung von Zyklus mit Fluß ist aber genau das, was unter Zeit verstanden wird. Zeit ist das «ewig Wiederkehrende», das den ewigen Veränderungen gegenübersteht; Zeit ist das Zunehmen und Abnehmen des Mondes, der Wechsel von Tag und Nacht, das zyklische Schwingen eines Pendels, die Schwingungen des Quarzkristalls in einer Uhr. Die Wissenschaft mißt den Zeitablauf durch das Zählen der sich wiederholenden Zyklen, die durch natürliche Vorgänge in einem Hintergrund ständigen Wandels entstehen. Auf die gleiche Weise wird Zeit im Grunde im Bewußtsein durch das Auftauchen relativ feststehender mechanischer Reaktionen vor dem Hintergrund eines ständigen Fließens erzeugt. Zeit ist deshalb eine Schöpfung des Geistes, die auf die Vorgänge der Natur projiziert werden kann. Ihr Ursprung liegt in den expliziten Formen, die durch die impliziten Ordnungen des Denkens hervorgebracht werden.

Nach einigem Nachdenken wird aber deutlich, daß die ganze Bewegung des Geistes viel komplexer und viel subtiler sein muß, als unsere gegenwärtige Analyse vermuten läßt. Auch wenn uns das Bild des Denkens, das aus einer impliziten Ordnung hervorkommt, und der Zeit, die aus relativ stabilen expliziten Formen innerhalb dieses Fließens geschaffen wird, wichtige Einsichten vermittelt, müssen noch andere Aspekte des Geistes berücksichtigt werden. Wahrnehmung, Intuition und Kreativität gehen zweifellos über diese anfängliche Erörterung hinaus und erfordern mehr als nur die Unterscheidung zwischen implizit und explizit.

Die Idee einer eingefalteten Ordnung bringt uns nur bis hierher. Die Natur des Bewußtseins und des Geistes in ihrer Gesamtheit muß tiefere Schichten enthalten, die bis zu einer Quelle unkonditionierter Kreativität hinabreichen. Einige Überlegungen, wie diese zusätzlichen Schichten beschaffen sein könnten, werden in den beiden letzten Kapiteln angesprochen; soweit wir bis jetzt sehen, ist aber deutlich, daß bestimmte Aspekte des Geistes und des Bewußtseins angemessen mit Begriffen der impliziten Ordnungen und der Felder aktiver Information beschrieben werden können. Die Erörterungen in diesem Kapitel deuten in der Tat darauf hin, daß Geist und Materie nicht so weit voneinander entfernt sein können, wie gemeinhin angenommen wird, da die Ideen einer formativen und eingefalteten Aktivität auf beide anwendbar zu sein scheinen. Darüber hinaus ist zu erkennen, daß die Ordnungen der Materie und des Geistes nicht unvergleichbar sind und tatsächlich auf einem weiten Spektrum von Ordnungen ruhen, die sich von der mechanischen zur impliziten Ordnung erstrecken und möglicherweise zu weiteren Ordnungen von noch größerer Subtilität.

Da Geist und Materie aus einem gemeinsamen Ordnungsspektrum entstehen, ist es klar, daß ihre angenommene Dualität in Wahrheit eine Illusion ist, die dadurch entstanden ist, daß man sich nur auf die mechanischen Aspekte der Materie und auf die nicht-faßbare Qualität des Geistes konzentriert hat.

Es ist möglich, diesen Gedanken einer impliziten Ordnung noch zu erweitern, ihn auf eine zweite implizite Ordnung auszudehnen und vorzuschlagen, daß die gesamte Bewegung noch tiefer eingefaltete Schichten enthält und sogar noch subtilere Organisationsebenen. Wir haben gesehen, daß sich die expliziten Formen der Natur aus einer impliziten Ordnung entfalten; dies aber eröffnet die Möglichkeit, daß die Dynamik und Strukturierung der impliziten Ordnung selbst wiederum aus einer tieferliegenden, zweiten impliziten Ordnung hervorgehen. Die Strukturen und Beziehungen der expliziten Ordnung können wiederum Informationen für diese zweite implizite Ordnung darstellen, so daß eine Rückkopelungsschleife oder eine zyklische Beziehung entsteht.

Das heißt mit anderen Worten, daß die expliziten Formen der Natur und das Denken zwar einerseits durch die ständige Bewegung der impliziten Ordnung aufrechterhalten werden, daß diese expliziten Formen aber wiederum die zweite implizite Ordnung, die der ersten impliziten Ordnung ihre Form gibt, mit Information versorgen. Obwohl also das Denken und die expliziten materiellen Formen der Welt ihre Existenz einer verborgenen eingefalteten Ordnung verdanken, sind sie dennoch in der Lage, Information in die zugrunde liegende Bewegung zurückzuspeisen und ihr damit eine neue Form zu geben. Hieraus folgt, daß die Realität durch eine duale Bewegung erreicht wird. Das ganze Universum ist gewissermaßen in jedes Individuum und jeden Bereich des Raumes eingefaltet. Das Wesen dieser Realität kann somit dadurch erfaßt werden, daß man entweder nach außen zu den expliziten Formen (die Information an die zweite implizite Ordnung zurückgeben) ausgreift oder sich nach innen der impliziten Ordnung selbst zuwendet.

Eine Analogie zu dieser zyklischen Bewegung der impliziten Ordnung bietet uns Bohms kausale Interpretation. Danach werden die Elementarteilchen als explizite Ordnung aus einem zugrunde liegenden Quantenfeld gebildet. Dieses Quantenfeld ist aber wiederum durch das Supraquantenpotential strukturiert, das als ein Feld aktiver Information wirkt. Diese Information umfaßt Einzelheiten der ganzen expliziten Naturordnung, einschließlich eines Quantensystems und seines Umfeldes. Auf diese Weise wirkt das explizite Universum als aktive Information innerhalb der zweiten impliziten Ordnung und hat gleichzeitig eine formative Auswirkung auf das Quantenfeld des Universums, das wiederum die Quelle aller expliziten Formen in der Natur darstellt. Diese Bewegung von impliziten und expliziten Ordnungen muß aber nicht auf der Ebene der zweiten impliziten Ordnung enden; sie kann sich unbegrenzt in tiefere und noch subtilere Ordnungen erstrekken.

Dieses Bild der materiellen Welt, die sich aus zugrunde liegenden impliziten Ebenen entfaltet, mag auch auf das Gehirn anwendbar sein. Die expliziten Ebenen könnte man als spezifische elektrochemische Prozesse beschreiben, die innerhalb der Struktur des Gehirns stattfinden. Diese Vorgänge aber tragen wiederum Information und haben eine bestimmte Bedeutung. In diesem Sinne können sie auch die Rolle aktiver Information für andere neurale Prozesse spielen. Tiefere, zweit-implizite und noch weitergehende Schichten werden zur Entfaltung aktiver Information innerhalb der neuralen Prozesse führen und können ihrerseits wiederum durch diese bedingt oder informiert werden. So entsteht eine Reihe von ineinandergreifenden Ebenen der Bedeutung, der Information und elektrochemischer Vorgänge. Was in einem Zusammenhang wie ein materieller Prozeß, wenn auch von erheblicher Subtilität, aussieht, erscheint in einem anderen Zusammenhang als eine Form aktiver Information. In gleicher Weise wird sich der formative geistige Prozeß aus einer anderen Perspektive als ein elektrochemischer oder noch subtilerer Prozeß im Gehirn darstellen.

Auf diese Weise besitzen Geist und Gehirn die Struktur einer Vielfalt oder eines gegenseitigen Überlappens von Prozessen, von denen jeder duale Aspekte besitzt, die sich vom relativ Mechanischen bis zum außerordentlich Subtilen erstrecken. Das Materielle und das Geistige, Körper und Seele gehören nicht länger verschiedenen Ordnungen der Erfahrung an, sondern werden die beiden Seiten einer einzigen Münze. Auf ihrem Grund verschmelzen sie in einer Reihe wechselwirkender Schichten, und wenn sie sich entfalten, sehen sie – wo sie sich am weitesten voneinander entfernen – wie grobe Materie und subtiler Geist aus.

Innerhalb des Nervensystems wird jeder Prozeß deshalb sowohl einen Aspekt materieller Transformation oder Entfaltung haben als auch eine Form der Information darstellen, die andere Schichten beeinflußt. Eric Kandel hat zum Beispiel festgestellt, daß bei der Nacktkiemerschnecke die Gesamtbedeutung eines bestimmten Signales oder einer bestimmten Situation dazu führt, daß synaptische Verbindungen innerhalb der verschiedenen Rückkoppelungskreise im Nervensystem der Schnecke verändert werden. Die Information über die Umgebung hat also eine aktive Wirkung auf die materiellen Vorgänge im Nervensystem des Tieres und erzeugt in gewisser Weise ein neues «Gehirn». Andererseits wird dieses neue «Gehirn» neue Informationen über seine Umgebung sammeln und daraus ein modifiziertes Bild dieser Umgebung gestalten.

Kandel ist bereit, die weitergehende Schlußfolgerung aus seinen Ergebnissen zu ziehen, daß Bedeutung oder Sinn eine ständige, aktive Wirkung auf das menschliche Gehirn ausübt. Wenn zwei Menschen in ein Gespräch vertieft sind, ist ein ständiger Fluß von wirkendem Sinn vorhanden. Dieser Sinn bewirkt sehr feine Umwandlungen innerhalb des Gehirns, die ihrerseits Auswirkungen auf Gedanken und Handlung haben. Deshalb entfaltet sich das Gehirn in jedem Augenblick strukturell aus einem Hintergrund aktiver Information, die sowohl in seiner eigenen Struktur als auch in der äußeren Umgebung vorhanden ist. Das ewig neue Gehirn wiederum wirkt auf die Umgebung zurück, verändert sie und schafft eine neue «Realität». Diese Realität wird durch einen ständigen Prozeß der Formung und Information natürlich wieder auf das Gehirn zurückwirken.

Wenn wir sagen, daß das Gehirn die Realität strukturiert, so bezieht sich das nicht nur auf die Steuerung von solchen physischen Handlungen wie den Bau von Städten, die Entwicklung neuer Methoden der Landwirtschaft oder die Erweiterung des Wissens über die innere Struktur der Materie; es umfaßt auch die menschlichen Beziehungen, das Wesen der Gesellschaft und das Bild, das jeder Mensch von sich selbst hat. Die obigen Ausführungen lassen vermuten, daß dies ein ständiger Prozeß von Veränderungen ist. In den meisten Fällen führen allerdings relativ mechanische Aktivitätsformen im Geist dazu, daß die Realität «fixiert» wird und in ihrer Struktur relativ starr und unempfänglich bleibt. Ein Geist jedoch, der flexibel und sensibel bleibt, wird sich in einem ständigen Prozeß kreativen Wandels befinden und auf die Muster der Natur so reagieren, daß das Individuum diesen Mustern auf immer neue Weise begegnen kann. Einem Geist, der ständig für Veränderungen aufgeschlossen ist, wird Synchronizität als etwas sehr Natürliches erscheinen, enthüllt sie doch die umfassenden Muster der Natur und des Geistes und bietet einen Zusammenhang, in dem die Geschehnisse ihren Sinn erhalten.

Wenn der Geist und seine Weltsicht auf die expliziten Formen und Beziehungen in Raum und Zeit festgelegt werden, geht die umfassende Bedeutung der Synchronizität leicht verloren. Hierdurch wird das Wissen fragmentarisch, und die Fähigkeit, tiefer in die Struktur der Dinge hineinzublicken, wird durch die Unfähigkeit beeinträchtigt, umfassendere Muster und Zusammenhänge wahrzunehmen. Gleichermaßen wird ein Geist, der von dem Konzept der Synchronizität geradezu besessen ist – wie es bei den Shang der Fall war –, sich nur auf umfassende Muster und Bedeutungen konzentrieren auf Kosten der Analyse und der Konzentration auf die Bedeutung von Einzelheiten in Raum und Zeit und von materiellen Strukturen. So führt das ausschließliche Festhalten einerseits an Kausalität und Analyse oder andererseits an dem Weg, den die Synchronizität bietet, zu starren, fixierten Strukturen des Geistes und zu Zivilisationen, deren Kreativität letztlich blokkiert ist. Die wahre Botschaft der Synchronizität für den wissenschaftlichen Standpunkt des Westens lautet nicht, daß wir alle zum Teil sehr wertvollen Erkenntnisse der letzten fünfhundert Jahre fortwerfen sollen, sondern daß wir für neue Perspektiven aufgeschlossen sein und dem Geist sein volles schöpferisches Potential einräumen sollten.

Realität und Reduktionismus

Die Überlegung, daß Geist und Materie aus einem gemeinsamen Spektrum von Ordnungen hervorgehen, das sich vom Mechanischen bis hin zum unendlich Subtilen erstreckt, läßt vermuten, daß die wissenschaftliche Analyse der Materie eine Suche sein könnte, die ewig weitergeführt werden kann. Diese Überlegung schließt auch die Feststellung ein, daß die gegenwärtige quantenmechanische Theorie der Materie ihrem Wesen nach begrenzt ist und daß es möglich ist, weitere Komplexe von Eigenschaften und Weisen des Verhaltens aufzudecken.

Welche Auswirkung könnte dies alles auf die gegenwärtigen Paradigmen der Naturwissenschaft haben? Zunächst handelt es sich hier sicherlich um etwas ganz anderes als bloß die Aufstellung einer neuen Theorie der Elementarteilchen oder die Entwicklung einer Variante der Quantentheorie. Zur Zeit ist nicht erkennbar, wie die vorgetragenen Gedanken experimentell überprüft werden könnten, zumindest in der absehbaren Zukunft. Der Wissenschaftsphilosoph Karl Popper behauptet, das Kriterium einer wissenschaftlichen Theorie sei, daß sie falsifizierbar ist. Wenn die Voraussagen der Theorie mit den Ergebnissen eines über ihre Richtigkeit entscheidenden Versuchs übereinstimmen, dann kann die Theorie, zumindest eine Zeitlang, aufrechterhalten werden. Wenn sie aber nicht übereinstimmen, dann muß die Theorie zurückgewiesen werden. Die meisten Experimente, die Auskunft über die innere Struktur der Materie geben sollen, beruhen auf der Annahme von Elementarteilchen und Feldern. Hier wird jedoch etwas vollkommen anderes vorgeschlagen, und es ist unwahrscheinlich, daß dieser Ansatz innerhalb der nächsten Jahrzehnte experimentell erforscht werden kann.

Wenn jedoch die Hypothese, daß Materie und Bewußtsein verschiedene Aspekte einer ihnen beiden zugrunde liegenden Ordnung der Natur sind, zur Zeit nicht wissenschaftlich untersucht werden kann, hat sie dann überhaupt eine Bedeutung für die Wissenschaft? Ist der Inhalt dieses Buches nichts weiter als metaphysische Spekulation ohne jede praktische Bedeutung? Manche Wissenschaftler würden zweifellos behaupten, daß dem so ist. Es gibt aber auch gewichtige Gründe für die Annahme, daß die vorgetragenen Ideen, die in unterschiedlicher Weise auch von vielen anderen Denkern vorgebracht werden, für die Zukunft der Wissenschaft von großer Bedeutung sein werden. Geht es in der Naturwissenschaft denn tatsächlich nur um Vorhersagen und ihre experimentelle Bestätigung sowie die Ansammlung neuen Wissens? Ich meine, daß es der Naturwissenschaft in Wahrheit um das Verständnis unserer selbst, des Universums und unserer Stellung in diesem Universum geht. Nach dieser Ansicht ist die Wissenschaft nichts Starres, sondern etwas, das sich in ständigem Fluß befindet, und wir müssen bereit sein, ihre Methoden, Denkansätze und Arbeitsweisen ständig zu modifizieren, um auf neue Anforderungen und neue Situationen kreativ reagieren zu können.

Ich bin davon überzeugt, daß die Naturwissenschaft in eine neue Richtung blicken muß, wenn sie ihr Verständnis der Natur vertiefen will. Viele Wissenschaftler sind schon heute unzufrieden mit der «reduktionistischen» Natur einiger Zweige der Naturwissenschaft und mit dem Anspruch, daß ein letzter Grund der Realität als Ergebnis der Erforschung der Elementarteilchen in Kürze erreicht sein wird. Möglicherweise wird die Naturwissenschaft in der Zukunft neuen Spuren folgen und neue Fragen stellen müssen.

Die in diesem Buche vorgetragenen Gedanken laufen in der Tat darauf hinaus, daß die Wissenschaft eine ganz neue Einstellung zur Natur braucht. Hieraus werden sich neue Fragestellungen über das Wesen des Lebens und der Evolution ergeben, über die innere Struktur der Materie, die subtilen Wechselbeziehungen zwischen verschiedenen Vorgängen, die Gleichzeitigkeit ähnlicher Formen in verschiedenen Bereichen, das Wesen des Bewußtseins und seine Beziehungen zum Körper sowie über die Gesamtstruktur des Universums. Die Vorstellung, daß die Realität sich in einer komplexen und potentiell endlosen Folge von Ebenen entfaltet, läßt zum Beispiel den Reduktionismus in völlig neuem Licht erscheinen. Prigogines Einwände gegen den Reduktionismus sind schon dargelegt worden; sie beruhen auf der Beobachtung, daß jede Stufe einer wissenschaftlichen Erklärung von Begriffen und Bedeutungen abhängt oder bedingt wird, die auf anderen Ebenen entstehen. Es ist von daher logisch unmöglich, eine einzelne, grundlegende Erklärungsebene zu konstruieren, auf die das gesamte Gebäude der wissenschaftlichen Erkenntnisse zurückgeführt werden kann. Schließlich wird sich nämlich herausstellen, daß solch eine Ebene von anderen Ebenen abhängig ist und daher an sich keinen Bestand hat.

Wir erkennen heute, daß die Mikroebenen der Relität, wenn sie näher untersucht werden, uns schließlich in einen vollkommen neuen Bereich führen, der aus endlosen Schichten zunehmender Subtilität besteht. Diese Ebenen können natürlich gedanklich und experimentell untersucht werden, aber in jedem Falle wird ein Versuch, die «grundlegendste Ebene» zu erreichen, zur Entdekkung noch tiefer liegender, unerklärter Vorgänge führen. Und was noch wichtiger ist: Es wird sich zeigen, daß diese tieferen Ebenen selbst wieder auf sehr subtile Weise mit höheren, expliziteren Ebenen verbunden sind. Wenn wir zum Beispiel die Mikroebenen der Materie erforschen, dann kann sich das ganze Feld plötzlich in völlig andere Bereiche hinein öffnen, in denen es um die Gesamtstruktur des Universums und das Bewußtsein geht.

Synchronizität und das *I Ging*

Im Lichte der Erörterung dieses Kapitels ist es möglich, sich wieder den Überlegungen über das Wesen der Synchronizität zuzuwenden, wie es im *I Ging* zum Ausdruck kommt. Nach Ansicht der chinesischen Weisen läßt der Vorgang des Orakelnehmens die Essenz der Gegenwart und die Keime der Zukunft in einer Momentaufnahme aufscheinen. Das Orakel ist daher der Mikrokosmos, der das ganze Wesen der Natur und der Gesellschaft und, darin eingeschlossen, den Beobachter widerspiegelt. Heute würden wir sagen, daß in jedem Naturvorgang das Ganze enthalten ist. So kann das ganze Universum in einen einzigen Augenblick der Zeit und in den Akt der Wahrsagung eingefaltet sein. Im *I Ging* werden Geist und Materie nicht als getrennt angesehen, sondern als eine wesensmäßige Einheit, und das Potential des Augenblickes wird explizit innerhalb des Musters des Hexagramms entfaltet. Das *I Ging* bietet daher gewissermaßen durch den Akt des

Orakelwerfens und die Deutung eine Einsicht in jene Information, die auf den Geist und auf die Materie einwirkt, um ihnen Form zu verleihen. Die Weissagung ist deshalb auch eine Widerspiegelung der ewigen oder zeitlosen Ordnung, in der alle Entwicklungsmöglichkeiten ruhen.

Das Orakelnehmen ist aber auch ein kreativer Akt, denn das *I Ging* legt die Information offen, die auf die Strukturierung einer Situation hinwirkt, welche sich im Laufe der Zeit entfalten soll. Der Akt der Wahrnehmung durch den Beobachter kann nun aber die Freisetzung einer kreativen Energie bewirken, die diese Information neu strukturiert und dadurch die Fesseln der Zeit durchbricht. So wird es möglich, durch die im *I Ging* aufgezeigten Muster und Stufen hindurchzustoßen und mit der Kraft ihrer Quelle in Berührung zu kommen. In diesem schöpferischen Moment sind Beobachter und beobachtetes Objekt, Explizites und Implizites, Information und Struktur, Geist und Materie unauflösbar miteinander verbunden.

Die schöpferische Energie, die in diesem Augenblick freigesetzt wird, kann mit der Energie einer Kernreaktion verglichen werden, in der die innere Struktur des Atomkerns neu geordnet wird. Ihre Kraft reicht aus, um den ganzen Sinn der Gegenwart und all der Muster, die sie enthält, umzuformen. So löst sich die Energie von der mechanischen Ordnung der Wiederholung und ihrem andauernden Zustand der Verwirrung ab und wird auf neue Möglichkeiten ausgerichtet. Die Zukunft und ihre unendlichen Möglichkeiten öffnen sich wieder der schöpferischen Veränderung.

Wenn der Mensch allerdings nicht die Aufrichtigkeit des Geistes und die Entschlossenheit besitzt, um die Dinge so zu sehen, wie sie wirklich sind – ohne Rücksicht auf die daraus folgenden Konsequenzen –, dann wird die Kreativität blockiert, und dann werden sich die Muster der Gegenwart auch in der Zukunft weiter entfalten. Das *I Ging* bietet nicht nur ein Verständnis des Wesens der Gegenwart und der in der Zukunft liegenden Möglichkeiten, es eröffnet auch die Möglichkeit, eine totale Umwandlung in der Natur, in der Gesellschaft und im einzelnen zu bewirken. Das schöpferische Wesen der Menschheit und die gewaltige Energie, die in diesem unbekannten Grunde ruht, werden wir im nächsten

Kapitel zusammen mit dem Wesen der Zeit und der Möglichkeit aktiver Veränderungen des Einzelmenschen vertiefter untersuchen.

Zusammenfassung

Wir haben gesehen, daß die Natur eine Ordnung des Einfaltens und Entfaltens enthält, die Geist und Materie gemeinsam ist. Diese Ordnung unterscheidet sich wesentlich von den mechanischen Ordnungen der Aufeinanderfolge und von expliziten Gegenständen mit genauen Standorten in Raum und Zeit. Dies läßt vermuten, daß es eine vollkommen neue Welt nicht-mechanischer Ordnungen zu entdecken gibt. Die Theorien von Rupert Sheldrake und David Bohm haben gezeigt, daß diese neuen Ordnungen das Wirken aktiver Ebenen der Information und der Entfaltung beinhalten.

Die implizite Ordnung wurde erörtert, und wir sahen, daß sie in gleicher Weise auf Materie und Bewußtsein anwendbar ist. Diese implizite Ordnung könnte wiederum durch eine noch tiefere, zweite implizite Ordnung strukturiert sein. Wir haben sogar die Möglichkeit in Erwägung gezogen, daß eine endlose Abfolge von solchen Ebenen in der Natur wirksam ist, so daß Geist und Materie letztlich aus derselben gemeinsamen Ordnung hervorgehen.

Innerhalb der impliziten Ordnung ist die gesamte Natur in einem einzigen Element von Raum und Zeit enthalten, so daß die formativen Prinzipien in der Natur im Mikrokosmos zum Ausdruck kommen. Innerhalb einer Synchronizität können sich der Sinn und die potentiellen Möglichkeiten der Natur, des Geistes und der Gesellschaft offenbaren. Darüber hinaus kann die Erkenntnis dieses Zeitpunktes durch den einzelnen eine formative Energie freisetzen, die die Zukunft in schöpferischer Weise zu verändern und sogar das Bewußtsein umzuwandeln vermag.

7. Die schöpferische Quelle

Bei der Untersuchung der Synchronizität sind wir allmählich in eine völlig neue Dimension eingedrungen. Anstelle einer kausalen, deterministischen Welt, in der Geist und Materie zwei voneinander getrennte Substanzen sind, taucht ein Universum von unendlicher Subtilität auf, das einem schöpferischen, lebendigen Organismus viel ähnlicher ist als einer Maschine. Aus der Tiefe dieser Ordnung entfalten sich Harmonien, die sich in der Form sinnvoller Muster und Verbindungen über die Reiche des Geistes und der Materie erstrecken.

Die Welt der expliziten Strukturen und der aufeinanderfolgenden Vorgänge in der Zeit, die von der Naturwissenschaft in den letzten Jahrhunderten erforscht worden ist, erweist sich jetzt als Manifestation einer tieferen, eingefalteten Ordnung. Kausalität, Determinismus und Reduktionismus scheinen, wo sie angewendet werden können, eher dem relativ stabilen Aspekt in dieser expliziten Welt zu entsprechen. Wenn wir aber die implizite Welt untersuchen, entdecken wir, daß mit diesem Konzept gewisse Einsichten der Quantentheorie, zum Beispiel Bohrs Betonung der Ganzheit und der nicht-lokalen Natur der Raum-Zeit, besser beschrieben werden können. Darüber hinaus haben wir erkannt, daß sich in dieser tieferen Ordnung Geist und Materie überlappen. David Bohm beispielsweise hat eine alternative Interpretation der Quantentheorie vorgeschlagen, die eine Reihe der oben erwähnten neuartigen Merkmale enthält, die jedoch zu denselben numerischen Ergebnissen kommt wie der herkömmliche Denkansatz.

Quantenvorgänge werden nach Bohms Ansatz so interpretiert, daß sie eine beinahe «geistige» Seite besitzen, insofern, als «aktive Information» auf die heute bekannte, äußerst komplexe innere Struktur der Elementarteilchen einwirkt. Diese aktive Information hat einen Steuerungseffekt auf die verschiedenen Quantenprozesse und spielt sogar eine formative Rolle bei der Entfaltung der Elementarteilchen aus dem Quantenfeld, das ihre Grundlage ist.

Man kann auch erkennen, daß die Bewegung zwischen den geistigen und den materiellen Aspekten der Natur in beide Richtungen verläuft. Einerseits wird den materiellen Vorgängen Information eingeprägt, so daß sie dadurch strukturiert oder *informiert* werden; in der anderen Richtung aber sind die expliziten Strukturen, die sich daraus ergeben, selbst der Informationsinhalt der tieferen Ordnung. Diese supraimplizite Ordnung ist mithin gewissermaßen in der Lage, die expliziten Ordnungen der Welt «zu erkennen» und dann diese Information wiederum aktiv zu verwenden. Die materielle Ebene wird somit von der geistigen Ebene wahrgenommen, die dann auf die Entfaltung der materiellen Seite zurückwirkt. So verändert sich die aktive Information aus der tieferen Ebene ständig, um die Dynamik der Beziehungen innerhalb des expliziten Universums zu reflektieren. Ein Fluß in beide Richtungen ist somit zwischen den geistigen und den materiellen Ordnungen der Natur hergestellt, die in einem tieferen Sinne eigentlich unteilbar sind.

Synchronizitäten können wir uns als einen Ausdruck dieser zugrunde liegenden Bewegung vorstellen, denn sie entfalten sich als Gedankenmuster und Anordnungen materieller Vorgänge, die in sinnvoller Verbindung miteinander stehen. Tatsächlich ist der Kern dieser ganzen neuen Sicht des Universums, daß Synchronizitäten eigentlich nichts Besonderes mehr sind, denn eine ähnliche Komplexität ist in jedem Element der Materie, in jedem Bereich der Raum-Zeit und im Bewußtsein jedes Menschen enthalten. Wir können eine Synchronizität daher als einen Mikrokosmos ansehen, der die Dynamik des Makrokosmos widerspiegelt, während er sich gleichzeitig in die geistigen und materiellen Aspekte im Leben eines Menschen hinein entfaltet.

Der unbenennbare Ursprung

Im vorangegangenen Kapitel wurde der Dualismus von Geist und Materie abgelehnt, der am deutlichsten von Descartes formuliert wurde, und ein Bild von zwei Ordnungen oder Teilen eines einzigen Spektrums vorgestellt, die aus einer gemeinsamen Quelle hervorgehen, die ihrerseits weder Materie noch Geist ist. C. G. Jung selbst scheint einen ähnlichen Gedanken verfolgt zu haben, als er die Idee des *Psychoiden* einführte, das nach seinen Worten sowohl Materie als auch Geist enthält, aber über beide hinausgeht. Jung benutzte ausdrücklich das Bild eines Spektrums von Schwingungen, das auf beiden Seiten eine Schwelle für menschliche Wahrnehmung besitzt. In diesem Fall werden Schwingungen vom Menschen am unteren Ende dieses Spektrums zuerst als Schallwellen und am oberen Ende des Spektrums als Licht wahrgenommen. Dazwischen gibt es natürlich eine ungeheure Breite von unentdeckten Schwingungen. Außerdem, so könnte Jung noch hinzugefügt haben, dehnen sich die Lichtschwingungen weit über diese Schwelle hin aus in immer höhere Frequenzen. Obwohl Jungs besonderes Bild wissenschaftlich verwirrend und unklar ist (Schwingungen von Licht und Schall gehören eigentlich nicht demselben Spektrum von Phänomenen an), könnte man sich das Psychoide doch als ein Spektrum vorstellen, das an seinen Endpunkten Geist und Materie enthält – als Schwellen der menschlichen Wahrnehmung sozusagen –, aber mit einem weiten Bereich von unentdeckten Möglichkeiten dazwischen und sogar darüber hinaus. Synchronizität hatte für Jung ihren Ursprung in einer «Bewegung» innerhalb dieses Spektrums, die sich dann in ihren beiden Extremen als gleichzeitige Manifestation eines Musters in den materiellen und den geistigen Bereichen zeigt.

Das Bild eines Schwingungsspektrums wird in diesem Buche ersetzt durch die Idee einer Ordnung von Ordnungen, die in der Lage sind, sich auf den Geist und darüber hinaus in unendlich subtile Ebenen auf der einen Seite und in die explizite Ordnung der Materie auf der anderen Seite auszudehnen. Diese Ordnung von Ebenen der Ordnung entspringt selbst einer kreativen Quelle, die offensichtlich weit jenseits der Ordnungen von Denken und

Materie liegen muß. Sie muß völlig kreativ und absolut nicht-bedingt sein, jenseits von Ordnungen extremer Geschwindigkeit und äußerster Subtilität.

Was aber ist dann diese Quelle? Der Versuch, ihr Wesen in Gedanken oder in Sprache zu fassen, würde sie eindeutig begrenzen. Lao-tzu schrieb über diese Quelle im vierten Jahrhundert v. Chr.:

> Das Tao, das sich aussprechen läßt,
> ist nicht das ewige Tao.
> Der Name, der sich nennen läßt,
> ist nicht der ewige Name.
> «Nichtsein» nenne ich den Anfang von Himmel und Erde.[1]

Und der römische Philosoph Plotin schrieb etwa sechshundert Jahre später:

> Was ist Dieses, das nicht existiert? Wir müssen uns schweigend entfernen, in Gedanken versunken und in äußerster Bestürzung, und nicht weiter suchen; denn was könnte jemand noch suchen, wenn es nichts gibt, wohin er noch weiter gehen kann? Jede Suche bewegt sich auf das Erste Prinzip hin und hört auf, wenn es erreicht worden ist.[2]

Wenn also dieses Unnennbare der kreative Ursprung der Realität ist, wie kann man dann überhaupt darüber sprechen oder es denken? Denn das absolut Unbedingte und ewig Kreative würde demnach völlig außerhalb der Erfahrung eines jeden von uns liegen. Andererseits sagten die Alten, daß «der Mensch das Maß aller Dinge» ist. In den mystischen Traditionen wurde diese Aussage so verstanden, daß der Mensch den Mikrokosmos darstellt, in dem sich das ganze Universum spiegelt. Auf ähnliche Weise beinhaltet der Gedanke einer eingefalteten, impliziten Ordnung, daß die ganze Wirklichkeit in jedem Individuum enthalten ist. Eingebettet in jeden von uns ist der implizite Grund, ein Brunnen, der aus der namenlosen Quelle der Kreativität gespeist wird.

Diese Quelle ist daher in uns allen vorhanden und entfaltet ihre Manifestationen nicht nur in das Bewußtsein und den physischen

Körper, sondern in die gesamte Kultur, die Zivilisation und in das gesamte Universum. Kreativität ist das eigentliche Wesen jedes Aspekts der Realität. Es ist eine Kreativität, die in keiner Weise eingeschränkt oder bedingt ist; sie wird nicht begrenzt durch irgend etwas, das außerhalb ihrer selbst liegt. Wie der reine Quell, der ohne unser Zutun aus dem Fels hervorsprudelt, gibt es für die Kreativität keine Notwendigkeit und kein Ziel, und sie durchdringt das ganze Sein.

Tatsächlich ist in jeden Augenblick eines Menschenlebens oder in jedes Staubkorn auf dem Boden das gesamte Universum, das selbst die Manifestation einer unvorstellbaren und unnennbaren Schöpferkraft ist, eingefaltet. Obwohl diese Kraft niemals vom Denken erfaßt werden kann, ist es dennoch möglich, ein wenig von ihrem Geschmack zu erfahren. Wenn wir mit dem Künstler, dem Dichter und dem Naturwissenschaftler nach außen blicken, in die Natur, dann kann es möglich werden, immer tiefer in das Wesen der Dinge einzudringen und die Schichten ihrer Komplexität aufzublättern. Und wenn wir mit dem Mystiker nach innen schauen und die geheimnisvollen Bereiche unseres Geistes entdekken, vermögen wir die Ewigkeit in einer Sekunde oder in einem Sandkorn zu schauen.

In der Geschichte der Menschheit haben Naturwissenschaftler, Mystiker, Dichter und Künstler zu allen Zeiten versucht, etwas vom Geschmack dieser kreativen Quelle einzufangen und sie in den Sätzen einer wissenschaftlichen Theorie, in einer neuen dichterischen Metapher, in der Bewegung von Form und Farbe und sogar in der völligen Abstraktion der Musik auszudrücken. Ein anderer Weg ist, die verschiedenen Schöpfungsmythen zu erforschen, die von der Menschheit entwickelt wurden; denn es ist möglich, daß diese den Abglanz einer gemeinsamen Vision bewahren, welche die wesentliche Beziehung zwischen Mikrokosmos und Makrokosmos zu dem Grund erkennen läßt, der beide erhält.

Die Frage nach dem Ursprung des Lebens, des Universums, ja, aller Realität hat die Denker zu allen Zeiten beschäftigt. Unter den frühesten menschlichen Kunstwerken, die wir kennen, wurden «Erdgöttinnen» gefunden, primitive Schnitzwerke und Lehmmodelle schwangerer Frauen, die darauf hinweisen, daß das Mysterium der Geburt und der Fruchtbarkeit mit der Essenz der Realität magisch verbunden ist. Viele der frühesten Schöpfungsmythen berichten von einem Urzustand oder Urgrund, aus dem alle Natur hervorgeht. Bei den alten Ägyptern erhebt sich Atum-re aus dem Urmeer und erschafft die Götter. Nach einer Version dieses Mythos wird das Universum aus der Kraft der Dualität geschaffen; Atum-re befruchtet sich selbst und läßt die Götter von Erde und Himmel, Geb und Nut, entstehen, die dann miteinander verkehren und so das Universum schaffen. Der Vorgang der Trennung des Himmels von der Erde wird daher mit der Geburt der materiellen Welt gleichgesetzt.

In Babylon war diese Dualität von zwei Ozeanen symbolisiert, einem aus Salzwasser und einem aus Süßwasser, aus denen die Götter hervorgingen. Diese Götter wiederum gebaren Marduk, der das Chaos um sich herum ordnete. In Sumer trennte das Urmeer oder das Urgebirge die Erdgöttin Ki von dem Himmelsgott An. Aus ihrer Vereinigung wird Enlil, der Luftgott, geboren, der den Himmel von der Erde trennt und dadurch das Universum entstehen läßt.

In diesen verschiedenen Schöpfungsmythen aus dem Nahen Osten liegt der Ursprung der Welt in der Manifestation einer Ordnung innerhalb des formlosen Grundes des absoluten Chaos. Sobald aus diesem Chaos eine Ordnung hervorgetreten ist, können die verschiedenen Strukturen und Erscheinungen der Welt sich entwickeln. Die wirkliche Schöpfungskraft, die hinter den verschiedenen Erscheinungen der Welt steht, ist nach diesen Mythen in den ewigen Bewegungen der Dualität zu suchen. Diese Dualität wird im ersten Ordnungsvorgang geschaffen. Es ist ein Akt reiner Unterscheidung ohne Bezug auf etwas vorher Geschehenes, aus dem die beiden Prinzipien des Männlichen und Weiblichen, des Himmels und der Erde, der Nacht und des Tages hervorgehen. Diese Dualitäten gehen wiederum eine Verbindung miteinander ein, wodurch ihr Unterschied sich auflöst und sie wieder im formlosen Grund aufgehen.

Die Ägypter stellten diese schöpferische Bewegung als die Vereinigung der Götter Geb und Nut dar, ein Akt, der eine ständige

Trennung und Verschmelzung beinhaltet. Die Dualitäten manifestieren sich aus ihrem Grund heraus in getrennten Polaritäten, die sich wieder in den Grund hinein auflösen und dann wieder aus ihm auftauchen, angefüllt mit den unendlichen Energien ihrer Quelle. Indem diese Dualitäten sich vereinigen, werden sie eins mit der unendlichen, ungeformten Energie. Wenn sie aber als reine Polaritäten getrennt sind, wird diese Energie in ein aktives Potential umgewandelt, das in der Lage ist, Transformation und Veränderung hervorzurufen. So stellte die Kosmogonie der alten Ägypter die Schöpfung als eine ständige Bewegung dar, die aus der ersten Unterscheidung hervorgeht, und als einen ewigen Fluß der Entwicklungsmöglichkeiten aus dem Formlosen – eine Aktivität, die aus einem unbegrenzten Energiemeer fließt und die durch die ständige Bildung und Auflösung von Dualitäten im Akt ihrer Vereinigung aufrechterhalten wird. Ein ähnliches Bild taucht mehrere Jahrtausende später in dem Gedanken des Pleroma von C. G. Jung ebenso wie in bestimmten Einsichten auf, die mit der Quantentheorie zusammenhängen.

Der Vakuumzustand

Während die Zivilisationen kamen und vergingen, machten die Mythen einer Naturphilosophie Platz und es wurde nötig, den Ursprung und die Natur des Universums auf eine Weise zu beschreiben, die das rationale Denken befriedigte. Demokrit und Leukipp lehrten zum Beispiel, daß die Welt aus unteilbaren Elementen zusammengesetzt sei, die sie Atome nannten. Heraklit war demgegenüber der Auffassung, daß die Natur aus einem Urfeuer oder einem Urfluß entstanden sei, in dem eine ständige Bewegung zwischen Einheit und Vielfalt stattfinde. «Was zusammengezogen und was auseinandergezogen wird, das Einträchtige und das Zwieträchtige», schrieb er. «Das Eine setzt sich aus allen Dingen zusammen, und alle Dinge treten aus dem Einen hervor.»

In späteren Zeiten gab es natürlich noch viele andere Theorien über das Wesen der Wirklichkeit, aber jede von ihnen spiegelte auf ihre Weise die Grundgedanken entweder der Atomtheorie oder

Heraklits Theorie des Fließens wider. Tatsächlich hat es bis zu diesem Jahrhundert gedauert, ehe diese zwei Denkweisen bis zu einem gewissen Grade miteinander versöhnt wurden. Auf den ersten Blick scheint die moderne Quantentheorie, in der Atome und Moleküle aus Elementarteilchen zusammengesetzt sind, die Anschauung von Demokrit und Leukipp zu bestätigen, denn das Elementarteilchen ist tatsächlich die grundlegendste Einheit der materiellen Welt. Nach der Quantenfeld-Version dieser Theorie finden jedoch elementare Vorgänge innerhalb eines Hintergrundes statt, der dem Konzept eines ewigen Flusses ähnlicher zu sein scheint.

Nach dieser letztgenannten Theorie befinden sich die Elementarteilchen in einem dauernden Zustand der Bildung und Auflösung innerhalb eines sogenannten Grund- oder Vakuumzustandes. Elementarteilchen existieren gewissermaßen – wie der Strudel in einem Fluß – dadurch, daß sie ständig durch die Aktivität ihres Hintergrundes erhalten werden. Das Elektron wird ständig gebildet und aufrechterhalten, während es sich gleichzeitig in seinen Hintergrund hinein auflöst, wo es sich in andere Elementarteilchen umwandelt, nur um wieder in eigener Gestalt aufzutauchen. Um eine Anleihe bei David Bohm zu machen: Die explizite Ordnung des Elektrons entsteht, indem es sich innerhalb der impliziten Ordnung des Ganzen entfaltet und einfaltet.

Paradoxerweise ist das «Nichtsein» des Grundzustandes, welches das Universum trägt, sowohl ein Vakuum als auch ein Plenum. Es ist ein Vakuum, weil sich die Materie ungehindert hindurchbewegen kann – wie in der Alltagsvorstellung eines leeren Raumes. Aber es ist auch ein Plenum, weil es mit Energie angefüllt ist. Das sichtbare materielle Universum ist im Grunde nicht mehr als kleine Fluktuationen auf diesem riesigen Energiemeer. Und es sollte nicht vergessen werden, daß diese unbegrenzte Energie, aus der die Materie erzeugt wird, auch dem Geist in den Tiefen seines Quellgrundes zur Verfügung steht.

Wie Atum-re die ägyptischen Götter aus dem Urmeer erschuf, so entstehen die Elementarteilchen und das Universum selbst aus dem kochenden «Energiemeer», das so aussieht, als sei es ein Nichts. Im naturwissenschaftlichen Schöpfungsbericht geschieht diese Hervorbringung der gesamten Realität nicht in einem einzigen Augenblick der Zeit – dem «Urknall» –, sondern ist ein fortdauernder Prozeß, in dem die Materie sich beständig aus ihrem Grund heraus erneuert. In einem tieferen Sinn bildet ein von Bindungen freier Schöpfungsakt den Kern auch der naturwissenschaftlichen Darstellung des Universums. Denn diese Schöpfung findet gewissermaßen im Herzen unbekannter, subtiler Ebenen statt, die den Grundzustand grenzenloser Energie tragen und aus der schöpferischen Quelle fließen. Kreativität ist die geheime Kraft des Lebens, die zu Ordnungen von Materie und Geist führt.

Was ist dann aber die Natur dieses Vakuumzustandes des Quantenfeldes? Alle mechanischen Systeme haben die Tendenz, auf ihre niedrigsten Energiestufen oder Grundzustände «abzulaufen», wenn sie sich selbst überlassen werden und vom übrigen Universum isoliert sind. Eine Uhr bleibt stehen, Wasser fließt bergab, Kaffee wird kalt, Holz verbrennt zu Asche, Eisen rostet, eine Autobatterie wird leer, und schließlich sterben sogar die Sterne. Wenn auf diese Weise alle verfügbare Energie eines Systems zerstreut wurde, müssen seine inneren Umwandlungen und Aktivitäten zum Stillstand kommen und das System ist effektiv tot. Dies gilt allerdings nicht in der Quantenwelt. Denn der Vakuumzustand hat im Gegensatz dazu ein unendliches Potential, und seine grenzenlose Energie bringt nicht nur die Elementarteilchen und all die Umwandlungen der Materie hervor, sondern auch die Raum-Zeit selbst.

John Wheeler, der theoretische Physiker, dem wir schon früher in diesem Buch begegnet sind, hat den Fall einer Raum-Zeit anschaulich beschrieben, deren Ursprung in dem unendlichen Energiemeer liegt, das als der Vakuumzustand bekannt ist:

> Dieses Quantenprinzip besagt, daß die Geometrie [des Raumes] weit davon entfernt ist, über sehr kurze Entfernungen gleichmäßig zu sein. Sie ist vielmehr wie die Oberfläche eines Ozeans, die für einen Piloten, der einige Kilometer hoch darüber hinwegfliegt, glatt erscheinen mag, von der er aber feststellt, daß sie von Wellen bedeckt ist, wenn er sich ihr auf wenige hundert Meter nähert. Wenn er dann in einem Rettungsfloß landet, das auf der

> Oberfläche treibt, sieht er sogar, wie sich die Wellen brechen und schäumen. In gleicher Weise soll der Raum nach der Quantentheorie auf kurze Entfernungen Unregelmäßigkeiten in seiner Struktur aufweisen, die, wenn man auf ausreichend kurze Entfernung herankommt, so stark ausgeprägt werden, daß sie aussehen wie der Schaum auf der Oberfläche des Ozeans, der vom Brechen der Wellen herrührt. Der Raum hat eine schaumähnliche Struktur.[3]

Raum-Zeit und Materie entstehen nicht nur in diesem Urgrund aus unendlicher Energie und Quantenfluß, sondern werden ständig durch ihn erhalten. Aber woher kam dieser Grund selbst? Was ist das Wesen dieses letzten Ursprungs des Universums in der Zeit? Die meisten modernen Theorien arbeiten mit irgendeiner Version des «Urknalls», der Schöpfung in einem bestimmten Augenblick der Zeit. Nach dieser Denkweise können die physikalischen Prozesse im Universum zehn oder zwanzig Milliarden Jahre in der Zeit zurückgerechnet werden, bis man auf einen eindeutigen Ursprung stößt. An diesem Anfangspunkt $t = 0$ brechen alle Gleichungen und Gesetze zusammen, und Unendlichkeiten sind das Ergebnis; mathematisch ausgedrückt ist eine *Singularität* erreicht. A. D. Linde vom P. N. Lebedev Physikalischen Institut in Moskau, einer der Urheber der zur Zeit gängigen «Theorie des inflationären Universums», drückt dies folgendermaßen aus:

> Man mag sich fragen, was war *vor* der Singularität? Wenn unser Universum bei $t = 0$ existierte, wie konnte es aus dem Nichts entstehen? Das Singularitätsproblem ist sicherlich eines der verwirrendsten Probleme der heutigen Wissenschaft.[4]

Eine Lösung dieses Problems wird von Stephen Hawking angeboten, der meint, daß das Universum tatsächlich als Quantenfluktuation in einer Ur-Wellenfunktion entstanden ist. Alan Guth, ein weiterer Vertreter der Theorie des inflationären Universums, schreibt zusammen mit P. J. Steinhart in der Maiausgabe 1984 des *Scientific American*:

Das inflationäre Modell des Universums bietet uns einen möglichen Mechanismus, durch den sich das sichtbare Universum aus einem unendlich kleinen Bereich entwickelt haben könnte. Es ist dann verführerisch, noch einen Schritt weiterzugehen und darüber zu spekulieren, daß sich das gesamte Universum praktisch aus dem Nichts entwickelt hat.[5]

Nach Auffassung der modernen Physik entsteht also alle Realität aus einem Energiefluß, der selbst durch puren Zufall im wahrsten Sinn des Wortes «aus Nichts» geschaffen wird. David Bohm ist allerdings bereit, sogar noch tiefere Erklärungsstufen aufzudecken und vorzuschlagen, daß unter dem Quantenfeld noch subtilere Prozeßebenen liegen, die in Schleifen aktiver Information involviert sind. Diese ganze Hierarchie erstreckt sich über zunehmend subtilere Stufen, die sowohl Materie als auch Bewußtsein enthalten. In einem gewissen Sinn könnte das Universum deshalb in einem «Urknall» aus unbegrenzter Energie entstanden sein. Von einer anderen Warte aus betrachtet ist auch dies nur eine kleine «Wellenbewegung» in der ungeheuren Aktivität des Grundes, der seinerseits einer ewig schöpferischen Quelle entspringt, die jenseits der Ordnungen der Zeit liegt.

Was aber besagt die wissenschaftliche Darstellung, nach der die materiellen Strukturen aus dem Urknall entstanden sind? Innerhalb der ersten 10^{-43} der ersten Sekunde nach dem Moment der Schöpfung (ein Zehn-Millionen-Trillion-Trillion-Trillionstel einer Sekunde) befinden sich Raum und Zeit noch in gigantischen Quantenfluktuationen, die im Maßstab des Universums selbst stattfinden. Im nächsten Zehntausendstel einer Sekunde beruhigt sich der Raum, und die Elementarteilchen entstehen. Während sich das Universum ausdehnt und abzukühlen beginnt, können nach etwa 200 Sekunden diese Teilchen zusammenkommen und die Isotope von Wasserstoff sowie den Heliumkern bilden. Nachdem aus Minuten Millionen von Jahren geworden sind, ist das ganze Universum von Strahlung und herumwirbelndem, von Druckquellen durchpulstem Plasmagas erfüllt. Nach ungefähr 100 Millionen Jahren beginnen die ersten Sterne sich aus diesem wirbelnden Staub zu bilden, und in ihrem Innern verschmelzen

Wasserstoff und Helium, um die schwereren Elemente zu formen, die Milliarden Jahre danach ihren Weg auf unsere Erde finden und dort schließlich Teil des Lebens werden.

Die gegenwärtige Große Einheitliche Theorie der Elementarteilchen betont besonders die Rolle der abstrakten Symmetrien innerhalb der ersten Bruchteile einer Sekunde des Urknalls. Ja, Heisenberg behauptete kurz vor seinem Tod, daß die tiefsten Ebenen der Realität nicht in *Teilchen*, sondern in *Symmetrien* bestehen. Das Elektron, das Proton, das Neutron, das Neutrino, die Mesonen und alle übrigen Teilchen sind also selbst keine fundamentalen Bausteine der Materie, sondern vielmehr Manifestationen zugrundeliegender abstrakter Symmetrien.

Diese Symmetrien werden abstrakt genannt, weil sie sich von den üblichen Symmetrien stark unterscheiden, die wir beispielsweise in Schneeflocken, Blumen und Seesternen finden, deren Bestandteile sich in einem dreidimensionalen Raum wiederholen. Hier geht es vielmehr um Symmetrien der Quantenfelder, die in abstrakten mathematischen Räumen definiert werden. Nach diesen Theorien hat der Grundzustand des Vakuums einen sehr hohen Symmetriegrad, der schrittweise durch das Erscheinen der verschiedenen Elementarteilchen gebrochen wird.

Dieses Brechen der Symmetrie könnte man sich in etwa so vorstellen, als ob neue Unterscheidungen oder neue Informationen in den ursprünglich formlosen Zustand des Universums eingeführt würden. Das Brechen einer Symmetrie ist somit gleichbedeutend mit der Schaffung immer höherer Ordnungsgrade aus einem ursprünglichen Grund, der ohne alle Unterschiede ist. Somit sind die verschiedenen Kräfte und Teilchen der Quantenmaterie die Manifestationen gebrochener Symmetrien, und daher entsteht die Materie des Universums auf einer tieferen Ebene aus einem Vorgang des Ordnens in der Form abstrakter Symmetrien, die sich aus einem symmetrischen Grundzustand entwickeln. Materie wäre in diesem Sinn eine Reflexion oder die Repräsentation dieser grundlegenden Muster, oder, genauer gesagt, Symmetrie und die materielle Struktur sind zwei Aspekte einer tieferen Ordnung.

Im vorhergehenden Kapitel wurde nun die Meinung vertreten, daß all diese Vorgänge selbst auf noch tieferen Ordnungen beruhen, deren Ursprung eine besonders subtile Bewegung ist, die weder Materie noch Geist ist. Die grundlegenden Symmetrien und ihre Strukturen haben ihren Ursprung in etwas, das reiner Intelligenz, die aus einer unbekannten schöpferischen Quelle entspringt, nahekommt. Der Grund, aus dem die Materie sich bildet, ist auch die Quelle des Bewußtseins, und man kann in der Tat erwarten, daß diese beiden Ordnungen ihrem Wesen nach unteilbar sind, daß «grundlegende Symmetrien» auch in der Struktur des Bewußtseins eine Rolle spielen. Hiermit soll nicht gesagt werden, daß die besonderen Symmetriegruppen der Elementarteilchen irgendeine direkte Beziehung zur Struktur des Geistes haben. Vielmehr können beide aus einer ähnlichen Zunahme der Unterschiede und der aktiven Information entstehen, welche ihrerseits ihren Ursprung in einem formlosen, symmetrischen Grund hat, der wiederum von der ewigen schöpferischen Quelle gespeist wird.

Das Pleroma

Der Schlüssel zur Kosmogonie C. G. Jungs war das Pleroma, ein alter Begriff aus den gnostischen Schöpfungsmythen, der einen Urgrund oder eine «Gottheit» bezeichnete, aus der alle Realität hervorgegangen ist:

> Höret: Ich beginne beim Nichts. Das Nichts ist dasselbe wie die Fülle. In der Unendlichkeit ist voll so gut wie leer. Das Nichts ist leer und voll ... Ein Unendliches und Ewiges hat keine Eigenschaften, weil es alle Eigenschaften hat.
> Das Nichts oder die Fülle nennen wir das PLEROMA. Dort drin hören Denken und Sein auf.[6]

Wie der Vakuumzustand in der Physik, so ist das Pleroma gleichzeitig leer und vollkommen angefüllt, und wie in Bohms impliziter Ordnung ist ein Universum in jeden seiner Punkte eingefaltet, denn «sogar im Kleinsten ist das Pleroma ohne Ende».

Aus diesem ungeformten, endlosen Grund tritt die Creatur hervor, eine Welt der Ordnung und der Unterschiede. Creatur ist die Welt der geschaffenen Dinge, denn:

> ... das Wandelbare aber ist die Creatur ... Die Unterschiedenheit ist die Creatur. Sie ist unterschieden. Unterschiedenheit ist ihr Wesen, darum unterscheidet sie auch.[7]

Folglich befindet sich in Jungs Theorie des Universums von Geist und Materie alle Realität in der Creatur, die ihren Grund in der Fülle des Pleroma hat. Auf ähnliche Weise entsteht nach den alten Mythen des Nahen Ostens die belebende Kraft in der Bewegung der Dualitäten. In der Welt des Pleroma, die sowohl leer als auch voll ist, gibt es keine Unterschiede. Vielmehr tauchen die Unterschiede oder Dualitäten von hell und dunkel, leer und voll, gut und böse, Einem und Vielen in der Creatur auf, wo sie aus dem entstehen, was man einen nicht bedingten Akt des Erkennens nennen könnte.

Die Creatur ist allerdings nicht die ewige Welt, sondern eine Welt ständigen Wandels. Genauso können die Dualitäten nicht beständig sein, sondern müssen sich wie die Polaritäten in einer magischen Hochzeit zusammenfinden, in der alle Unterschiede aufgelöst sind. «Die Gegensatzpaare sind Eigenschaften des Pleroma, die nicht existieren, weil jedes das andere aufhebt.» So fallen die Dualitäten in ihrer Vereinigung zurück in das Nichts und die Auflösung des Pleroma. Dann werden sie in einem schöpferischen Unterscheidungsakt wieder in die Creatur geboren. Auf ganz ähnliche Weise entstand nach der Vorstellung des alten Ägypten alle Schöpfung aus der ständigen Vereinigung der Dualitäten, die sich voneinander fortbewegen in reines Potential hinein und wieder zusammenkommen in formlose Energie und Ruhe.

In dieser grundlegenden Bewegung müssen die Archetypen auftauchen. Ihr eigentlicher Bereich ist von Jung das «Psychoide» genannt worden, das Geist und Materie ist und keins von beidem. Wir können die Archetypen, die gestaltende Elemente sind, aus denen die Struktur des Geistes gebildet werden wird, also mit den grundlegenden Symmetrien der Physik und letztlich auch mit der Bewegung der Dualitäten in der Creatura vergleichen. Die Analogie zwischen Archetyp und grundlegender Symmetrie ist natürlich ungenau und darf nicht zu weit geführt werden; sie deutet aber darauf hin, daß der Ursprung der Strukturen und Muster nicht in Geist und Materie an sich liegt, sondern auf einer subtileren Ebene. Synchronizitäten, die als die Aktivierung der Archetypen bezeichnet wurden, wären damit also nicht mehr nur eine Form des Zufalls, sondern die zutiefst sinnvolle Beziehung zwischen den geistigen und den materiellen Aspekten des Universums.

Zusätzliche Einsichten in diese Bewegung von Unterscheidung und Dualität, aus denen die besonderen Strukturen der Realität hervorgehen, enthält die Arbeit des Logikers und Mathematikers G. Spencer-Brown. Spencer-Brown ist eine recht rätselhafte Gestalt, die dem betagten Bertrand Russell 1965 zum erstenmal auffiel:

> Ein junger Mathematiker, G. Spencer-Brown, drängte mich, seine Arbeiten durchzulesen, da er nach seinen Worten niemand anders finden konnte, von dem er meinte, daß er sie wirklich verstehen würde.[8]

Russell zögerte, sich nach so langer Zeit wieder mit dem Gebiet der mathematischen Logik zu beschäftigen:

> Als er aber kam und ich seine Erklärungen anhörte, entdeckte ich, daß ich wieder Tritt fassen und seinen Erläuterungen folgen konnte. Ich habe diese wenigen Tage sehr genossen, insbesondere weil seine Arbeiten originell und nach meiner Meinung ausgezeichnet waren.[9]

Spencer-Brown entwickelte aber nicht nur ein neues System der Logik; er übte auch Kritik an der Art, in der die Wahrscheinlichkeitstheorie benutzt wurde, um die Resultate von Experimenten mit außersinnlicher Wahrnehmung zu analysieren, ein Forschungsgebiet, das auch das Interesse von C. G. Jung geweckt hatte. Er arbeitete mit dem Psychiater R. D. Laing und mit Gregory Bateson zusammen, dessen Interessen von der Anthropologie über die Informationstheorie bis hin zur «Ökologie des Geistes» reichten. Bateson und Laing zeichneten verantwortlich für die Entwicklung der «Double-bind»-Theorie der Schizophrenie; von daher wird es klar, daß Spencer-Browns Beschäftigung mit der symbolischen Logik nicht nur von seinem Fachwissen in der Logik herrührte, sondern auch von seinem Interesse an den Theorien des Bewußtseins.

Das von Spencer-Brown in seinen *Laws of Form*[10] entwickelte System ist völlig abstrakt; daher kann es nicht nur auf die symbolische Strukturierung des Universums, sondern auch auf die Erschaffung von Formen und Ordnungen des Denkens aus einem undiffenzierten Hintergrund angewendet werden. So, wie die mythischen und wissenschaftlichen Darstellungen der Schöpfung mit einer Differenzierung in einem leeren Grund beginnen, so nimmt *Laws of Form* einen grundlegenden Unterscheidungsakt als Ursprung an. Spencer-Brown weist damit darauf hin, daß die kreative Quelle selbst aus einer Art unmittelbarer und unbedingter Erkenntnis wirken muß. Diese Überlegung soll in den folgenden Absätzen etwas detaillierter dargestellt werden.

Die Erschaffung der Form beginnt mit dem Nichts – eine leere Seite im Notizbuch eines Logikers, ein leerer Raum, ein Pleroma. In dieser Leere befindet sich ein einziges Zeichen, eine Linie auf einem ansonsten leeren Blatt Papier. Dies ist die erste Unterscheidung. Wir können sie uns als den ersten Akt der Schöpfung vorstellen, das Setzen eines Unterschiedes in der Leere; daraus wird eine Welt von Dualitäten und Gegensätzen entstehen, die wiederum zur Erschaffung von Form und Zeit führen.

Im leeren Raum kann es keinen Unterschied geben, kein Auf und Nieder, kein Innen und Außen, kein Oben und Unten, kein Nah und Fern. Denn der leere Raum ist vollkommen symmetrisch, ohne alle Information, so daß ohne einen Beobachter, der Unterscheidungen vornimmt und Richtungen bestimmt, jeder Punkt derselbe ist wie jeder andere Punkt. Sobald aber ein aktiver Beobachter oder ein schöpferischer Akt der Erkenntnis in diese Leere eingelassen wird, entsteht die Möglichkeit, die erste Unterscheidung vorzunehmen und so die Dualitäten der Creatura entstehen zu lassen.

Die erste Handlung des Beobachters besteht darin, ein Zeichen zu setzen. Dieses Zeichen könnte ein Kreis auf einem unbegrenzten unbeschriebenen Blatt Papier sein. Der Kreis grenzt die erste Dualität ab, denn er teilt die unbegrenzte zweidimensionale Fläche in die Dualitäten von innen und außen. Mit dieser ersten Unterscheidung kann eine Bewegung einsetzen. Denn beim Fehlen dieses Unterschieds sind Bewegung und Ruhe eins, da alle Punkte im Raume gleichwertig sind und es nicht möglich ist, den Übergang von einem Punkt zum nächsten von dem bewegungslosen Verweilen an einem Punkt zu unterscheiden. Somit kann mit der ersten Unterscheidung eine Bewegung beginnen, und aus dieser Bewegung wird ein Universum der Logik fließen, das nach Spencer-Brown die Grundlagen der Mathematik, der Sprachwissenschaften, der Physik und der Biologie bildet und sogar die Erschaffung der Zeit ermöglicht.

Um diese Bewegung zu beginnen, muß der Kreis von innen nach außen überschritten werden. Dies ist die Grundbewegung und gleichzeitig der Übergang von einem Aspekt der Dualität zu einem anderen, gekennzeichnet durch das Symbol ⌉. Dies ist offensichtlich der Anfang der Vereinigung der Dualitäten, wie er auch in der Verbindung von Geb und Nut oder in der Einfaltung und Entfaltung der Dualität aus dem Pleroma in die Creatura hinein gegenwärtig ist. Diese Bewegung kann wiederholt werden. Der Kreis kann noch einmal von innen nach außen überschritten werden. Jede Wiederholung dieser Überschreitung von Dualitäten ist aber eindeutig identisch und ⌉ ⌉ = ⌉. Jedesmal, wenn die Grenze zwischen innen und außen überschritten wird, ist die Handlung gleichwertig, egal, wie oft sie ausgeführt wird. Natürlich ist es auch möglich, den Kreis von außen nach innen zu überschreiten. Wenn allerdings die Bewegung von innen nach außen und dann wieder von außen nach innen erfolgt, sieht es so aus, als sei überhaupt nichts geschehen. Folglich wird diese Doppelbewegung der Nichtbewegung gleichgesetzt.

⌉|

Die Vereinigung der Dualitäten wird durch die beiden folgenden Aussagen dargestellt:

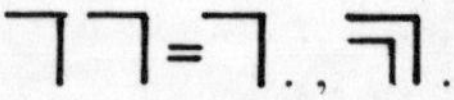

Wenn man diese Symbole zu Reihen und Verkettungen verknüpft, wird es möglich, Lehrsätze und vielfältige logische Ausdrücke zu entwickeln. Außerdem ist es möglich, Substitutions- und Ausgrenzungsregeln abzuleiten, die die Bildung von Ausdrücken immer größerer Komplexität und umgekehrt die Reduzierung und Vereinfachung komplexer Ausdrücke ermöglichen. Die Erörterung der Einzelheiten dieser Bewegung hin zu einer ständig zunehmenden Komplexität sprengt natürlich den Rahmen dieses Buches. Spencer-Brown behauptet jedoch, daß die verschiedenen logischen Formen, die dabei entstehen, etwas von der Struktur des Denkens erkennen lassen. Außerdem können sie auch die Arten materieller Vorgänge beschreiben, die zum Beispiel in elektrischen Stromkreisen und biologischen Systemen ablaufen. Ja, Spencer-Brown unterscheidet sich merkwürdigerweise dadurch von anderen Logikern, daß ein Teil seines logischen Systems patentiert wurde, und zwar wegen seiner Anwendbarkeit im Rangiersystem der Eisenbahn!

Ein besonders interessantes Merkmal dieser Logik ist darin zu sehen, daß sie Ausdrücke erzeugen kann, die anfangen, selbstbezüglich zu sein. Das allgemeine Problem selbstbezüglicher Formen taucht auch in verschiedenen philosophischen Fragestellungen auf, zum Beispiel in Russells Paradox von der Menge aller Mengen, die nicht sich selbst als Element enthalten. Enthält diese Menge sich selbst als Element? Wenn nicht, dann ist es klar, daß sie nicht jede Menge enthält, die nicht sich selbst als Element enthält, denn sie schließt sich selbst aus. Mit anderen Worten: Wenn sie nicht sich selbst enthält, dann muß sie tatsächlich sich selbst enthalten! Dieses Paradox wird im allgemeinen mit dem Beispiel eines Barbiers erklärt, der sich dadurch auszeichnet, daß er alle Männer rasiert, die sich nicht selbst rasieren. Wer also rasiert den Barbier?

Selbstbezügliche Formen scheinen eine besonders wichtige Rolle in der Evolution komplexer Systeme zu spielen, zum Beispiel des Lebens. Sie spielen auch eine wesentliche Rolle in der

Beziehung des Denkens zur Sprache und in der Entwicklung «intelligenter» Computer. Tatsächlich sind alle höheren Formen des Denkens in der Lage, sich auf sich selbst zu beziehen und ihren eigenen Gehalt zu «kennen»; auf diese Weise kann ihre innere Struktur durch sogenannte «wiedereintretende» Formen dargestellt werden. Eine kürzlich veröffentlichte Theorie des Bewußtseins von G. M. Edelman und V. B. Mountcastle wendet tatsächlich ein mathematisches System des «wiedereintretenden Signals» an, um die Grundfunktionen des Gehirns zu erklären.[11]

Spencer-Browns wiedereintretende Formen sind tatsächlich sich selbst erzeugende Ausdrücke, die in der Lage sind, sich unbegrenzt zu perpetuieren, indem sie ständig in eine Unterscheidung eintreten und diese wieder verlassen. In diesem Sinne erinnern sie an die Vereinigung der Dualitäten in Jungs Creatur und den frühen Schöpfungsmythen. Der ganze Vorgang kann, logisch ausgedrückt, mit dem Prozeß in einem Computer verglichen werden, der sich in das selbstbezügliche Paradox des Kreters verstrickt. Der Kreter sagt: «Alle Kreter sind Lügner.» Selbstverständlich muß der Kreter sich auch auf sich selbst beziehen, wenn er von Lügnern spricht. Aber spricht er dann in diesem Falle nicht die Wahrheit? Wenn ja, dann ist die Aussage «Alle Kreter sind Lügner» tatsächlich wahr und alle Äußerungen jedes einzelnen Kreters sind gelogen. Wenn seine Aussage aber in Wahrheit falsch ist, dann sind alle Kreter in Wirklichkeit keine Lügner, sondern sagen die Wahrheit. In diesem Falle muß die Aussage stimmen, und deshalb ist der Kreter ein Lügner, so daß ...

Das einzige, was ein Computer in dieser Situation tun kann, ist zweifellos, diese endlose Schleife fortzuführen und immer wieder die Antworten Wahrheit, Lügner, Wahrheit, Lügner, Wahrheit, Lügner, ... oder ja, nein, ja, nein, ja, nein ... oder 0,1, 0,1, 0,1, 0,1 ... zu erzeugen. Spencer-Brown behauptet nun, daß solch eine stabile Schwingung angesichts einer sich selbst erzeugenden Form sowohl in Computern als auch in biologischen Systemen auftritt und die Erschaffung der Zeit darstellt, da die zyklische Wiederholung und die ständige Entfaltung zueinander in Gegensatz gestellt werden.

Das wäre also die Logik der Unterscheidungen und Dualitäten, die der Struktur der Welt zugrunde liegen soll. Wenn man diesem Gedanken zum ersten Mal begegnet, erscheint die ganze Idee merkwürdig und fragwürdig, da man sich die Logik normalerweise als ein statisches, *deskriptives* System vorstellt und nicht als eine tatsächlich unabhängige Aktivität. Bei Aristoteles befaßte sich das Studium der Logik mit der Untersuchung besonderer *Formen* der Argumente und nicht so sehr mit ihren Inhalten. Die griechischen Philosophen interessierten sich also für die tatsächliche Struktur der Sätze und für die Aufstellung verschiedener Regeln, nach denen sich «logische» Argumente in der Form von Abfolgen besonderer Satzstrukturen konstruieren ließen; zum Beispiel:

Alle Menschen sind sterblich. (Hauptprämisse)
Sokrates ist ein Mensch. (Nebenprämisse)
Also ist Sokrates sterblich. (Schlußfolgerung)

ist einer der Syllogismen, die man sich als eine der strukturellen Formen vorstellen kann, die wir brauchen, um zu einem logisch korrekten Schluß zu kommen. Es ist klar, daß derartige Syllogismen *trotz* ihrer Inhalte funktionieren. Zum Beispiel könnte anstelle von «Sokrates» der Name «Albert Einstein» eingefügt werden und anstelle von «sterblich» der Begriff «Zweifüßler». Wenn die Haupt- und Nebenprämissen wahr sind, entscheidet ihre Struktur, welche Schlußfolgerung sich ergeben wird. In diesem Sinne ist Logik eine rein formale Angelegenheit, die sich mit feststehenden, starren Gedankenstrukturen beschäftigt, und von einer Tätigkeit, die Formen aus dem Nichts erschafft, weit entfernt zu sein scheint. Und in der Tat sieht eine Zeile, die aufs Geratewohl aus einem Buch über symbolische Logik entnommen wurde, so aus:

$$\forall z(Fz \rightarrow Gz) \rightarrow \forall y\,[\exists x(Fx \cdot Hyz) \rightarrow \exists w(Gw \cdot Hyw)]$$

Diese Zeile macht deutlich, daß das ganze System vollkommen abstrakt ist. Es handelt sich eindeutig nur um ein Muster von Zeichen und Symbolen, dessen Bedeutung in seiner Beziehung zu anderen Mustern liegt. In diesem Sinn ist die Bedeutung des logischen Ausdrucks eine Art Tanz abstrakter Symbole, von dem manche Logiker meinen, daß er den Tanz der Gedanken selbst widerspiegelt. In der Tat gab es profunde Diskussionen darüber, ob die neuen Programmiersprachen, die für die Computer der fünften Generation (künstliche Intelligenz) entwickelt werden, nicht diesen symbolischen Tanz reflektieren müssen, wenn sie die Arbeitsweise des menschlichen Intellekts erfassen wollen.[12]

Konventionelle Logik nimmt im allgemeinen an, daß ihre Bedeutung außerhalb von ihr selbst liegt, denn die Symbole w, xy, y, z *stehen für* etwas. Das heißt, sie sind wie die Symbole der Algebra, aber anstatt für Zahlen stehen sie für Ausdrücke, Gedanken und Begriffe; logische Ausdrucke sind Weisen, diese Begriffe miteinander in Beziehung zu bringen. Folglich hängt die wirkliche Bedeutung der symbolischen Logik von einem *Gesamtkontext* ab, in den die besondere Bedeutung jedes Symbols eingebettet ist. Obwohl die symbolische Logik auf den ersten Blick einfach erscheint, zeigt eine genauere Prüfung, daß die *Bedeutung* ihrer Ausdrücke in besonders subtiler Weise von einer Reihe von Zusammenhängen abhängig ist.

Nehmen wir zum Beispiel die einfache Operation, die Welt in Kategorien einzuteilen. In der Logik können diese verschiedenen Kategorien dann durch verschiedene symbolische Handlungen miteinander verbunden werden, um neue Schlußfolgerungen zu erhalten. Obwohl die symbolischen Beziehungen unkompliziert sind, erfordert die Aufteilung der Welt in Kategorien eine Sichtweise, die völlig vom Zusammenhang abhängt, der wiederum eindeutig über das jeweilige System der Logik hinausgeht. Folglich gehört jede Bedeutung zu dem ganzen System und nicht zu der besonderen logischen Ausdrucksweise. Wie aber kann dann Spencer-Browns Logik ein von jedem Kontext freies Nichts strukturieren?

Alle Dinge in der Natur sind sowohl miteinander verbunden als auch nicht verbunden, sie unterscheiden sich auf eine Weise, auf andere Weise sind sie einander ähnlich, so daß der ganze Prozeß der Unterscheidung von der Vorstellung von Kategorien abhängt. Um zwei Dinge miteinander vergleichen zu können, müssen zweifellos gewisse Ähnlichkeiten zwischen ihnen vorhanden sein; zugleich müssen sie sich aber auch hinreichend voneinander unterscheiden, damit der Vergleich überhaupt einen Sinn macht. Es ist zum Beispiel sinnlos, eine Sache mit sich selbst zu vergleichen.

Alle Dinge zeigen daher eine Reihe von Ähnlichkeiten und Unterschieden, die dafür genutzt werden können, Kategorien aufzustellen. Diese existieren aber nicht so sehr in den Gegenständen selbst als vielmehr in dem Beobachtungsakt, der immer innerhalb eines besonderen Zusammenhanges stattfindet. Folglich hängt die unterschiedliche Bewertung, die bei der Bestimmung von Ähnlichkeiten und Unterschieden eine Rolle spielt, entscheidend von einem vorgegebenen Zusammenhang ab. Dieser Zusammenhang kann seinerseits wieder von einem größeren Zusammenhang abhängen, der selbst in eine sich ständig verändernde Welt eingebettet ist. Die Bedeutung in der Logik ist zweifellos niemals absolut starr, sondern verändert sich ständig. Ein Mann geht in ein Tiergeschäft, um einen Hund für seine Kinder zu kaufen. Dieser Vorgang stellt einen besonderen Zusammenhang her, aus dem heraus bestimmte Kategorien entstehen – in diesem Falle können Farbe und Rasse wichtig sein. Der Mann könnte jedoch auch einen Hund suchen, der seine Wohnung bewacht, wenn er nicht zu Hause ist – in diesem Falle ist die Größe des Hundes wichtig. Und wenn es um die Abrichtung des Hundes geht, wird sein Alter ein entscheidender Faktor dafür sein, wie schnell der Hund lernt.

So werden, abhängig davon, welcher Zusammenhang gerade wichtig ist, die Unterschiede oder die Ähnlichkeiten von Preis, Größe, Alter, der Rasse, Farbe, des Verhaltens und so weiter eine größere oder kleinere Rolle bei der Festlegung der Kategorie des Hundes spielen. Der Sinn einer logischen Form wird daher bestimmt durch den Gesamtzusammenhang, der wiederum Vorstellungs- und Unterscheidungsakte beinhaltet, die außerhalb des logischen Systems liegen. Folglich hat Logik ohne Kontext nicht mehr Bedeutung als ein Tanz von Symbolen. Wie kann man dann von der Logik sagen, daß sie das Universum aus dem Nichts aufbaut? Welchen Sinn haben Spencer-Browns Unterscheidungen, C. G. Jungs Dualitäten und die verschiedenen Polaritäten und Götter, die aus der Leere des Urgrundes heraus entstehen?

Der Begriff «Logik» wird hier zweifellos in einer radikal anderen Weise benutzt als beim rein formalen Studium der Beziehungen in Symbolketten. Trotzdem glaubt Spencer-Brown, daß ein Universum des Denkens aus den Grundbewegungen der Logik errichtet werden kann, genauso wie die Archetypen, die den Geist strukturieren, in den Bewegungen der Dualitäten begründet sind. Auch der Physiker John Wheeler hat die These aufgestellt, daß die Welt aus der Logik geschaffen wird. Auf den ersten Blick mag es so aussehen, als ob er damit nur sagen wollte, daß das Universum »entlang logischer Linien« konstruiert ist oder daß es mit Hilfe der Logik beschrieben werden kann. Denn wie kann eine materielle Welt ihre Grundlage in dem von jedem Kontext freien Tanz von Formen haben? Wenn man bei Wheeler jedoch tiefer bohrt, wird klar, daß er Logik nicht in dem Sinne von Aussagen *über* etwas meint:

> Nein, in diesem Sinne spreche ich nicht über die Logik. Ich spreche über Logik im Sinne von Haken und Ösen, wenn Sie so wollen, aus denen die Welt gemacht ist, genauso wie Einstein und Clifford über die Geometrie als dem magischen Baumaterial sprachen, aus dem die Welt geschaffen ist.[13]

Bei der Erzeugung von Form aus Unterscheidung oder dem Auftauchen von Dualitäten aus dem Pleroma geht es offensichtlich um etwas anderes als um eine kontext-abhängige Logik. Das Hervortreten des ersten Unterschiedes aus der Leere ist jenseits von jedem Kontext und ist deshalb eindeutig eine schöpferische Handlung oder die Wahrnehmung eines Unterschiedes, die im Akt der Wahrnehmung selbst ihren eigenen Kontext schafft. In gewisser Weise erinnert das an die Idee der *Dialektik* des Philosophen Hegel, die eine Bewegung darstellt, in der das Wort entsteht und einen Kontext schafft. Für Hegel ist diese Logik eine schöpferische Kraft, die das Universum aus dem reinen, kontext-freien Grund des *Seins* erschafft.

Das Sein enthält, ähnlich wie das Pleroma, keine Unterschiede und keinen Gegenstand, den das Denken erfassen könnte. Im Sein kann es in der Tat kein Denken und keine Bewegung geben, nur reine Wahrnehmung, denn im Vakuumzustand des Physikers ist Sein in Wahrheit *nichts*. Sobald eine These zur Antithese wird,

wird aus dem Sein nichts. Aus dieser Bewegung der Dualität fließt das *Werden*, das die Synthese darstellt. In der dialektischen Bewegung treten das Sein und das Nichts ineinander ein und bringen das Werden hervor, das ihre Bewegung bezeichnet, aus welcher das Denken und die Zeit hervorgehen. Hierin spiegelt sich deutlich die Bewegung von Geb und Nut, die Bewegung hin und zurück über die erste Unterscheidung des Kreises hinweg oder das Hervortreten und die Auflösung der Dualitäten zwischen Pleroma und Creatur.

Für Hegel entsteht die Welt durch die dialektische Bewegung aus dem Grund des Seins und dem Nichts und wird ein sich selbst erzeugender Inhalt, in dem alle Formen und alle Unterschiede enthalten sind. Offensichtlich enthält der erste Schritt all dieser Schöpfungssysteme jedoch eine rein schöpferische Wahrnehmung, einen Akt, der außerhalb von jedem Kontext, außerhalb aller Qualifikationen und aller Bewegung liegt. Es ist wie der Ruf Gottes «Es werde Licht» im Alten Testament, der durch die Scheidung des Lichtes von der Dunkelheit aus einem rein kreativen Akt die erste Dualität entstehen läßt.

Die Logik Spencer-Browns, Jungs oder der Schöpfungsmythen ist deshalb keine statische Form, sondern das Bild eines Aktes schöpferischer Wahrnehmung in kontext-freier Leere. Die einmal geschaffene Unterscheidung beginnt dann ihren eigenen Zusammenhang zu schaffen, der wiederum zurückwirkt, um die Dualitäten selbst umzuwandeln. Auf diese Weise führt der erste Akt der Wahrnehmung zu einer Gesamtbewegung von Formen und komplexen Ebenen.

Diese Auffassung des Werdens ist auch in den Schriften der Mystiker zu finden. Der formlose Grund, in dem die Wahrnehmung wirkt, ist für die Tibeter der Bardo-Zustand, in dem die kosmischen Kräfte ihr völliges Gleichgewicht finden. Im Augenblick des Todes muß der Tibeter mit dem Klaren Licht konfrontiert werden:

> Sobald dein Atem aufhört, wird dir erscheinen, was man den grundlegenden Glanz des ersten Bardo nennt . . ., offen und leer wie der Raum, glänzende Leere, reiner, nackter Geist ohne Mittelpunkt oder Umfang.[14]

Der Bardo-Zustand ist die Leere, in der der erste Unterschied gemacht wird, die Peripherie des Kreises, die überschritten und über die zurückgekehrt wird, während Unterschiede entstehen und sich wieder auflösen. Im fünfzehnten Jahrhundert stellte der Mathematiker und Mystiker Nikolaus von Kues das Entstehen der Welt als Bewegung von Dualitäten oder Gegensätzen dar:

> Daher beginne ich, Herr, dich in der Pforte der *Coincidentia oppositorum* [des Zusammenfallens der Gegensätze] zu erblikken, die der Engel bewacht, der über den Eingang zum Paradies gesetzt ist. Denn du bist dort, wo Sprechen, Sehen, Hören, Schmecken, Berühren, Vernunft, Wissen und Verständnis dasselbe sind, wo das Sehen eins ist mit dem Gesehen-Werden, das Hören mit dem Gehört-Werden, das Schmecken mit dem Geschmeckt-Werden und das Berühren mit dem Berührt-Werden, das Sprechen mit dem Hören und das Erschaffen mit dem Sprechen.[15]

Hier wird die Auflösung der Dualitäten zurück in ihren Grund mit der Einheit zwischen dem Beobachter und dem Beobachteten gleichgesetzt, dem Sehen und dem Gesehen-Werden, dem Unterscheidenden und der Unterscheidung. In diesem Grund werden alle Aktivitäten und Strukturen des Geistes eins, so daß die Kreativität allein wirken kann. Nikolaus von Kues deutet auch an, wie der kreative Akt Formen und Strukturen wieder auflöst, so daß sie sich aus der Zeit in die Ewigkeit zurückziehen, nur um sich dann wieder in neuen Formen zu entfalten. Der Akt schöpferischer Wahrnehmung findet statt in jenem zeitlosen Augenblick, in dem alle Unterschiede verschwinden, so daß aus einem zeitlichen Augenblick das Universum wieder neu geboren wird. Dies ist aber nicht einfach ein singulärer historischer Moment, ein einmaliger Schöpfungsakt, der das Bewußtsein und die Welt hervorbringt, sondern vielmehr die ewige und dauernde Schöpfung, in der die Welt von Augenblick zu Augenblick immer wieder neu geboren wird. Oder anders ausgedrückt: Der eine einzigartige Augenblick ist in der schöpferischen Erneuerung des Universums immer gegenwärtig und dauernd manifest.[16]

Für Meister Eckhart ist diese Aktivität Gott, der aus der Gottheit, der Quelle aller Potentialität und der Auflösung aller Unterschiede, fließt:

> Alles in der Gottheit ist eins, und darüber ist nichts weiter zu sagen. Gott und die Gottheit sind so verschieden wie tätig und untätig ... Gott in der Gottheit ist spirituelle Substanz, so elementar, daß wir nichts darüber aussagen können, außer daß sie nichts ist. Zu behaupten, daß sie etwas sei, wäre mehr Lüge als Wahrheit.[17]

Diese kreative Quelle, die unter den Ebenen zunehmender Subtilität zu entdecken ist, aus denen sich die Ordnungen des Geistes und der Materie entwickeln, ist deshalb eine klare und nichtbedingte Wahrnehmung. Sie ist eine Wahrnehmung ohne Kontext, jenseits aller Unterscheidungen. Sie existiert vor den ablaufenden Ordnungen der Zeit, und ist nicht an Denken und Sprache gebunden. Es ist eine Wahrnehmung ohne Notwendigkeit oder Ziel, die rein aus sich heraus tätig wird.

Die Schöpfung durch die Evolution von Unterschieden, Kategorien und Zusammenhängen kann man auch in jenen Schöpfungsmythen entdecken, die das Auftauchen der Ordnung mit dem Akt der Namensgebung gleichsetzen.

Namen kann man als die ersten Kategorien verstehen, aber sie sind nicht einfach passive, beschreibende Laute oder Beziehungssymbole; denn nach diesen Mythen haben sie eine aktive Eigenschaft, die in der Lage ist, Ordnung aus dem Chaos hervorzubringen. Der Akt der Namensgebung bewirkt in der Tat Unterschiede, wodurch das Benannte sich von seinem Hintergrund abhebt und damit eine Bewegung aus der Unterscheidung entsteht. In den verschiedenen religiösen und mystischen Traditionen dieser Welt hat der Name eine aktive, magische Qualität. In den früheren Religionen war es zum Beispiel nötig, den Namen des Geistes oder einer Urgewalt auszusprechen, um deren Anwesenheit zu beschwören und sie dem Willen des Zauberers oder des Priesters gefügig zu machen.

In ähnlicher Weise soll ein Mantra, das die ständige Wiederholung eines Wortes beinhaltet, eine aktive Rolle bei der Umwandlung des Bewußtseins und der Realität spielen. Die besonderen Schwingungen, die mit den Namensmustern im Mantra verbunden sind, sollen tatsächlich eine besonders starke Wirkung entfalten, wenn sie innerhalb des Geistes und physisch im Brustkasten und in den Nasenhöhlen nachklingen. Der Name wird deshalb nicht zufällig ausgewählt; Vielmehr müssen seine Schwingungen in Harmonie mit dem Körper, mit dem Denken und dem Universum stehen. Dieses aktive und magische Wesen des Namens findet man auch in Märchen, wo man Macht über einen Menschen erlangt, wenn man seinen Namen kennt. Im alten Ägypten bedeutete die Entfernung des Namens von einem Grabmal die Entfernung dieser Person aus dem ewigen Leben. So stellt die Namensgebung die ersten Kategorien auf, die dann zur Gesamtstruktur des Denkens führen.

Durch das Ordnen in Kategorien entsteht rationales Denken. In den Mythen der Namensgebung geht es also nicht nur um die Erschaffung der expliziten Welt von Leben und Materie, sondern auch um das Wirken von Denken und Bewußtsein. Die schöpferische Wahrnehmung, die innerhalb der kontext-freien Leere wirkt, wird daher gleichgesetzt mit dem Namen oder Wort, dessen Nachklänge vor aller Form und Struktur existieren. So, wie die Vereinigung der Dualitäten Energie aus dem Pleroma in die Creatur freisetzt, so ist diese Energie in den physischen und geistigen Schwingungen des Namens symbolisiert.

Zusammenhänge und Strukturen

Die Bildung von Unterschieden, Dualitäten und Kategorien ist der erste Schritt zum Ordnen der Welt. Tatsächlich existieren die Kategorien vor der Sprache und vor der Vernunft, denn erst mit dem Ordnen durch Kategorien können die Denkstrukturen entstehen und kann der Geist auf die explizite Welt in rationaler Weise reagieren. Die ersten Unterschiede, die durch einen Akt reiner Wahrnehmung entstehen, erfordern keinen Kontext. Wenn sie aber aus der Leere auftauchen, beginnt sich auch ein Zusammenhang zu bilden, der wiederum auf diese Kategorien zurückzuwirken vermag. Durch diese gegenläufige Bewegung zwischen Kontext und Kategorie entsteht Sinn oder Bedeutung.

In den vorangegangenen Kapiteln dieses Buches wurde aufgezeigt, wie wichtig der Sinn für die Herstellung unserer gesamten Beziehung zur Welt ist. Sinn integriert den Körper zu einem Ganzen; er ist beispielsweise auch der Schlüssel zum Immunsystem und der Kern der Synchronizitäten. Dieser Sinn entsteht aus den Beziehungen von Kategorien und Unterschieden zu ihrem Kontext in einer ganzheitlichen, dynamischen und sich ständig verändernden Bewegung. Tatsächlich ist es die Bewegung der Bedeutung oder des Sinns, die das Universum von Geist und Materie, die Bewußtsein und Körper, Individuum und Gesellschaft durchdringt.

Ein Fließen von Sinn kann man beim Hören von Musik empfinden, die der Komponist Edgar Varese die «Verkörperung des Denkens» genannt hat. Nehmen wir als Beispiel eine besonders gut bekannte Komposition: Wenn die ersten vier Noten in Beethovens Fünfter Symphonie zum ersten Mal erklingen, kommen sie aus einem Grund vollkommener Stille, der ohne Bedeutung oder Kontext ist. Die ersten vier Noten ertönen in dieser Leere, stellen ihre Resonanzen im Geist her und erzeugen im Zuhörer eine Vielfalt von Stimmungen und Erwartungen. Dies ist praktisch die Erschaffung eines ersten Kontextes. Aber dann, wenn die Musik weiterspielt, beginnt dieser Kontext zu wachsen. Das Anfangsthema taucht immer wieder auf, aber seine Wahrnehmung findet in einem sich ständig verändernden Zusammenhang statt, der auch die Art verwandelt, in der wir es hören. Der Kontext wird also aus diesem ersten Muster von Noten erschaffen und wirkt wiederum zurück auf die Noten und ändert ihre Bedeutung. Der Komponist Arnold Schönberg behauptete tatsächlich, daß alle Themen dieser Symphonie und ihr gesamter Aufbau sich aus ihren ersten Takten ergäben.

Natürlich hört man keine Musik in einem Vakuum, und die Fünfte Symphonie läßt bei jeder Aufführung zunehmend musikalische, soziale und historische Resonanzen entstehen. Ein Zuhörer hat vielleicht gelesen, daß das Eröffnungsthema das «an die Tür klopfende Schicksal» darstellt; dieses Bild wird auf den Zusammenhang, in dem die Musik gehört wird, abfärben und ihre ganze Bedeutung verändern. Indem sich aber die Bedeutung verändert, wirkt sie aktiv zurück auf das Thema und verändert die Wahrnehmung des Zuhörers. Tatsächlich wurden diese vier Noten von der BBC während des Zweiten Weltkrieges als ein Symbol der Freiheit ausgestrahlt. Dadurch wurde die ganze Symphonie in einen viel weiteren historischen sozialen und moralischen Kontext gerückt. So erschafft die «erste Unterscheidung» in der Musik schließlich einen Zusammenhang, der sich immer weiter ausdehnt und sich immer weiter verändert, der in die gesamte Gesellschaft hineinwirkt und dann auf das ursprüngliche Thema zurückwirkt. In ähnlicher Weise erscheint ein Unterschied oder eine Dualität zum erstenmal in einer Leere, um einen Kontext zu schaffen. Indem Unterschied und Kontext zusammenwachsen, erschaffen sie eine sich ständig verändernde Welt der Ordnung und des Sinns, der niemals feststehend ist, sondern ständig auf sich selbst zurückwirkt.

Zusammenfassung

Das Universum entspringt einer schöpferischen Quelle, deren erste Handlung ein Akt nicht-bedingter Wahrnehmung in der Leere ist, wodurch die ersten kontext-freien Unterschiede und Dualitäten entstehen. Diese Dualitäten, die aus der Quelle fließen, erschaffen einen sich ständig verändernden Kontext, der dann auf die anfänglichen Unterscheidungen zurückwirkt und eine ständige Differenzierung bewirkt. Diese gesamte Bewegung faltet sich in eine Folge von Ordnungen und Ebenen ein, aus denen sich die Ordnungen des Bewußtseins und der materiellen Welt entfalten. Der Kern dieser Bewegungen und der Hierarchie von Ebenen ist der Sinn, der aus der Wechselwirkung zwischen Dualitäten oder Kategorien und ihrem sich ständig verändernden Kontext entsteht. Aus diesem Vorgang werden Ordnungen und Strukturen geboren, die sich dann nach außen zu expliziten Formen entfalten. Diese expliziten Formen und Beziehungen, die die Grundlage des

Universums sind, das wir wahrnehmen und mit dem wir interagieren, sowie auch die Grundlage unseres Bewußtseins, stellen ihrerseits wieder Information dar, die zum Inhalt der supra-impliziten Ordnungen wird. Diese benutzen die Information aktiv, um das Wirken von höheren eingefalteten Ordnungen zu «informieren», die für die Entfaltung der expliziten Strukturen der Welt verantwortlich sind. So hat das ganze Universum von Geist und Materie wie der Satz einer großen Symphonie einen sich ständig verändernden Sinn, der ständig auf schöpferische Weise auf sich selbst zurückwirkt.

Synchronizität fließt aus dieser grundlegenden Bewegung; sie gibt dem sie erfahrenden Menschen ein Gefühl für den tieferen Sinn des Universums und eine Intuition der Bewegung, die aus ihrer schöpferischen Quelle fließt. Hieraus ergibt sich aber eine wichtige Frage: Warum sollte dieser Vorgang, der das ganze Universum des Geistes und der Materie entstehen läßt und aufrechterhält, so einzigartig und ungewöhnlich erscheinen, daß er nur während einer Synchronizität oder einer spirituellen Offenbarung erfahren werden kann? Dasselbe Gefühl für Sinn und Kreativität sollte doch wohl die ganze Natur und das ganze Leben durchdringen. Viele Menschen haben jedoch das Gefühl, daß ihr Leben sinnlos ist und mechanisch abläuft, und wenn sie über die Welt nachdenken, finden sie sehr wenig Beweise für Kreativität.

Gewisse Formen der Kreativität mögen gelegentlich in solch spezialisierten Bereichen wie bildender Kunst, Mathematik, Dichtung, Musik und ähnlichem zum Ausdruck kommen. Doch in der Art, wie viele Menschen ihr Leben verbringen und miteinander umgehen, ist wenig Kreativität zu erkennen. Auch in der Gesellschaft selbst scheint sie nicht sonderlich wirksam zu sein. Die ganze Welt ist in Kriege, Unterdrückungen und Revolutionen verwickelt. Viele Völker darben am Rande des Hungertodes dahin, leben in Unwissenheit oder werden unterdrückt. Selbst in den «fortschrittlicheren» demokratischen Ländern gibt es wachsende Anzeichen von Gewalt und Unruhe, und die technisch hochentwickelten Gesellschaften scheinen nicht in der Lage zu sein, ihre Kräfte zu nutzen, ohne die Umwelt zu schädigen und zu verschmutzen. Einem Besucher von einem anderen Stern könnte man es nicht verübeln, wenn er meinte, daß die Menschen zwar ziemlich geschickt seien, daß es ihnen aber an Weisheit und Kreativität mangele.

Wie kann ein Lebewesen, das auch nur die Spur eines Gefühls für den Sinn des Universums besitzt, solch ein Elend immer noch weiter erzeugen? Warum sollten wir die Synchronizität als ein isoliertes Zusammentreffen von Geist und Materie ansehen, wenn doch in jedem ewigen Augenblick die eine zugrunde liegende Quelle das Universum ständig neu erschafft? Eine Antwort auf diese Fragen wird das Schlußkapitel vorschlagen.

8. Zeit und Transformation

Eine Synchronizität wirkt wie ein Spiegel, ein Spiegel, in dem das ständige Ein- und Entfalten des Universums aus seinem Grund reflektiert wird. In den vorangegangenen Kapiteln wurden Bilder und Metaphern entwickelt, welche die Wege aufzeigen, in denen die Realität aus ihrer schöpferischen Quelle heraus entsteht und erhalten wird.

Diese ganze Darstellung sollte ausdrücklich im Sinne einer Metapher verstanden werden, denn die Komplexität und Subtilität des Universums übersteigen alle Versuche, sie in Sprache und Bildern zu erfassen. Der wesentliche Punkt dieser Metapher ist jedoch, daß sie mit der Idee einer zentralen Kreativität arbeitet, die alles durchdringt, von jenem fortdauernden Ursprung in einem nicht bedingten Akt der Wahrnehmung bis hin zu den ständigen subtilen Bewegungen der verschiedenen Ordnungen, Ebenen und Strukturen. Das Spektrum der Ordnungen, aus denen Geist und Materie hervorgehen, ist außerordentlich subtil und befindet sich in extrem schneller Bewegung, denn sein Grund ist niemals fest, sondern steht immer in einem ständigen, kreativen Erneuerungsprozeß. Sogar die relativ starren, expliziten, mechanischen Aspekte des Universums entstehen fortlaufend aus der ihnen zugrunde liegenden impliziten Ordnung. Auf diese Weise wird beispielsweise das Elementarteilchen ständig neu geboren, in Gang gehalten und stirbt zurück in seinen Grund oder in seinen Vakuumzustand.

Das Universum wird durch einen Akt kreativer Entfaltung aufrechterhalten, in dem keine Ordnung absolut feststeht, sondern jede in der Lage ist, auf einen sich ständig verändernden Zusammenhang zu reagieren. Kreativität durchdringt also jedes Element der Natur. Wenn dies aber wirklich der Fall ist, warum ist Kreativität nicht deutlicher in unserem Leben zu erkennen? Unbegrenzte Kreativität hält man im allgemeinen für eine besondere Begabung, etwas Einzigartiges, das man gelegentlich bei Genies in der Kunst und in der Wissenschaft findet. Die meisten «gewöhnlichen» Menschen haben jedoch das Gefühl, daß ihr kreatives Potential sehr begrenzt ist, da sie so tief in der alltäglichen Routine ihrer Arbeit, ihrer Beziehungen und ihrer Familie feststecken, daß ihnen wenig Energie oder Spielraum für Veränderungen bleibt. So wird die Kreativität im Leben der meisten Menschen in recht enge Kanäle gelenkt, die durch die Verhältnisse, die verschiedenen Konventionen, Überzeugungen und Einschränkungen der Gesellschaft begrenzt sind.

Viele Menschen haben das Empfinden, daß sie in der Zeit und ihrer persönlichen Geschichte gefangen sind, wenn sie ihr Leben insgesamt zu überschauen versuchen. Sie fühlen sich als Opfer von Kindheitstraumen, der Mißstände im Schulwesen, der wirtschaftlichen und sozialen Stellung ihrer Eltern sowie falscher Berufsentscheidungen, und sie fühlen sich in der Umgebung oder der Stadt und dem Land, in dem sie nun einmal leben, eingesperrt. Sogar die Gesellschaft und der Staat selbst erscheinen als die Opfer von Fehlern der Vergangenheit, welche die gegenwärtigen Konflikte unvermeidbar machen, so daß wahrhaft schöpferische Lösungen überhaupt nicht in Betracht kommen.

Um ein konkretes Beispiel zu nennen: Die Menschen in Nordirland fühlen sich durch die Gewalttätigkeiten in ihrer Umgebung gefangen. Sie sehen dieses aber als die unvermeidliche Folge der sozialen Bedingungen, die wiederum aus verschiedenen politischen Entscheidungen hervorgegangen sind, deren Wurzeln mehrere Jahrhunderte zurückverfolgt werden können. Das Ergebnis ist das derzeitige «Nordirlandproblem», in dem jede Lösung dazu verurteilt zu sein scheint, noch mehr Probleme und Konflikte zu erzeugen, und in der der einzelne einer endlosen Serie gewalttätiger Reaktionen ausgeliefert ist. Ähnliches ließe sich natürlich über den Nahen Osten und viele andere Gebiete der Erde sagen.

In jedem Falle fühlen sich die Gesellschaft, die Regierungen und die Einzelpersonen in einer unerträglichen und unlösbaren Situation gefangen, in der es keinerlei Möglichkeit einer schöpferischen Umgestaltung zu geben scheint. Denn jede Person hält fest an ihres Erachtens letzten, unverzichtbaren Positionen, die absolute Notwendigkeiten, nicht verhandelbare Rechte und selbstverständliche Überzeugungen beinhalten. Was im Rahmen des Staates geschieht, gilt auch innerhalb der Familie, zwischen Ehemann und Ehefrau oder zwischen Eltern und Kindern. In all diesen Fällen scheint die Kreativität durch starre und unflexible Strukturen und Einstellungen, die zusammen mit dem Problem übernommen wurden, ausgeschlossen worden zu sein.

Sogar die Art und Weise, in der die Menschheit mit ihrem Planeten selbst umgeht, hat zu solch gravierenden Problemen wie der Vernichtung der Wälder, Energiekrisen, Umweltverschmutzung, Zerstörung der Atmosphäre und des Wetters, Ausrottung ganzer Tierarten und zum Sterben der Seen geführt. Wenn die Welt tatsächlich aus einer Quelle unendlicher Subtilität und Kreativität entsteht, ist dann dieser Ursprung selbst verschmutzt worden wie ein einstmals mächtiger Strom, der alle Arten Wild an seinen Ufern und Fische in seinen Fluten ernährte, jetzt aber tot ist und stinkt?

Wie konnte dies geschehen? Warum ist die Kreativität nicht in der Lage, die Gesellschaft und den einzelnen so weit zu durchdringen, daß die Staaten in der Lage sind, zum Besten aller dem Wandel frei und offen zu begegnen, so daß das Leben eines jeden Menschen mit Sinn erfüllt wird? Synchronizität wurde in diesem Buch als Ausdruck sinnvoller Beziehungen zwischen inneren und äußeren Vorgängen dargestellt. Auf ähnliche Weise erhellen die göttlichen Offenbarungen im Leben eines Dichters und eines Künstlers das innere Wirken und die Bedeutung der Natur. Warum aber sollten solche Ereignisse eine einmalige Ausnahme darstellen, wenn der Sinn geradezu der Wesenskern der Entfaltung des Universums ist?

Auch wenn die Quelle aller Realität eine nicht-bedingte Kreativität ist, sieht es so aus, als seien die menschliche Gesellschaft und ihre Einzelwesen oftmals auf recht mechanische Weise tätig, so daß sie auf neue Situationen aus relativ starren Positionen heraus unkreativ reagieren. Mit anderen Worten: Sie scheinen in Strukturen und Formen gefangen zu sein, die sie selbst geschaffen haben – Überzeugungen, Ziel- und Wertvorstellungen, die so unbeweglich geworden sind, daß es ihnen nicht mehr möglich ist, sich so flexibel und subtil zu bewegen, wie es für die allgemeine Ordnung des Universums charakteristisch ist.

Bedeutet dies, daß die kreative Quelle in ihrem Wesen eingeschränkt oder durch das Bewußtsein, das sie erschaffen hat, geschwächt worden ist? Dies erscheint nicht glaubhaft, da sogar die materiellen Strukturen, die ewig und dauerhaft zu sein scheinen, in Wahrheit ständig aus einem größeren Zusammenhang erschaffen und erhalten werden müssen, der sich selbst auf unerwartete Weise wieder ändern kann. Tatsächlich kann keine Struktur und keine Ordnung im Universum als völlig dauerhaft angesehen werden, da sie immer der Veränderung unterliegt. Was aber in der relativ unbeweglichen Materie vorhanden ist, muß noch viel mehr für das Bewußtsein gelten, das seiner Natur nach beweglich und für Neuschöpfungen offen ist. Das Problem kann deshalb nicht im allgemeinen Wesen des Bewußtseins selbst liegen, sondern dürfte in einem speziellen Merkmal oder «Irrtum» zu suchen sein, der sich im Verlauf der menschlichen Evolution eingeschlichen hat.

Einige Denker haben behauptet, daß der Geist tatsächlich begrenzt ist – die hohe Geschwindigkeit seiner eigenen Entwicklung sei ihm zum Verhängnis geworden. H. G. Wells stellte zum Beispiel einen Vergleich mit den ersten Meeresbewohnern an, die an Land gingen. Sie waren zunächst nicht völlig für ein Leben auf dem Lande ausgestattet und deswegen gezwungen, zeitweise ins Wasser zurückzukehren. Auf ähnliche Weise, so behauptete er, habe sich der menschliche Geist zu schnell entwickelt, als daß er bereits ausschließlich in einer Welt höheren Bewußtseins leben könnte. Andere haben darauf hingewiesen, daß das menschliche Gehirn aus seiner Reptilienvergangenheit starre Strukturen mitbringt, die sich als Aggressionen und irrationale Verhaltensweise zeigen, welche die «höheren» Bereiche des Gehirnes überwältigen.

Hier taucht allerdings die Frage auf, in welchem Ausmaß das

Bewußtsein durch diese starren Strukturen beherrscht wird; sind sie für immer statisch, oder werden sie – wie andere materielle Strukturen – durch eine Entfaltung aus einer tieferen Ordnung heraus aufrechterhalten und sind deswegen für eine schöpferische Umwandlung und Veränderung offen? Mit anderen Worten: Ist die Menschheit dazu verdammt, sich nur durch die langsamen Vorgänge der Evolution auf dem Weg der «natürlichen Auswahl» ändern zu können? Ist sie durch die statischen geistigen Strukturen und sozialen Ordnungen begrenzt, die sich in den vergangenen tausend oder zehntausend Jahren entwickelt haben? Oder ist das Bewußtsein im Grunde in seinem Veränderungspotential unbegrenzt, so daß eine vollkommene Umwandlung des menschlichen Geistes außerhalb der evolutionären Zeiträume stattfinden kann?

All diese Fragen ergeben sich aus den Betrachtungen über das Wesen und die Bedeutung der Synchronizität. Ihre Bedeutung geht aber zweifellos weit über diese spezielle Thematik hinaus und betrifft die ganze Frage der Zukunft der Menschheit und, wenn man an den drohenden Atomkrieg denkt, die Frage der Erhaltung des Lebens auf diesem Planeten. Wollen wir diesen Fragen nachgehen und zu einem neuen Verständnis des Wesens der Synchronizität gelangen, ist es notwendig, das Wesen der Zeit zu untersuchen, die ebenfalls einen Schlüsselaspekt der Synchronizität darstellt, sowie die Frage der Evolution des Selbst anzusprechen. Auf diese Weise werden wir eine Antwort auf die Frage finden, warum der Geist des Menschen in seiner Kreativität beschränkt ist, obwohl er aus einer unbegrenzten kreativen Ordnung hervorgegangen ist.

Bewußtsein und das Individuum

Das Bewußtsein ist eine subtile Ordnung mit einer subtilen, empfindlichen und nicht greifbaren Bewegung. Es ist eine Ordnung, die sich stark von der Ordnung der expliziten Materie unterscheidet, aber dennoch innerhalb des gemeinsamen Ordnungsspektrums von dieser nicht zu trennen ist. Weder kann Bewußtsein absolut auf die physischen Funktionen des Gehirns reduziert werden, noch können diese materiellen Vorgänge so beschrieben werden, als wären sie vollkommen vom Geist bedingt. Geist und Gehirn entstehen vielmehr als zwei untrennbare Aspekte der einen ihnen zugrunde liegenden Quelle.

Bis jetzt ist das Bewußtsein allerdings in einem recht abstrakten Sinn erörtert worden – als die «geistige» Seite des Universums und nicht als spezifisches Bewußtsein bestimmter Individuen. Im ersten Kapitel wurde dargelegt, daß Synchronizität verlangt, daß eine Brücke zwischen Materie und Geist geschlagen wird, und in den folgenden Kapiteln wurde aufgezeigt, daß die Naturvorgänge einen geistigen Aspekt haben, den wir «objektive Intelligenz» genannt haben. Die Elektronen in einem Plasma oder einem Supraleiter und die Schleimpilzzellen, die sich zu einer Einheit zusammenschließen, bewegen sich zum Beispiel so, daß ihr Verhalten dem kooperativen Verhalten einer Gruppe von Menschen ähnelt. Dies deutet darauf hin, daß irgendeine Form von «Intelligenz» auch innerhalb der Materie wirksam ist. Im sechsten Kapitel wurde sodann eine neue Interpretation der Quantentheorie dargestellt, in der «aktive Information» eine wichtige Rolle bei der «Information» des Quantenfeldes spielt, die verschiedene Quantenprozesse auslöst. In gleicher Weise konnten wir von der supra-impliziten Ordnung sagen, daß sie eine «geistähnliche» Seite hat, insofern als sie auf die Entfaltung der impliziten Ordnung in verschiedene explizite Formen hinwirkt. Diese impliziten, expliziten und supra-impliziten Ordnungen können sich darüber hinaus endlos in immer subtilere Ebenen mit Aspekten ausdehnen, die wir als «geistig» bezeichnen können. Zweifellos sind die Begriffe «geistig», «Intelligenz» und «Bewußtsein» in den vorangegangenen Kapiteln auf neue und ungewohnte Art verwandt worden, in dem Versuch, ein Gefühl für die Einheit von Geist und Materie zu erzeugen.

Der Begriff «Bewußtsein» wird jedoch im allgemeinen verwendet, um jenes Licht des Gewahrseins und der Aufmerksamkeit zu kennzeichnen, das den Geist einer besonderen Einzelperson erleuchtet und nicht das ganze Universum. So wie sich das Elementarteilchen aus dem Quantenfeld entfaltet, wie das Soliton in dem nichtlinearen Feld auftaucht und der Strudel im Fluß entsteht, so kann ein individuelles Bewußtsein aus der komplexen Ordnung eines Hintergrundbewußtseins hervortreten, das sich über das ganze Universum erstreckt. Der individuelle Geist ist also eine Art Lokalisation oder Konzentration von Bewußtsein, das sich in das Gehirn und den Körper des Individuums entfaltet. Aber genauso, wie sich das Elektron in andere Elementarteilchen einfaltet und in seinen Grund, das Quantenfeld, zurückfällt, genauso, wie der Strudel nicht absolut unabhängig von allen Wellen und Strudeln des Flusses ist, genauso kann ein individueller Geist nicht absolut vom Bewußtsein der Gesellschaft als Ganzer getrennt werden. So entfaltet sich der individuelle Geist ständig aus dem Bewußtsein der ganzen Menschheit und faltet sich wieder in dieses zurück.

Tatsächlich ist es, historisch gesehen, noch gar nicht so lange her, daß ein individuelles Bewußtsein sich von dem «Gruppengeist» des Stammes oder einer sozialen Gruppe trennte. Viele Abschnitte des Alten Testamentes zum Beispiel bewegen sich fließend zwischen Äußerungen eines Stammes und seiner einzelnen Repräsentanten, ohne daß zwischen ihnen ein deutlicher Unterschied gemacht wird. Dies deutet darauf hin, daß in der frühen jüdischen Geschichte eine derartige Unterscheidung noch nicht sehr stabil war. Diese tiefliegende Einheit zwischen Individuum und Stamm ist als die «korporative Persönlichkeit» bezeichnet worden. Und es ist denkbar, daß in noch früheren, prähistorischen Zeiten der Geist über den Stamm hinausging, das Leben der Tiere umfaßte und die ganze Natur durchdrang. Auch heute noch scheinen die wenigen überlebenden Jäger und Sammler ein starkes Gefühl der Einheit mit den Tieren zu haben, die sie jagen. Die Naskapi zum Beispiel scheinen mit den Tieren während ihrer Träume und während des Trommelns in Verbindung zu stehen, und Manitu, das den Menschen belebt, wohnt ebenso dem Wetter, allen anderen Lebewesen und den Erscheinungen der Natur inne.

In seinen Ursprüngen ist die ganze Welt der Inhalt des Bewußtseins, aber im Individuum wird das Bewußtsein begrenzt, konzentriert und an den Körper dieses Individuums gebunden; es stützt sich auf verschiedene Erinnerungen, Gewohnheiten, Lebenserfahrungen und Veranlagungen und entwickelt sich dadurch zu einem persönlichen Bewußtsein. Dieser individuelle Geist kann tatsächlich als eine Art Reflexion aus der Gesellschaft heraus entstanden sein. Genauso, wie eine Person ihr Gesicht nicht dadurch kennenlernt, daß sie nach innen blickt, sondern indem sie in einen Spiegel schaut, so wird die Gesellschaft etwas von der persönlichen Eigenart eines Individuums reflektieren. Das Selbst wird in diesem Sinne nach außen in die Gesellschaft projiziert, und die Reflexion dieser Projektoren wird als tatsächliche, dauerhafte Substanz oder Einheit aufgefaßt.

Auf diese Weise entfaltet sich das Bewußtsein in den individuellen Geist und wird mit einer bestimmten Person verbunden, die dann mit anderen Personen und mit der Welt im allgemeinen in Wechselbeziehungen tritt. Im langen Evolutionsprozeß des Menschen und der Gesellschaft entwickelte der Geist seine Fähigkeiten, zu unterscheiden, zu berechnen, zu spielen, zu reflektieren, Strategien zu entwickeln, Probleme zu lösen und ständig wachsende technische Fertigkeiten und ein zunehmendes Wissen zu entwickeln. Aber der Preis für all dies scheint die Entwicklung eines Selbst gewesen zu sein, das zunehmend von einem unmittelbaren Kontakt mit der Natur oder mit der Gesellschaft abgeschnitten ist. Diesem Gefühl des Verloren- und Abgetrennt-Seins von den inneren Harmonien der Natur haben viele Dichter nachgespürt; es kommt in den Zitaten von Wordsworth und T. E. Lawrence im ersten Kapitel zum Ausdruck.

Selbst das individuelle Bewußtsein ist in sich selbst gespalten, denn ein großer Teil des Geistes soll «unbewußt» sein und umfassendere Inhalte enthalten, die normalerweise für das Selbst nicht zugänglich sind. Verschiedene Mystiker behaupten allerdings, daß die Trennung des individuellen Selbst vom Unbewußten und dem Rest der Welt nicht absolut ist und daß eine tiefe Erfahrung der Einheit mit dem gesamten Universum möglich ist, die in den Urgrund des Bewußtseins hineinreicht. Auf diese Weise empfindet der Mystiker, daß das Leben in der Erfahrung des «Eins-seins» mit der ganzen Natur von Sinn erfüllt ist.

Etwas Ähnliches, wenn auch in einem viel kleineren Maßstab, scheint in einer Synchronizität zu geschehen, in der eine Person ein starkes Empfinden für den Sinn hat, der ihre inneren Gedanken, Träume und Gefühle mit den Mustern des Geschehens in der äußeren Welt verbindet. Wenn solche Offenbarungen des Sinnes das ganze Leben hindurch lebendig erhalten werden könnten, dann würde der menschliche Geist zweifellos auf einer anderen Ebene wirken. Zwar würde er seine Fähigkeiten, zu planen, Voraussagen zu machen und Probleme zu lösen, beibehalten, er wäre aber auch in der Lage, hinauszugreifen, an den gemeinsamen Sinnvorstellungen der Gemeinschaft teilzuhaben und eine größere Sensibilität gegenüber den Rhythmen der Natur zu bewahren. Auf diese Weise würden starre Denkstrukturen aufgelöst, und Kreativität könnte sich im gesamten Bewußtseinsfeld auswirken.

Der Tiger und der Urwald

Um zu verstehen, warum ein starkes Empfinden für den Sinn nur in isolierten Synchronizitäten auftritt oder bei einzigartigen Persönlichkeiten, die Mystiker genannt werden, müssen wir herausfinden, warum der einzelne Geist sich vom ganzen Bereich des Bewußtseins und von seinem kreativen Ursprung getrennt hat. Ein guter Ausgangspunkt hierfür ist, sich einen Tiger im Urwald vorzustellen. Der Tiger hat Gefahr gewittert, versinkt im Hintergrund und beobachtet mit großer Aufmerksamkeit den Wald. Das Tier vibriert in diesem Gewahrsein, sein ganzer Körper drückt vollkommene Aufmerksamkeit und Wachsamkeit aus. In einem fast zeitlosen Sinn wird der Tiger mit dem Walde eins und reagiert auf jede Abweichung in seiner Umgebung.

Der Tiger ist mit seinem ganzen Körper ein reiner Akt der Wahrnehmung und totalen Gewahrseins; sein Bewußtsein dehnt sich nach außen in den ganzen Wald hinein aus. Wie sehr unterscheidet sich dieses Bild von der Art, wie die meisten Menschen leben, mit abgetöteten Empfindungen und dem Gefühl, von der Umgebung und sogar vom eigenen Körper abgeschnitten zu sein! Tatsächlich verspüren die meisten Menschen nur in ihrer Kindheit das Gefühl einer völligen Verbundenheit mit der Welt; der Geist ist noch nicht im Selbst gefangen, und das Leben wird mit der Intensität des Tigers gelebt.

Stellen wir uns jetzt einmal vor, daß ein Mensch von seinem

Platz vor dem Fernseher oder dem Büroschreibtisch in den Wald des Tigers versetzt wird. Der ganze Körper wird sofort hellwach sein und die Umgebung intensiv wahrnehmen; die Sinne bemühen sich angestrengt, das leiseste Geräusch oder die kleinste Bewegung aufzunehmen. In dieser Wahrnehmung gibt es wenig Platz für das «Selbst» mit all seinen Erinnerungen und Sorgen; vielmehr befindet sich der ganze Organismus in einem ungeteilten Zustand extremer Sensibilität, als säße der Geist unmittelbar auf der Hautoberfläche, für jede Regung im Walde empfänglich. Wenn sich der Jäger an den Tiger heranpirscht, werden die Formen des Waldes von den Sinnen nur peripher wahrgenommen. Ein plötzliches Aufblitzen von Farbe oder ein Rascheln im Unterholz wird mit einem «sechsten Sinn» wahrgenommen; blitzschnelle Bewegungen zum Beispiel werden aus dem Augenwinkel so rasch aufgenommen, daß die Bewegung vorüber ist, bevor der Geist Zeit hatte, sie zu analysieren oder sie zu vergleichen. Die blitzartige Bewegung ist reine, ungefilterte Wahrnehmung im flüchtigen Bruchteil einer Sekunde. In solch gesteigerter Wachheit gibt es keine Trennung zwischen Geist und Körper, denn die Wahrnehmung ist eine Funktion des Organismus als Ganzem.

Dieser «sechste Sinn» kann durch einen Vergleich mit der Arbeitsweise eines Froschgehirns illustriert werden. Neurobiologisch ausgedrückt, sind die auf Bewegung reagierenden visuellen Rezeptorzellen im Gehirn des Frosches direkt mit seinem motorischen System verbunden. Die Froschzunge schnellt daher auf die Fliege zu, bevor noch das «Sehen» Zeit gehabt hat, sich voll im Gehirn des Frosches zu entfalten. Der Frosch muß so schnell auf die sich ständig verändernden Formen der Natur reagieren, daß er keine Zeit hat, über das zu reflektieren, was er sieht. Gewahrsein und Handlung funktionieren ohne Trennung oder Reflexion. Es ist beinahe so, als ob die Wahrnehmung des Frosches nur auf der impliziten Ebene wirkt und nie Zeit hat, sich in explizite visuelle Formen zu entfalten; sie reagiert unmittelbar auf die Umgebung, so daß der Beobachter und das Beobachtete im Grund untrennbar voneinander sind. Die Wahrnehmung des Frosches ist völlig direkt; er «sieht», ohne zu sehen. Dies mag ein erheblicher Vorteil beim Fliegenfangen sein; es bedeutet aber auch, daß der Frosch gelegentlich ein Stück Papier frißt, das von einem Experimentator vor seinen Augen hin und her bewegt wird, denn seine visuelle Erkenntnis der Welt ist erheblich eingeschränkt.

Im menschlichen Geist entwickelt sich aus dieser ersten unmittelbaren Sensibilität und dem direkten Gewahrsein die zielgerichtete Bewegung der Aufmerksamkeit. Wenn der sechste Sinn eine plötzliche Bewegung entdeckt, wird sie von der Peripherie der Körpersinne aufgenommen. Ist genug Zeit vorhanden, kann der Geist sich entscheiden, seine Aufmerksamkeit auf diese flüchtige Empfindung zu konzentrieren, und versuchen, sie von den sich ständig verändernden Reizen des Waldes zu isolieren und dadurch mehr über sie zu erfahren. Nach der Physiologie des menschlichen Wahrnehmungssystems wird der erste Reiz auf der Außenfläche der Netzhaut wahrgenommen und im Gehirn auf implizite Weise registriert als reine Empfindung einer Bewegung, ohne daß irgendein erkennbares Objekt entfaltet wird. Aber dieses Gewahrsein aktiviert jetzt die Aufmerksamkeit in Form einer schnellen Abtastbewegung der Augen, die den Gegenstand auf die empfindlichere Zentralregion der Netzhaut konzentriert.

Während diese sensible, an Rezeptorzellen reiche Stelle das Objekt in alle Richtungen abtastet, empfängt das Gehirn eine Fülle neuer Daten, die genaue Einzelheiten über die Größe, Form, Farbe, Bewegung, Kanten, Oberflächen, Aufbau, Orientierung, Auffälligkeiten und weniger auffällige Seiten des Gegenstandes enthalten. Diese visuellen Anhaltspunkte entfalten sich allmählich im Gehirn, wobei zusätzliche Information aus der Erinnerung an ähnliche Objekte hinzukommt, so daß Schlußfolgerungen hinsichtlich der Größe, Geschwindigkeit, Struktur und so weiter möglich sind. Schließlich wird die Wahrnehmung des Gegenstandes aus all diesen Vorgängen zusammengesetzt und entfaltet sich in die Endphase des Erkennens. Diese vielfältige Tätigkeit der Aufmerksamkeit beinhaltet ein gleichzeitiges Abtasten von innen und von außen, während der Geist beginnt, ein explizites Bild des Gegenstandes zu zeichnen, klar abgegrenzt vom Hintergrund des Waldes.

Die Bedeutung und das Erkennen des Gegenstandes entstehen somit aus einer sehr komplexen Bewegung heraus, die in der impliziten Ordnung mit einem sehr raschen, undifferenzierten Gewahrsein ohne Trennung zwischen dem Beobachter und dem beobachteten Gegenstand beginnt und dann in *Aufmerksamkeit* übergeht, in eine Art der Konzentration auf eine Abtastbewegung, wodurch sich ein deutlicher Gegenstand allmählich aus dem Hintergrund heraus entwickelt. Während das implizite Gewahrsein schnell genug ist, um im Einklang mit den sich immer verändernden und vorbeifließenden Eindrücken zu bleiben, die während eines Ganges durch den Wald entstehen, ist die explizite Aufmerksamkeit ein mehr reflexiver Prozeß, der das Abtasten der inneren und äußeren Bewußtseinsinhalte und das Wiederauffinden von Erinnerungen und Erfahrungen in der Zeit notwendig macht. Wenn der Jäger im Wald überleben will, sind zweifellos beide Reaktionsformen auf die Umgebung nötig, so daß eine ständige Hinundherbewegung zwischen impliziten und expliziten Ordnungen, zwischen Gewahrsein und Aufmerksamkeit stattfinden kann. Auch wenn Gewahrsein ohne Aufmerksamkeit zum allgemeinen Empfinden eines Sinns führen kann, kann sie kein differenziertes Verständnis der Einzelheiten bestimmter expliziter Gegenstände und ihres Verhaltens hervorbringen. Andererseits würde Aufmerksamkeit ohne Gewahrsein aus isolierten, expliziten Formen ohne irgendein Gefühl für ihren Gesamtzusammenhang oder ihren Sinn bestehen.

Während der Jagd arbeiten Gewahrsein und Aufmerksamkeit in volkommenem Einklang miteinander, und es gibt keine Empfindung eines Ablaufs der Zeit, denn der Jäger lebt im ewigen Jetzt. Etwas Ähnliches geschieht, wenn ein Mensch sehr aufmerksam einem Musikstück zuhört oder in kreative Arbeit versunken ist. Es scheint in diesen Momenten kein «Selbst» zu geben, denn das Gewahrsein und die Aufmerksamkeit von Geist und Körper sind so sehr in Anspruch genommen, daß man sogar manchmal einen plötzlichen Schock erfährt, wenn man nach dem Ende der Musik oder der Erfüllung der Aufgabe plötzlich in die «wirkliche Welt» zurückfällt und feststellt, daß inzwischen viel Zeit verstrichen ist. Im Wald sind der Jäger und das gejagte Wild eins, und die Zeit existiert nur als der Tanz der Jagd selbst.

Obwohl wir während der Jagd oder während schöpferischer Arbeit keine Empfindung eines Selbst haben, wird es sicher ein Gewahrsein innerer Vorgänge geben, die im Geist und Körper ablaufen. Diese werden zuerst vom «sechsten Sinn» als flüchtige Empfindungen wahrgenommen, die aus dem Innern kommen. Tatsächlich wird es auf dem Höhepunkt der Jagd keine starke Differenzierung zwischen innerem und äußerem Gewahrsein geben. Das Bewußtsein ist ungeteilt und das Gewahrsein der Bewegungen von inneren Gefühlen und äußeren Empfindungen ist viel zu schnell, als daß man sich darauf einstellen und sie differenzieren könnte. Es ist jedoch manchmal wichtig, daß der Geist seine Aufmerksamkeit auf bestimmte innere Empfindungen lenkt und sie von denen unterscheidet, die in der äußeren Umgebung entstehen. So ist es offenkundig wichtig, zum Beispiel eine plötzliche äußere Bewegung im Unterholz von einer inneren Bewegung, die durch eine Kopfdrehung hervorgerufen wird, zu unterscheiden.

Im Falle des Sehens, des Hörens und anderer Sinneswahrnehmungen ist der menschliche Geist durchaus in der Lage, solche Unterscheidungen automatisch vorzunehmen; wo es aber um Gedanken, Gefühle, Erinnerungen und Emotionen geht, ist das schwieriger. Beim Anhören eines Musikstückes zum Beispiel geht eine Vielfalt von Gefühlen und Empfindungen mit dem konzentrierten Zuhören einher. Nur wenn die Aufmerksamkeit in einer mehr vorsätzlichen Bewegung nach innen gelenkt und dort konzentriert wird, wird eine Unterscheidung der flüchtigen inneren Gefühle und Erinnerungen von jenen möglich, die als Reaktion auf die Musik ausgelöst werden; doch bestenfalls ist diese Unterscheidung ungenau, und das innere Geschehen wird sehr leicht mit dem äußeren Geschehen vermischt.

Der Jäger im Lehnstuhl

Wenn sich der Jäger im Wald aufhält, scheint es keine Begrenzung für das Bewußtsein zu geben, keinen «unbewußten», der Wahrnehmung verschlossenen Bereich. Während der Jagd bewegen sich Gewahrsein und Aufmerksamkeit im Einklang mit den Rhythmen des «ewigen Jetzt» der Natur. Wenn der moderne Jäger allerdings in seinen Lehnstuhl sinkt, gibt es Zeiten, in denen der Geist sich von der Unmittelbarkeit der äußeren Welt abwendet und seine Aufmerksamkeit nach innen lenkt, wobei das «Selbst» dann die höchste Aufmerksamkeit erlangt.

Bei den Stämmen der frühesten Zeit gab es starkes Gemeinschaftsgefühl, in dem das Bewußtsein kollektiv engagiert war. Mit dem Entstehen der ersten Städte aber wurde die Zivilisation komplexer, spezialisierter und fragmentarischer, so daß Individuen als von der Gesellschaft getrennte Einzelwesen zu wirken begannen und ein zunehmendes Gefühl ihrer eigenen Unabhängigkeit erlangten. In dieser neuen Umgebung wurde die Aufmerksamkeit mehr auf das innere Gewahrsein gelenkt, so daß Gedanken, Gefühle und Emotionen begannen, sich zu der expliziten Form zu entfalten, die wir heute das Selbst nennen. Vorausgesetzt, daß diese Aufmerksamkeit auf die innere Welt sich harmonisch innerhalb des sich ständig verändernden Umfeldes der Gesellschaft und der Natur vollzog, war es für den Einzelmenschen und für die Gesellschaft immer noch möglich, kreativ zu wirken. Es entstand jedoch die Gefahr, daß diese entfalteten inneren Gefühle für bedeutsamer, realer und lebenswichtiger gehalten wurden als die Bewegungen der äußeren Welt. Je mehr der Geist nach innen schaute und versuchte, innere Bewegungen festzumachen und festzuhalten, um so mehr begann er, eine fixierte Vorstellung von sich selbst zu gewinnen. Anstelle eines fließenden Zentrums, das schließlich mit der sich ständig verändernden Wahrnehmung des ganzen Bewußtseins verschmolz, entstand das historische Selbst mit festgelegten Erinnerungen und Einstellungen, die innerhalb der wechselvollen Strömungen der Welt konstant blieben und das Selbst auf rigide Weise von der Gesellschaft und von der Natur trennten.

In diesem Stadium begann sich das Selbst deutlich von der Quelle des Sinnes im Universum zu trennen, und der Fluß der Kreativität wurde durch das starre Festhalten des Selbst an seinen inneren Strukturen blockiert. Während dieser Vorgang weiterging, erstarrte das Selbst und wurde zum wichtigsten Brennpunkt der Aufmerksamkeit, so daß sein Überleben paradoxerweise wichtiger wurde als das Überleben des Körpers. In Kriegszeiten zum Beispiel wird das Selbst motiviert, an seinen verschiedenen abstrakten Ideen ohne Rücksicht auf das Leben festzuhalten, als wäre das Selbst unsterblich und bliebe von Verletzungen des Körpers letzten Endes unberührt.

Das Selbst hält an dem fest, was bequem und sicher ist, und vermeidet alles, was schmerzlich oder verwirrend ist oder die eigene Existenz bedroht. Seine inneren geistigen Bilder, die mit einem enormen Energieaufwand aufrechterhalten werden, werden wiederum nach außen auf die Gesellschaft projiziert, wo sie als kollektive Überzeugungen von allen geteilt werden. Im Endergebnis ist das Bewußtsein der Gesellschaft nicht mehr eine fließende, sensible Ordnung, sondern etwas relativ Starres, das auf den Abstraktionen des Selbst beruht. So wird der subtilere Grund des Bewußtseins von starren Formen überdeckt. Alsbald gerät das ganze Selbst in Gefahr, sich in einer selbstgeschaffenen tödlichen Verwirrung zu fangen, die damit begann, daß es seinen eigenen Gedanken die höchste Autorität einräumte und sich ihnen gegenüber so verhielt, als ob sie wirklicher wären als der Tiger im Wald! Das Endergebnis ist eine völlig neue Lebensordnung, in der absolute Notwendigkeiten, Ziele, Überzeugungen und Wünsche eine beherrschende Stellung einnehmen und die Oberhand über das rasche und subtile Gewahrsein des Körpers und der äußeren Welt gewinnen. Diese subtileren Elemente beginnen zu verblassen, und mit diesem Verblassen geht das Gefühl für einen tieferen Sinn der Natur verloren.

An der Stelle des Jägers, dessen ganzer Körper von sensiblem Gewahrsein vibriert, steht nun der Mensch des zwanzigsten Jahrhunderts – mit einem geteilten Selbst, verwirrt, ohne Beziehung zu seinem Körper und jeder Erfahrung des Sinnes des Universums beraubt. Nur bei äußerst seltenen Gelegenheiten geschieht, was T. E. Lawrence beschreibt:

> Wir brachen während einer jener klaren Morgendämmerungen auf, die mit Sonnenaufgang alle Sinne wecken. An einem solchen Morgen, etwa eine Stunde lang, berühren uns die Geräusche, Düfte und Farben der Welt auf sehr persönliche und direkte Weise, ohne den Filter des Denkens, ohne schon bildhaft zu sein.

Für viele Menschen ist ihre Reaktion auf das Leben mechanisch geworden, so daß die Kreativität wenig zum Zuge kommt, und durch sein Anhaften ist das Selbst in einer auf Abfolge beruhenden Zeitordnung gefangen, ständig bemüht, seinen Begrenzungen zu entfliehen. Gerade diese Bemühung, sich zu verändern, ist es aber, wodurch die Kreativität blockiert wird, und das Selbst wird durch die Vorstellung gefesselt, ständig etwas werden zu müssen, statt einfach nur zu sein.

Ist es möglich, daß der Einfluß der kreativen Quelle wieder das Leben des einzelnen durchdringt? Die Teilung zwischen Geist und Körper, Individuum und Gesellschaft, Gesellschaft und Natur *kann* geheilt werden, die ganze Ordnung des Bewußtseins kann sich schöpferisch umwandeln, wenn die mechanische Zeitordnung und das Haften daran nicht länger beibehalten werden. Dann wäre es vielleicht möglich, daß das Gleichgewicht des Lebens auf diesem Planeten wiederhergestellt wird und ein tieferes Gefühl für den Sinn im einzelnen und in der Gesellschaft wirkt.

Zeit und Ewigkeit

Die Haupthindernisse für eine schöpferische Umwandlung des Bewußtseins sind die Verhaftungen des Selbst, die eine mechanische Ordnung des Werdens hervorrufen, in welcher die subtileren und tieferen Bewegungen der Natur verlorengehen. Um zu verstehen, wie der einzelne Geist sich schöpferisch verändern kann, ist es daher nötig, das Wesen der Zeitordnungen zu erkennen, um festzustellen, ob die gegenwärtige mechanische und auf Abfolge beruhende Ordnung beendet werden kann.

Die Zeit floß für Newton «aus sich selbst und aus ihrem eigenen Wesen heraus, ohne Beziehung zu irgend etwas Äußerem». In der Zeitvorstellung des achtzehnten Jahrhunderts gab es keine Abhängigkeit der Zeit vom Bewußtsein; mehr noch, sie wurde in keiner Weise durch das Universum selbst oder durch die Körper in ihm bedingt. Überall, von der Erde zu den entferntesten Sternen, floß die Zeit in gleicher Weise und im gleichen Maße. Am ersten Schöpfungstag hatte Gott eine riesige Uhr in Gang gesetzt, deren

Ticken die ganze Natur durchdrang. Die Körper existierten deshalb *in* der Zeit, die sie in ihrem unerbittlichen Strom der Veränderung vorantrieb. Wie es eine Hymne aus der Viktorianischen Zeit ausdrückte: «Die Zeit, wie ein ewig fließender Strom, trägt all ihre Söhne davon.»

Albert Einstein machte dieser Vorstellung ein Ende, als er klarstellte, daß die Zeit nicht gleichmäßig in allen Teilen des Universums fließt, da ihr Maß durch die Anwesenheit von Materie und Energie beeinflußt wird. Tatsächlich ist Zeit nicht länger als absolut denkbar, denn das Zeitmaß jeder Uhr muß jetzt auf einen bestimmten Bezugsrahmen bezogen werden. Doch auch wenn Einstein den Gedanken einer absoluten Zeit durch ein Maß ersetzt hat, das vom einzelnen Beobachter abhängig ist, behielt die Gesamtordnung der Zeit noch viele ihrer Aspekte aus Newtons Tagen bei. Zum Beispiel ist die Zeit immer noch ein Strom, der sich durch eine Abfolge von Ereignissen entfaltet, auch wenn das Maß der Entfaltung nach Einstein vom Zustand des Beobachters abhängt. Wir wollen in diesem Kapitel jedoch eine Zeitauffassung vorschlagen, in der die Zeitordnung der Natur noch umfassender ist als nach Meinung von Newton oder Einstein.

Die Zeit besteht, so meinen wir, nicht aus einer einzelnen Ordnung der Abfolgen, sondern aus einem ganzen Spektrum von Ordnungen, von denen die Ewigkeit und die mathematische Ordnung der Reihenfolge (oder ein fließender Strom) nur zwei Aspekte sind. Das Bewußtsein selbst ist an keine einzelne dieser Ordnungen gebunden und ist daher extrem sensibel gegenüber den Bewegungen der Zeit. Das Selbst und die moderne Gesellschaft scheinen sich jedoch an eine mechanische Zeitordnung der Abfolge gebunden zu haben, die im wesentlichen der Zeitvorstellung von Newton entspricht. Dieser Umstand stellt ein wichtiges Hindernis für die subtileren Bewegungen dar, die mit der Entfaltung der Kreativität einhergehen.

Wenn wir anerkennen, daß verschiedene Zeitordnungen im Universum existieren, ist es möglich, das Bewußtsein und das Wirken des Selbst zu verstehen, ohne sich in den verschiedenen Paradoxien zu fangen, die jeden Versuch belasten, auf herkömmliche Weise über Zeit und Geist nachzudenken. Zunächst ist es wichtig, sich klarzumachen, daß die Wahrnehmung der Zeit selbst niemals eine unmittelbare Empfindung ist. Der Mensch nimmt nicht so sehr die Zeit als vielmehr Bewegung, Veränderung und Fortschritt wahr. Aus naturwissenschaftlicher Sicht kann man sogar behaupten, daß Zeit (und Raum) in Wahrheit ein abgeleiteter Begriff ist, der aus den primitiveren Vorstellungen von Fortschritt und Veränderung entspringt. Auf ähnliche Weise maßen die Menschen früher den Raum, zum Beispiel die Entfernung zwischen zwei Dörfern, durch die Zahl der Schritte, die nötig waren, um von einem Dorf zu anderen zu kommen. Auf diese Weise kann die Zahl der Schritte oder das Maß eines bestimmten Vorganges benutzt werden, um eine Entfernung oder eine Zeit zu bestimmen.

Auch ist die Atomzeit ein Maß für die Zahl von Vorgängen, in diesem Fall von Vorgängen, die im Quantenbereich stattfinden. Mit anderen Worten: Die Ordnung der Abfolge, die von den in unserer modernen Welt so allgegenwärtigen Uhren angezeigt wird, ist nicht «vorgegeben», sondern entsteht aus vorausgehenden Empfindungen eines Ablaufes und einer Veränderung. In diesem Sinne sollen primitive Stämme im «ewigen Jetzt» leben. Während die Gruppe auf Jagd ist, wirkt sie wie ein Einzelbewußtsein, in Harmonie mit der sich ständig verändernden Ordnung der Jagd, den Bewegungen des Waldes und des Wildes. Folglich ist die Zeitordnung der Jagd ein extrem komplexer Tanz, den man sich als auf einer impliziten Ebene ablaufend vorstellen kann. Das Bewußtsein, das dieser höchst subtilen Zeitordnung entspricht, ist in der Lage, sich in die raschen und fließenden Bewegungen des Waldes hinein auszudehnen.

Auch wenn der Stamm nicht auf der Jagd ist, lebt er im Alltag in Zeitordnungen, die durch Gebräuche und Rituale strukturiert sind, welche mit den Veränderungen der Natur im Einklang stehen – mit der allmählichen oder raschen Veränderung der Morgendämmerung, mit Hunger und Essen, mit Tag und Nacht, mit Zu- und Abnahme des Mondes, mit dem Kommen von Regenzeiten und Dürre und dem Fortschreiten der Jahreszeiten. Eine solche Zeitordnung ist ihrem Wesen nach ein ewiger Rhythmus, in dem der Wandel im Zeichen der ewigen Wiederkehr steht. Einige Anthropologen sind der Meinung, daß die Zeitordnungen, die in den Ritualen und Gebräuchen gefeiert werden, die Wirkung haben, die ganze Gesellschaft zu einem Kollektivbewußtsein zusammenzuführen.

Das Wesen dieser «Stammesordnung» der Zeit ist sowohl ewig als auch beweglich. Denn jede Morgendämmerung ist neu und dennoch stets derselbe Vorgang. Beim Erwachen zur Morgendämmerung ist der Geist hellwach, um neue Bewegungen und Empfindungen einer subtilen und raschen Natur wahrzunehmen; und doch ist diese Morgendämmerung auf einer tieferen Ebene eins mit jeder anderen Morgendämmerung, die der Stamm wahrnimmt. So ist der Tagesanbruch sowohl fließend in seiner Bewegung als auch Teil einer ewigen Ordnung des Stammes. Daß ein Augenblick gleichzeitig «zeitvoll» und «zeitlos» sein kann, erscheint in unserer Zeitvorstellung paradox. Wir sollten jedoch nicht vergessen, daß diese zeitlose/zeitvolle Ordnung in der Lage war, menschliche Gesellschaften auf effektive und sinnvolle Weise zusammenzuhalten, denn in dieser Ordnung des Wandels und der Wiederkehr hatte jede Handlung ihren Platz und ihren Sinn. Zweifellos hat dieser Sinn etwas mit der Synchronizität gemeinsam, die aus dem zeitlosen ewigen Augenblick erwächst, der voller Veränderungspotential ist.

Diese ewige Ordnung existiert noch in der katholischen Messe, wo der Akt der Verwandlung in der Eucharistie die Gemeinde mit einem zeitlosen Augenblick in Berührung bringt, in dem jeder historische Weiheakt mit seinem Ursprung in Christus vereinigt wird. Der heilige Augustin, der im vierten Jahrhundert lebende Philosoph, hat einige besonders bemerkenswerte Überlegungen über die Zeitordnung angestellt und behauptet, daß die Zeit nicht absolut und unabhängig sei, sondern nur in ihrem Vorübergehen bestehe. Die Vergangenheit ist vergangen, sagte er, und die Zukunft kommt erst noch; nur die Gegenwart existiert. In diesem Sinne können die Vergangenheit und die Zukunft nur in der Gegenwart vorhanden sein. Dies führt zu einer Zeitordnung, in der es «eine Gegenwart vergangener Dinge, eine Gegenwart gegenwärtiger Dinge und eine Gegenwart künftiger Dinge» gibt. Tatsächlich scheint Augustinus die Meinung zu vertreten, daß die unmittelbarste Wahrnehmung, aus der Zeit entsteht, die direkte Wahrnehmung der Veränderung ist, «denn die Gegenwart gegenwärtiger Dinge ist ihr Anblick».

Paradoxerweise aber war gerade die christliche Vorstellung von der Zeit dafür verantwortlich, daß die Idee einer ewigen Ordnung zerstört wurde. Denn diese steht in klarem Gegensatz zu dem Glauben, daß «Christus für unsere Sünden gestorben ist». Mit anderen Worten: Über das christliche Europa breitete sich die Vorstellung einer Zeit mit einem Anfang und einer linearen Ordnung der Abfolge aus, die sich in die Zukunft erstreckt. Diese Ordnung der Abfolge wurde durch Newton endgültig formuliert.

Tatsächlich war diese Umwandlung der Zeitordnung aber wahrscheinlich das Ergebnis einer viel tieferen und viel früher beginnenden Bewegung innerhalb der gesamten Bewußtseinsordnung der Gesellschaft und des Einzelwesens. Als sich das Bewußtsein der Gesellschaft immer mehr vom direkten Kontakt mit den Harmonien der Natur entfernte und sinnvolles Planen, Kontrollieren und die ersten Technologien sich zu entwickeln begannen, fing eine neue Zeitordnung an, in der die Idee des «Werdens» über die Idee des «Seins» herrschte. Auf diese Weise identifizierte sich die Gesellschaft mit einer linearen Zeit der Abfolge von der Vergangenheit in die Zukunft.

Als sich die Gesellschaften weiterentwickelten, konnten sie für die Zukunft planen, konnten Getreide für schlechtere Jahreszeiten lagern, konnten langfristige Bauprojekte organisieren, große Massen von Bürgern lenken und die Natur zunehmend kontrollieren. Derartige Gesellschaften fühlten zweifellos, daß sie in einer Art Fortschritt, Wachstum, Verbesserung und Anhäufung von Reichtum und Wissen begriffen waren. In ihrer Bewegung aus der Vergangenheit in die Zukunft blieb die Gesellschaft nicht sie selbst in einem «ewigen Jetzt», sondern entfernte sich ständig weiter von sich selbst in einen dauernden Versuch, «besser» zu werden. In gleicher Weise wurde das Leben des Einzelmenschen auf einer linearen Zeitskala ausgedehnt, und während er sich in die Zukunft bewegte, strebte er nach der Anhäufung von Macht, Reichtum und Wissen.

Durch die Annahme dieser neuen Zeitordnung wurde die Gesellschaft nicht länger von innen durch einen Sinn, sondern von außen durch eine absolute Zeitordnung bestimmt. In dieser Ordnung erhalten die Aufgaben eine Priorität und einen Wert innerhalb der Zeit. Tatsächlich gibt es oftmals nicht «genug Zeit», so daß viele wichtige Aktivitäten aufgeschoben werden müssen bis «morgen». Von jedem wichtigen Vorgang meint man, daß er innerhalb der Zeit stattfindet. Die Individuen sind nicht mehr durch die komplexen Zyklen, Riten und Bewegungen der Natur, der Gesellschaft und des Bewußtseins miteinander verbunden, sondern sie sind an eine ziemlich mechanische Zeitordnung gebunden, an einen «ständig fließenden Strom», der auf seinem Weg alles mit sich reißt.

Innerhalb der westlichen Gesellschaft ist man der Auffassung, daß diese Zeitordnung und die Idee des Fortschritts, die sie begleitet, so selbstverständlich sind, daß man die früheren zeitlosen/zeitvollen Ordnungen für Illusionen hält oder als religiöse Märchen für Schwachsinnige ansieht. Auf jeden Fall gibt es nicht genügend Zeit, um über die Ewigkeit nachzudenken. Derartige Dinge überläßt man besser den Alten oder dem eigenen Tode, in dem alle Bewegung in der Ewigkeit ihr Ende findet.

Diese starre Zeitordnung der Aufeinanderfolge hat begonnen, die Ordnung des Individuums zu beherrschen, und ist wiederum auf die Gesellschaft und die Natur projiziert worden. Innerhalb dieser Ordnung herrschen Aufteilung und Zersplitterung vor, denn das Leben wird nicht mehr von einem Sinn getragen, sondern wird durch die menschliche Ordnung der Aufeinanderfolge bestimmt. So trennt sich der Geist vom Körper, das Einzelwesen von der Gesellschaft und die Gesellschaft von der Natur. Nur wenn man diese Ordnungen der Aufeinanderfolgen an ihren richtigen Platz stellt, wird sich das Selbst aus der rastlosen Bewegung des «Fortschritts» befreien können; dann wird sich seine Wahrnehmung in die ganze Weite des Bewußtseins mit all seinen subtilen Ordnungen erstrecken.

In seinen Anfängen besaß das Selbst nur eine relativ geringe Unabhängigkeit im Rahmen des Bewußtseins der Gesellschaft, das sich hinausbewegte in die weiteren Lebensordnungen im allgemeinen und möglicherweise noch darüber hinaus. So mag das Shang-Volk gelebt und seine Schildkrötenpanzer-Orakel ausgeführt haben. Die Shang-Gesellschaft war in der Lage, sich klar von der Welt abzugrenzen und dem Einzelmenschen eine relative Unabhängigkeit zu gewähren und dennoch einen direkten Kontakt mit der Natur aufrechtzuerhalten. Die Ordnung der Gesellschaft umschloß deshalb die sehr subtilen Ordnungen der Natur und die zeitlosen/zeitvollen Ordnungen. Eine solche Gesellschaft konnte neben der ewigen Zeitordnung auch die Zeitordnung der Aufeinanderfolge benutzen, die bei der Planung für die Zukunft, beim Nachdenken über besondere Aufgaben und bei der Teilung der Aufgaben von Gesellschaft und Individuum nützlich ist. Hierdurch waren die Shang fähig gewesen, Befehls- und Kontrollstrukturen zu entwickeln, die nötig waren, um langfristige Bauprojekte durchzuführen. Obwohl die Shang in der Lage waren, ihre Gesellschaft klarer und fester als, sagen wir, die Naskapi zu strukturieren, konnten sie aber auch durch ihren täglichen Orakelritus zur globalen Ordnung des Bewußtseins zurückkehren. Hierdurch wurden die verschiedenen relativ festgefügten Ordnungen der Gesellschaft durch die Synchronizitätshandlung, die der Kaiser vornahm, ständig durchdrungen.

Als aber die Gesellschaften immer komplexer wurden und immer mehr Kontrolle über die Natur und ihre eigene Organisation zu gewinnen trachteten, nahm die Wichtigkeit der Ideen des Fortschritts und des «Werdens» zu. Das Individuum identifizierte sich immer mehr mit diesem Gedanken des Fortschritts, und so begann das Selbst souverän zu herrschen. Auf dem Höhepunkt der Renaissance schließlich wurde der höchste Wert dem Selbst zuerkannt.

In jedes Teil ist das Ganze eingefaltet, so daß jedes Element ein Mikrokosmos des Makrokosmos wird. In diesem Sinne stellt das Individuum wahrlich ein Bild einer umfassenderen Realität mit all ihren komplexen Ordnungen dar. Solange das Selbst ein fließendes Element innerhalb dieses Mikrokosmos ist, erhalten von der schöpferischen Quelle und mit dem Ganzen des Bewußtseins und der Natur verschmelzend, ist seine Identifizierung mit dem Urgrund aller Dinge nicht vollkommen falsch. Wenn sich dieses Selbst jedoch immer starrer mit vorgegebenen Strukturen und mit der auf Abfolge beruhenden Ordnung des Werdens identifiziert, beginnt es zu glauben, daß es die einzige und wahre Quelle allen Fortschritts und aller Kreativität ist. Aus seiner starren und begrenzten Ordnung heraus konstruiert dieses Selbst ein *Bild* des Ewigen, das es dann zu erreichen trachtet. Das Selbst wird absolut und benutzt alle Energien, die ihm im Rahmen der Entfaltung des Individuums zur Verfügung stehen, um das Bild aufrechtzuerhalten, das es selbst erzeugt hat. Es ist diesem Bild verhaftet, das es für ewig hält und mit der schöpferischen Quelle gleichsetzt.

Indem das Selbst von seinen festgefügten Formen und seiner relativ begrenzten Ordnung ausgeht, hält es sich für den Ursprung und Bewahrer aller Dinge. Es hat die innere und äußere Realität vermengt und unterdrückt jede Wahrnehmung subtilerer Bereiche und Ordnungen des Bewußtseins. So werden der Sinn und die Zeitordnungen der Natur immer undeutlicher. Es ist, als ob ein Mensch ein Picknick neben einer Autobahn macht: Das Geräusch des Verkehrs übertönt die zarteren Stimmen der Natur, der Vögel, der Insekten und des Windes in den Bäumen. Auf ähnliche Weise übertönt das Geräusch des Selbst die Bewegungen der flexibleren Ordnungen des Bewußtseins und die Verbindungen des Individuums zur Gesellschaft und zur Natur. Um ein anderes Bild zu gebrauchen: Das Selbst ist wie ein Fernsehempfänger, der eingeschaltet bleibt, während jemand im gleichen Raum mit einer wichtigen Aufgabe beschäftigt ist. Die Aufmerksamkeit des Arbeitenden wandert dauernd zu den aufflackernden, eindringlichen Bildern auf dem Bildschirm. Diese Bilder sind ihrem Inhalt nach recht unbedeutend, verglichen mit der zu erledigenden Aufgabe; es ist aber gerade die Verführung durch ihre Farbe und Bewegung, die die Aufmerksamkeit von den feineren und wichtigeren Bewegungen der Aufgabe ablenkt.

Auf diese Weise hat sich das Selbst vom Bereich des umfassenden Bewußtseins abgespalten und wurde von der Kreativität abgeschnitten, so daß eine Synchronizität heute als ein seltener und vereinzelter Vorgang erscheint und nicht als ein natürlicher Aspekt der allgemeinen Ordnung der Zeit und der Entfaltung. Ähnlich hat sich die Gesellschaft einer beinahe statischen Sicht der Zeit verschrieben, in der die Gegenwart das Erbe der Vergangenheit und die Zukunft weitgehend vorherbestimmt ist. Auf der Suche nach dem Ewigen haben sich das Selbst und die Gesellschaft eingegrenzt. Obwohl überall um sie herum die Natur in schneller und subtiler Bewegung begriffen ist, sind die Menschen von dem weiten Spielfeld ihres Bewußtseins abgeschnitten und nur noch frei, aus begrenzten, festen Positionen heraus tätig zu sein. So gehen ganze Bereiche des Bewußtseins der direkten Wahrnehmung verloren und werden jetzt für «unbewußt» gehalten oder werden – wie die Gesellschaft und die Natur – als außerhalb des individuellen Geistes befindlich angesehen.

In Wahrheit ist aber kein Bereich des Bewußtseins wirklich dem Gewahrsein verschlossen. Es ist möglich, daß der Geist sich in die Gesellschaft und in die Natur hinausbewegt und in ihre tieferen und subtileren Gebiete eindringt, die Jung das «kollektive Unbewußte» genannt hat. Trotz der beherrschenden Rolle, die das Selbst spielt, und trotz der mechanischen Ordnungen in der Gesellschaft und der Bewegung der Zeit im Sinne einer Abfolge wirkt die Kreativität noch in begrenzten Bereichen, und zumindest dort gibt es für jeden einzelnen von uns noch eine Ahnung eines tieferen Gewahrseins. Wenn jemand Musik hört, ein Kunstwerk betrachtet, von der Schönheit der Natur überwältigt ist oder eine neue Beziehung eingeht, kann er tief bewegt werden und das Gefühl haben, daß er mit etwas in Berührung kommt, das außerhalb seines Selbst liegt. In solchen Zeiten mag es sogar das Gefühl der Auflösung von fixierten Ordnungen geben, des zeitweiligen Aufhörens der Zeit und des Verlustes des Selbst. Dies kann auch geschehen, wenn die mechanischen Ordnungen der inneren und äußeren Welt sich während des Schlafens, bei Halluzinationen oder intensiver schöpferischer Arbeit nicht so aufdrängen wie während des «normalen Wachbewußtseins». In diesen Fällen wird die Wahrnehmung viel weiter und tiefer, und die Kreativität kann aus einer flexibleren und energiereicheren Ordnung heraus wirken.

Synchronizitäten verfügen zweifellos über genau diese Eigenschaft, denn sie öffnen die Schleusentore zu den tieferen Schichten des Bewußtseins und der Materie, die für einen schöpferischen Augenblick den Geist überfluten und die Teilung zwischen dem Inneren und dem Äußeren heilen. Etwas Ähnliches mag in dem eine Rolle spielen, was der Psychologe Abraham Maslow als «Gipfelerfahrungen» bezeichnet hat: plötzliche ekstatische Momente großen Glücks, großer Ehrfurcht und eines Gefühls der Einheit, das zu heiterer Gemütsruhe und Beschaulichkeit führt.[1] Synchronizitäten, göttliche Offenbarungen, Gipfel- und mystische Erfahrungen sind Fälle, in denen die Kreativität die Schranken des Selbst durchbricht und dem Gewahrsein erlaubt, das ganze Reich des Bewußtseins zu durchdringen. Dies ist der menschliche Geist, der für einen Augenblick in seiner wahren Ordnung arbeitet, sich über die Gesellschaft und die Natur ausdehnt und durch Ordnungen von zunehmender Subtilität bewegt – wobei er über die Quelle von Geist und Materie in die Kreativität selbst hineinreicht.

Solche Erfahrungen setzen Sinn, Energie und Kreativität in erheblichem Ausmaß frei und vermitteln eine Ahnung von der völligen Umwandlung, die für das Individuum wie für die Gesellschaft möglich ist. Doch in vielen Fällen kehren Menschen nach solchen Erfahrungen unverändert in ihr normales Leben zurück, höchstens mit der Erinnerung an ein außergewöhnliches Erlebnis. Nur in Ausnahmefällen führt diese Öffnung der Schleusentore des Bewußtseins zu einer wahren und dauerhaften Umwandlung, in der das Selbst von der begrenzten Ordnung der Zeit befreit wird. Bertrand Russell schreibt in seiner Autobiographie, daß er in jungen Jahren ziemlich puritanisch und hauptsächlich mit Abstraktionen beschäftigt gewesen sei und nicht mit den mehr menschlichen Gefühlen. Eines Tages begegnete er der Frau seines Kollegen A. N. Whitehead, die heftige Schmerzen litt. In seiner Autobiographie schreibt er darüber:

> Sie schien von jedem und allem durch Mauern der Qual getrennt zu sein, und das Empfinden von der Einsamkeit jeder menschlichen Seele überwältigte mich plötzlich.[2]

Russell beschreibt im weiteren ein Gefühl, als ob der Boden unter ihm versänke und er sich in einer ganz anderen Welt befände, so daß

> ... ich am Ende dieser fünf Minuten ein völlig anderer Mensch geworden war. Eine Zeitlang hielt mich eine Art mystische Erleuchtung gefangen ... Ich war erfüllt von beinahe mystischen Gefühlen der Schönheit, einem starken Interesse für Kinder und von einem Verlangen, fast so tief wie das des Buddha, eine Philosophie zu entdecken, die das menschliche Leben erträglich machen würde.[3]

Russell berichtet, daß die Vision dann schwächer wurde, aber

> ... etwas von dem, was ich in diesem Augenblick gesehen habe, ist immer bei mir geblieben und hat mein Verhalten während des Ersten Weltkrieges, mein Interesse an Kindern, meinen Gleichmut gegenüber kleinen Mißgeschicken und eine bestimmte gefühlsbetonte Stimmung in all meinen menschlichen Beziehungen zur Folge gehabt.[4]

Wenn man Russell Glauben schenkt, dann hat diese Erfahrung eines tieferen Gewahrseins sein ganzes Leben verändert. In den meisten Fällen halten sich solche Wandlungen jedoch in engen Grenzen, denn unser mechanisches Selbst ist niemals subtil genug, um die tieferen und schnelleren Bewegungen des Bewußtseins zu erfassen und sich in ihnen zu verlieren. Das Selbst ist vielmehr von reaktiven Gefühlen und relativ mechanischen Gedanken durchdrungen. Obwohl die Wirkungsweise des Denkens weit subtiler in ihrer Bewegung ist als die Ordnungen der groben Materie, ist es dennoch begrenzt im Vergleich zu den tieferen Bewegungen, die in unserem Bewußtsein potentiell vorhanden sind. Zweifellos ist es nur möglich, das Individuum grundlegend zu verändern, wenn es gelingt, den beschränkten Ordnungen des Selbst, die auf dem Haften an einer bestimmten Vorstellung vom Selbst basieren, ein Ende zu machen. Selbst im Falle Bertrand Russells war das Ausmaß seiner Umwandlung wahrscheinlich begrenzt, wurde sie nur in bestimmten Bereichen seines Lebens und seiner Persönlichkeit wirksam. Ist eine tiefere Umwandlung, in der Kreativität in *alle* Bereiche des Bewußtseins fließt, überhaupt möglich?

Nach den Traditionen des Fernen Ostens und den Schriften bestimmter westlicher Mystiker ist ein «Beenden der Zeit»* möglich, was bedeutet, daß das Haften an einer begrenzten Ordnung des Werdens aufhören kann. Dies ist auch gemeint mit dem «Tod des Ich», einem Tod, in dem das absolute Bild der Ewigkeit, das das Selbst für sich geschaffen hat, abstirbt und mit ihm all die starren, mechanischen und begrenzten Ordnungen, die den Kreativitätsfluß blockieren. In einer derartigen Umwandlung wird die Trennung zwischen Geist und Körper, Individuum und Gesellschaft aufhören, und das Bewußtsein wird sich erweitern, so daß es die globale Ordnung der ganzen Natur umfaßt und noch darüber hinausreicht. Eine derartige Umwandlung ist zweifellos nicht auf den Geist des Einzelmenschen beschränkt, sondern betrifft die ganze Gesellschaft. Die auf Abfolge beruhende Ordnung der Zeit wird bleiben, doch sie wird jetzt ihren Platz zur Lösung bestimmter praktischer Probleme innerhalb eines Spektrums von Zeitordnungen eingenommen haben. Gleichermaßen wird das Selbst oder Ich weiter seine Rolle im Leben der Einzelperson der Gesellschaft spielen.

Das Individuum und die Ganzheit

Die Synchronizität vermittelt uns ein Bild, wie solch eine Umwandlung aussehen könnte, denn in dem Wirken ihrer sinnvollen gleichzeitigen Ereignisse endet die Zeit, und die Kreativität löst alle Strukturen und Unterscheidungen auf und überschreitet sie. Synchronizität ist ein Bild der kreativen Quelle, denn innerhalb ihres zeitlosen Augenblicks dehnt sich das Gewahrsein über die Gesamtheit von Bewußtsein und Materie aus und erzeugt ein tiefergreifendes Identitätsgefühl. Aus diesem zeitlosen Augenblick fließen die Ereignisse und die Muster der Synchronizität; sie erstrecken sich über die künstlichen Unterschiede zwischen Geist

* Diesem Thema ist das Buch *Vom Werden zum Sein* von Jiddu Krishnamurti und David Bohm, O. W. Barth Verlag, Bern u.a. 1987, gewidmet. (Anm. d. Hrsg.)

und Materie, Selbst und Körper, Individuum und Gesellschaft, Gesellschaft und Natur. Synchronizität ist deshalb ein Hinweis auf eine viel größere Umwandlung, ein Hinweis auf ein kreativeres Leben, in dem das Selbst seinen angemessenen Platz innerhalb des Bewußtseins einnimmt.

In vielen zeitgenössischen Büchern wird diese Vorstellung der Ganzheit und der Überwindung starrer Unterscheidungen in einer ziemlich unklaren und nebulösen Weise dargestellt. Der Gedanke des «Holismus» ist in der Tat ziemlich in Mode gekommen, und oft wird hier das Bild eines Selbst vermittelt, das im warmen Bad einer geistlosen Brühe aufgeht. Diese Vorstellung des Holismus ist dem in diesem Buch verfolgten Denkansatz fremd. Ein besseres Bild ist das einer gespannten, vibrierenden Stille. Diese Erfahrung der Stille wird manchmal während kreativer Arbeit, in engem Kontakt mit der Natur oder in einigen Formen der Meditation gemacht. Sie kann als Leere *und* Fülle beschrieben werden. Sie ist «leer», weil die ständige Bewegung des Werdens und der auf Abfolge beruhenden Ordnungen des Denkens sich verlangsamt und schließlich zum Stillstand kommt, was uns das Gefühl gibt, von den Bindungen an fixierte Positionen befreit zu sein. Das ständige Kreisen der Gedanken, in Indien mit dem ruhelosen Umherturnen eines Affen verglichen, beginnt sich zu verlangsamen, während Körper und Geist ruhig werden, so daß eine viel subtilere Bewegung wahrgenommen werden kann. Sie ist «voll», weil die gespannte Wachheit und das Gewahrsein, die immer vorhanden waren, jetzt unmittelbarer erfahren werden.

In dieser Stille werden Geist und Körper nicht länger getrennt erlebt, und eine großartige Energie durchströmt das gesamte System. Ein Mensch fühlt sich nicht länger durch die Zeit gebunden und eingeschränkt; er ist hellwach, vibriert fast vor klarer Aufmerksamkeit. Diese Stille kann dann zu wirksameren Formen der Tätigkeit führen, in denen Geist und Körper, Aufmerksamkeit und Gewahrsein, Selbst und Bewußtsein nicht länger getrennt sind. Es ist nicht die Stille des Schlafes oder die der Langeweile, sondern die des Tigers im Wald oder eines Geistes, der sich völlig auf eine schöpferische Aufgabe konzentriert.

Die Verschmelzung mit dem Ganzen ist daher kein Eintauchen

in ein Bad der Unterschiedslosigkeit, sondern ein Erwachen zu einem Zustand gesteigerter Wahrnehmungsfähigkeit und Aktivität, denn das Ganze ist reich strukturiert und enthält viele Ordnungen von großer Dynamik und Subtilität. Die Realität entspringt der Quelle unbeschränkter Kreativität und erzeugt durch ihr Wirken Ordnungen und Unterscheidungen von immer höheren Graden. Die Welt der Materie entfaltet sich zum Beispiel aus ihren impliziten Ordnungen in explizite Formen, die dann auf die ihnen zugrunde liegenden Ebenen zurückwirken. Solch ein Ganzes ist zweifellos nicht strukturlos, denn es ist in seinem dynamischen inneren Wirken besonders vielfältig. In ihm kann das materielle Universum keinesfalls als eine «Illusion» betrachtet werden, da das Explizite *wie* das Implizite bei der Schöpfung der Realität seine Rolle zu spielen hat.

Bei der Überwindung der Trennung zwischen dem Selbst und dem Ganzen geht die Individualität daher nicht verloren, noch wird die Welt als eine Illusion und die Zeit als unwirklich betrachtet. Vielmehr haben das Selbst, die Materie und die Zeit ihren Platz innerhalb der subtileren Ordnungen der Bewegung, die sich aus der Quelle entfalten. Ewigkeit existiert nicht außerhalb des Selbst; vielmehr sind Ewigkeit und die Zeit gleich wirklich und haben ihren Ursprung in einer gemeinsamen Quelle. In gleicher Weise bedeutet das Absterben des Selbst kein Aufgeben aller Identität oder Handlungsfreiheit in der expliziten Welt. Es bedeutet vielmehr ein Absterben der Bindungen an starre, feste Formen und die Entfaltung der Zeitordnung der Abfolge in eine umfassendere Ordnung. Das Selbst lebt weiter, aber als *ein* Aspekt der subtileren Bewegung, die die Ordnung des gesamten Bewußtseins umfaßt.

Diese Bewegung, die aus der schöpferischen Quelle wirkt, hat auch eine Auflösung der Zersplitterung (die als die Spaltung von Dingen, die zusammengehören, und das Zusammenwerfen von Dingen, die auseinandergehören, definiert werden kann) zur Folge. So bedeutet die Auflösung der Zersplitterung nicht das Aufgeben aller Unterscheidungen und Kategorien; vielmehr werden Unterschiede ständig neu geschaffen, verändert und in Harmonie mit der allgemeinen Bewegung der Realität wieder aufgelöst.

Am Anfang der Zivilisation mag das Begehren, zu staunen, zu verehren und zu verstehen ein einheitliches Gefühl gewesen sein. Zumindest ist dies der Eindruck, den wir aus den frühesten Mythen, Ritualen und Kunstwerken gewinnen. Das Wissen, das aus diesem Verstehen erwuchs, und die Sozialstrukturen, die sich aus dem religiösen und sozialen Empfinden entwickelten, waren – wenn auch recht beschränkt und undifferenziert – dennoch tief von einem Sinn durchdrungen. Es ist dieses Empfinden für Sinn und Einheit, das unserem Leben, unseren Beziehungen und unseren Institutionen heute so sehr fehlt. Wo immer die Notwendigkeit für schöpferische Veränderungen und Umwandlung erkannt wird, entartet sie im allgemeinen bald zu einer begrenzten Folge von Reaktionen und zu ziemlich starren Strukturen. Irgendwo auf ihrem Weg hat die Menschheit den Geschmack daran und die Begeisterung dafür verloren, einfach am Leben zu sein!

In der Zeit der alten Griechen gab es ein starkes Verlangen nach Verständnis. In ihren Anfängen machte die Philosophie keinen Unterschied zwischen Religion und Naturwissenschaft; alles entsprang derselben Quelle des Staunens und der Ehrfurcht. Philosophie befaßte sich mit dem Ursprung, der Quelle und dem Wesen aller Dinge, damit, wie ein bestimmtes Wissen erlangt werden kann, mit dem Wirken von Vernunft und Sprache, mit dem rechten Verhalten des einzelnen und dem richtigen Funktionieren der Gesellschaft. Philosophie war ein Ganzes, in dessen Rahmen alle Dinge und alle Fragen erforscht werden konnten. Ihr Zweck war, den menschlichen Geist zu bereichern und ihm größere Freiheit zu schenken.

Im Verlauf der Jahrhunderte begann die Naturwissenschaft jedoch, sich von der Philosophie zu trennen, bis es zu dem heutigen Zustand kam, wo viele Wissenschaftler nur noch wenig Zeit für philosophische Überlegungen haben. Gleichzeitig teilte die Naturwissenschaft sich in eine Vielzahl verschiedener Gebiete und Disziplinen auf, und auch die Philosophie teilte sich in eine Anzahl von engbegrenzten akademischen Fächern. Aus dem Verstehen ist heute die Anhäufung von Wissen geworden, und das Wissen selbst ist unterteilt in Myriaden von Spezialgebieten. Während unser Wissen vom Universum und von uns selbst so immer detaillierter und differenzierter geworden ist, beginnt es alles Empfinden für seinen größeren Zusammenhang zu verlieren. Es wird Wissen ohne Sinn und ohne Verstehen. All die verschiedenen modernen Wissensgebiete müssen aber ganz sicher auf einer tieferen Ebene miteinander in Wechselbeziehung stehen. Die Art, in der wir zum Beispiel das materielle Universum betrachten, hat tiefgreifende Auswirkungen auf die Art, wie wir uns in unserem täglichen Leben verhalten. Unsere «Psychologie» kann nicht von der ganzen Ordnung und dem Wesen der Gesellschaft, in der wir leben, unterschieden werden. Philosophie, Psychologie, Naturwissenschaft, Kunst und Religion entstammen alle einer tiefen menschlichen Reaktion auf das Universum und können nicht isoliert verfolgt werden, sondern müssen immer in einem viel umfassenderen Zusammenhang betrieben werden.

Was hier angestrebt wird, ist nicht die Rückkehr zum Denken beispielsweise der alten Griechen, sondern ein Schritt nach vorn zu einer größeren Sensibilität und Kenntnis der unbegrenzten Möglichkeiten und Kraftreserven des gesamten Universums. Dieses Buch nahm seinen Ausgang von einer Diskussion der Synchronizität, von einem sinnvollen Zusammentreffen von Ereignissen, das im Widerspruch zu den normalen in unserem Universum wirkenden Kausalitätsgesetzen zu stehen scheint. Zunächst mögen die speziellen Erscheinungen einer Synchronizität eher belanglos und nicht besonders aufregend ausgesehen haben; sie waren aber einfach als Hinweise gedacht, als winzige Sprünge in der Oberfläche unserer Rationalität, durch die wir in eine viel tiefere Welt, die dahinterliegt, hineinschauen können. Sie läßt uns erkennen, daß wir unser Leben und unsere Zivilisation auf eine Illusion gegründet haben: die Illustion, daß das Selbst die letzte Wirklichkeit ist, daß das Werden wichtiger ist als das Sein, daß der zeitweilige Fortschritt bedeutsamer ist als die unendlich subtileren Zeitordnungen, die mit der Ewigkeit verschmelzen, und daß die oberflächliche Realität der Dinge gewichtiger ist als die ihnen zugrunde liegenden verborgenen Ordnungen.

Synchronizitäten haben uns eine Tür zur kreativen Quelle unendlichen Kraftpotentials aufgetan, zum Ursprung des Universums selbst. Sie haben gezeigt, daß Geist und Materie nicht getrennte, voneinander unabhängige Aspekte der Natur sind, sondern daß beide aus *einer* tieferen Ordnung der Realität hervorgehen. Synchronizitäten weisen darauf hin, daß wir unsere Verbindungen mit der schöpferischen von Bedingungen freien Quelle erneuern können, die nicht nur unser Ursprung, sondern Ursprung aller Realität ist. Indem das Selbst und sein mechanisches, reaktives Verhalten gegenüber der Natur absterben, wird es möglich, in eine aktive Umwandlung einzutreten und Zugang zu unbegrenzten Energiebereichen zu gewinnen. So können Körper und Bewußtsein, Individuum und Gesellschaft, Geist und Materie zur Entfaltung ihres unbegrenzten Potentials gelangen.

Synchronizitäten haben so als Startpunkte auf einer Reise gedient, die uns an die Grenzen menschlicher Vorstellungskraft geführt hat. Wenn wir uns klarmachen, daß unser Bewußtsein unbegrenzt ist, dann wird es uns möglich, in eine schöpferische Umwandlung des eigenen Lebens und unserer Gesellschaft einzutreten. Aus dieser Sicht brauchen wir dann keine Schildkrötenpanzer und Schafgarbenstengel mehr, denn wir haben gelernt, mit der Weisheit und dem Verständnis zu leben, die seit den Anfängen der Menschheit in uns gegenwärtig sind.

Anmerkungen

1. Der Physiker und der Psychologe

1. *Der Große Brockhaus*, Kompaktausgabe, Wiesbaden 1984.
2. T. E. Lawrence: *Die sieben Säulen der Weisheit*, München (List) 1988.
3. W. Wordsworth: «Ode: Intimations of Immortality».
4. J. A. Wheeler in Paul Buckley und F. David Peat: *A Question of Physics*, London (Routledge and Kegan Paul) 1979.
5. Paul Kammerer: *Das Gesetz der Serie*, Stuttgart, Berlin (Deutsche Verlagsanstalt) 1919. Zitiert in: Arthur Koestler: *Die Wurzeln des Zufalls*, Frankfurt/Main (Suhrkamp) 1974.
6. Siehe Arthur Koestler: *Der Krötenküsser*, Der Fall des Biologen Paul Kammerer, Wien/München/Zürich, 1972, und Alister Hardie, Robert Harvie und Arthur Koestler: *The Challenge of Chance*, London (Hutchinson) 1973.
7. Sigmund Freud und C. G. Jung: *Briefwechsel*, hrsg. v. William McGuire und Wolfgang Sauerländer, Frankfurt/Main (S. Fischer) 1974.
8. Ebenda.
9. *Erinnerungen, Träume, Gedanken*, aufgezeichnet und hrsg. von Aniela Jaffé, Zürich (Rascher) 1968.
10. Ebenda.
11. Ebenda.
12. W. Heisenberg: *Der Teil und das Ganze*, München/Zürich (Piper) 1969.
13. Wolfgang Pauli: *Relativitätstheorie*, Leipzig, Encyklopädie der mathematischen Wissenschaft, Band 5, Teil 2, 1921.
14. Albert Einstein: «Rezession», in: *Naturwissenschaften*, 10. 1922.
15. Heisenberg, op. cit.
16. B. L. von der Waerden (Hrsg): *Sources of Quantum Mechanics*, New York (Dover) 1968.

17. John Hendry: *The Creation of Quantum Mechanics and the Bohr- Pauli Dialogues*, Boston (D. Reidel) 1984.
18. C. G. Jung: *Über Grundlagen der Analytischen Psychologie*, Die Tavistock Lectures, stark rev. Neuauflage, in: *Das symbolische Leben*, Verschiedene Schriften, Gesammelte Werke, Bd. 18, Olten (Walter) 1981.
19. Ebenda.
20. C. G. Jung: *Psychologie und Alchemie*, Gesammelte Werke, Bd. 12, 1952, Neuausgabe 1980, Olten (Walter).
21. Ebenda.
22. H. B. G. Casimir: *Haphazard Reality*, New York (Harper & Row) 1983.
23. Zitiert in Richard Wilhelm: *Das Geheimnis der Goldenen Blüte*, Zürich (Rascher) 1929.
24. *Über Grundlagen der Analytischen Psychologie*, loc. cit.
25. C. G. Jung und W. Pauli: *Naturerklärung und Psyche* (Studien aus dem C. G. Jung-Institut Zürich, 4) Zürich (Rascher) 1952. Jungs Abhandlung «Synchronizität als ein Prinzip akausaler Zusammenhänge» findet sich auch in «Die Dynamik ders Unbewußten», Gesammelte Werke, Bd. 8.
26. Ebenda.
27. C. G. Jung: *Briefe*, Dritter Band. 1956–61, hrsg. von Aniela Jaffé in Zusammenarbeit mit Gerhard Adler, Olten (Walter).
28. Ira Progroff: Jung, *Synchronicity and Human Destiny*, New York (Julian Press) 1973.
29. Barbara Hannah: *C. G. Jung. Sein Leben und Werk*, Fellbach 1982.
30. M. L. von Franz: *Zahl und Zeit*, Stuttgart (Klett) 1970.
31. Heisenberg, op. cit.
32. Arnold Mindel: «Synchronicity, An Investigation of the Unitary Background Patterning Synchronous Phenomena», Dissertation, *Abstracts International*, 37:2, 1976.
33. Zitiert in *The Canadian Illustrated News*, 1870–1880.
34. Charles Darwin: *Erinnerung an die Entwicklung meines Geistes und Charakters* (Autobiographie), 1876–1881. *Tagebuch meines Lebens und Schaffens: 1838–1881*, Köln (Aulis Verlag) 1982.

2. Das mechanische Universum

1. David Hume: *Ein Traktat über die menschliche Natur*, übers. u. mit Anm. u. Reg. vers. von Theodor Lipps, mit neuer Einf. u. Bibliogr. hrsg. von Reinhard Brandt, Phil. Bibliothek, Bd. 283, Hamburg (Felix Meiner Verlag) 1978, S. 125 und 225.
2. Ebenda.
3. R. H. Peters: «Prediction and Understanding: Alternative Goals in

Science», Vortrag auf dem Symposium «Reductionism versus Holism», University of Ottawa, January 1985.

3. Das lebende Universum

1. Arthur Koestler, persönliches Gespräch mit dem Autor.
2. Helmut Wilhelm: *Sinn des I Ging*, Düsseldorf/Köln (Diederichs) 1972.
3. H. C. Yuan und B. M. Lake: «Nonlinear Deep Waves» in: *The Significance of Nonlinearity in the Natural Science*, hrsg. v. B. Kursunoglu, A. Perlmutter und L. F. Scott, New York (Plenum) 1977.
4. J. Scott Russell: «Report on Waves», Report of the British Association for the Advancement of Science, 1845.
5. Weitere Informationen über Solitone und andere nichtlineare Erscheinungen enthält F. David Peat und John Briggs: *Chaos and Order*, das demnächst bei Harper & Row erscheint.

4. Muster von Geist und Materie

1. Paul Buckley und F. David Peat: *A Question of Physics*, London (Routledge & Kegan) 1979.
2. In den letzten Jahren wurden Freuds Theorien und die Wirksamkeit seiner Methoden einer kritischen Neubewertung unterzogen. Siehe dazu A. Grünbaum: *The Foundations of Psychoanalysis*, Los Angeles (University of California Press) 1984.
3. Siehe beispielsweise Paul D. Mclean: «Der paranoide Zug im Menschen», in *Das neue Menschenbild*, hrsg. von Arthur Koestler und J. R. Smythies, Wien, München, Zürich (Molden) 1970.
4. Eric R. Kandel: «Small Systems of Neurons», *Scientific American*, 24. September 1979, S. 66–76.

5. Muster in den Knochen

1. H. B. G. Casimir: *Haphazard Reality*, New York (Harper & Row) 1983.
2. Frank G. Speck: *Naskapi: The Savage Hunters of the Labrador Peninsula*, The Civilisation of the American Indian, Bd. 10, Norman (University of Oklahoma Press) 1977. Ich erfuhr über die Naskapi auch von meinem alten Freund Dr. A. J. Ford von der Universität Montreal, der mit diesen Menschen gelebt und gejagt hat.

3. Te-k'un Cheng: *Archeology in China*, Bd. 2, Cambridge (Cambridge University Press) 1963.
4. J. Rawson: *Ancient China, Art and Archeology*, London (British Museum Publications) 1980.
5. D. N. Keightley: *Sources of Shang History*, The Oracle-Bone Inscription of Bronze Age China, Berkeley (University of California Press) 1979.
6. Einige Wissenschaftler im Westen sind der Meinung, daß diese Weissagung angewendet wurde, um den Anschein göttlicher Zustimmung für ein bestimmtes System politischer Kontrolle zu erwecken. Es gab tatsächlich eine Zeit, in der die Art der Vorbereitung der Panzer den Wahrsager befähigt haben könnte, die Richtungen der Risse vorherzusagen. Diese Methode änderte sich jedoch bald, und nach Meinung der meisten Fachleute benutzten die Shang das Orakel mit großer Ehrfurcht (Gespräch mit Dr. J. Hsu, Far Eastern Department, Royal Ontario Museum, Toronto).
7. R. Wilhelm: *I Ging*, Düsseldorf/Köln (Diederichs) 1. Auflage 1973; A. Douglas: *The Oracle of Change*, Harmondsworth (Penguin) 1971; G. Whincup: *Rediscovering the I Ging*, Garden City, New York (Doubleday) 1986; H. Wilhelm: *Sinn des I Ging*, Düsseldorf/Köln (Diederichs) 1972; Ching Chen Shiu-Chin: «How to form a Hexagram and Consult the I Ching», *Journal of the American Oriental Society*, 92:9, 1972:1237.
8. Chang Chen-lang: «An Interpretation of the Divinatory Inscriptions on Early Chou Bronzes», *Kaogu Xuebau* 4 (1980), 403–415.
9. Aus C. G. Jungs Vorwort zum *I Ging*.
10. M. L. von Franz: *Zahl und Zeit*, Stuttgart (Klett) 1970.
11 David Bohm und F. David Peat: *Science, Order and Creativity*, New York (Bantam) 1987.

6. Geist, Materie und Information

1. S. J. Snyder in *Science*, 225 (1984), S. 1255.
2. R. Sheldrake: *Das schöpferische Universum*, Die Theorie des morphogenetischen Feldes, München (Goldmann) 1985; siehe auch John P. Briggs und F. David Peat: *Looking Glass Universe*, New York (Simon and Schuster) 1984.
3. Siehe D. Bohm und B. Hiley: *The Causal Interpretation of Quantum Theory*, in Vorbereitung; siehe auch D. Bohm und F. David Peat: *Science, Order and Creativity*, New York (Bantam) 1987.

7. Die schöpferische Quelle

1. Lao-tzu: *Tao-te-ching*, Kap. 1.
2. Plotin: *Enneaden*.
3. John Wheeler in Paul Buckley und F. David Peat: *A Question of Physics*, London (Routledge & Kegan Paul) 1979.
4. A. D. Linde in *Report of Progress in Science*, 47, 1984, S. 925–986.
5. Alan Guth und P. J. Steinhart: «The Inflationary Universe», *Scientific American*, 20:5, Mai 1984, S. 116–128.
6. C. G. Jung: «Septem Sermones ad Mortuos», in *Erinnerungen, Träume, Gedanken*, hrsg. v. A. Jaffé, Zürich, Stuttgart (Rascher) 1962, S. 389.
7. Ebenda, S. 390.
8. Bertrand Russell: *Autobiographie*, Bd. 3, Frankfurt/M. (Suhrkamp) 1973.
9. Ebenda.
10. George Spencer-Brown: *Laws of Form*, New York (Julian Press) 1972.
11. G. M. Edelman und V. B. Mountcastle: *The Mindful Brain*, Cambridge (MIT Press) 1978.
12. Jedoch nicht alle teilen diese Ansicht; Marvin Minsky, einer der «Väter» der künstlichen Intelligenz, hat dahingehend argumentiert, daß die formale Logik *keine* bedeutende Rolle in der Struktur des Geistes spielt, sondern daß sich Reihen von Erfahrungsregeln, Ausnahmen und Gegenregeln zu einem komplexen Ganzen «nicht-logischer» Denkprozesse zusammenschließen.
13. John Wheeler in Paul Buckley und F. David Peat: *A Question of Physics*, London (Routledge & Kegan Paul) 1979.
14. *Das Totenbuch der Tibeter*, hrsg. v. F. Fremantle und Chögyam Trungpa, Düsseldorf/Köln (Diederichs) 1975, S. 63.
15. Übersetzt nach Nicholas de Cusa: *On Learned Ignorance*, London (Routledge & Kegan Paul) 1954.
16. Diese Probleme werden auch in A. Huxley: *The Perennial Philosophy*, London (Triad Grafton Books) 1985 und in F. C. Happold: *Mysticism*, Harmondsworth (Penguin) 1971, erörtert.
17. Übersetzt nach Meister Eckhart: *Tractates*. London (Watkins) o. J.

8. Zeit und Transformation

1. Abraham Maslow: *The Farther Reaches of Human Nature*, Harmondsworth (Penguin) 1971.
2. Bertrand Russell: *Autobiographie*, Frankfurt/Main (Suhrkamp) 1973.
3. Ebenda.
4. Ebenda.

Register